让我们一起追寻

法兰西美食二千年

Histoire de la cuisine et de la gastronomie françaises

〔法〕帕特里克·朗堡（Patrick Rambourg）著
范加慧　译

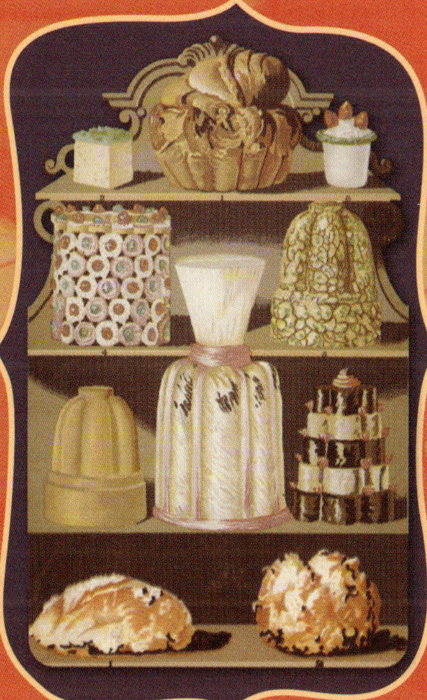

社会科学文献出版社
SOCIAL SCIENCES ACADEMIC PRESS (CHINA)

谨以此书纪念

让-路易·弗朗德兰

(Jean-Louis Flandrin)

目　录

前 言

从烹饪技艺到美食艺术

厨艺位列人类最古老的技艺。亚当降生之初，腹内空空如 9
也，唯有奶妈的乳汁才能平息他的啼哭。

——布里亚-萨瓦兰，《味觉生理学》，沉思二十七

（Brillat-Savarin，Méditation XXVII，*Physiologie du goût*）

“烹饪最初只是一门简单技艺，然而历经一个又一个世纪的精细化演变，如今成为一门深奥复杂的技艺。”[1] 这是安托万·博维利耶尔（Antoine Beauvilliers）两个世纪前在其著作《厨师艺术》（*L'Art du cuisinier*）中写下的句子。您手中这本书恰恰试图讲述这门“深奥复杂的技艺”背后的历史，展现法兰西美食如何享誉全球，成为世人皆知的文化特色。

本书将从最早的法语食谱讲起，一直谈到 20 世纪 70 年代的“新烹饪”（nouvelle cuisine）。自中世纪末开始，尽管在饮食方面谈论民族认同感还为时尚早，但人们对于食材及口味已经呈现出不
同偏好。在中世纪欧洲，人们普遍喜爱香料、偏好酸味，但不同国 10

家在饮食方面也有各自的品位和习惯：法国人烹饪的鲤鱼不会像德国人烹饪的那么熟，切三文鱼的方式也与英国人不同。①

文艺复兴时期，似乎没有哪一个国家的美食明显优于他国。凯瑟琳·德·美第奇（Catherine de Médicis）手下有几位佛罗伦萨厨师，据说是他们将精致考究的意大利美食带到法国宫廷，但这不过是后人的杜撰罢了。有件事他们倒没说错，认为法国美食具有优越性的想法确实出现于文艺复兴时期。那一时期，不少人开始赞颂王国的烹饪技术，骄傲地视其为民族特色之一。也是在这一时期，法国人的口味发生了变化，不仅食糖使用量增大，黄油也开始出现在菜谱上。美洲新大陆的发现还为欧洲带来一批新食材，例如，不久后就出现在餐桌上的火鸡肉。

随着法国迈入“伟大世纪”，它的美食也真正迎来新纪元。正如备受欧洲精英追捧的凡尔赛宫廷和法兰西文明，“法国模式”也成为美食界的参照标准。《法国厨师》（*Le Cuisinier françois*）出版以后，不仅被翻译成多种语言，甚至出现大量仿作，这标志着法国在美食界霸主地位的开始，这种格局一直延续至 20 世纪。其时风气倾向于保留食材的天然风味，这得益于调味风格的均衡和烹饪方
11 法的精确。这成为法国美食的一贯原则，后来也体现在“新烹饪”潮流（1970—1980）中。

---

① 本书中出现的德国、英国、意大利等词，虽然在不同的历史时期使用有所限制，例如，1861 年意大利才建立王国，1871 年以前并不存在统一的德意志帝国，而英国成为现代意义上的联合王国也经历了漫长的历史过程，但本书关注的是一般意义上的民族与国家在美食艺术上的特点，原文就未做区分而使用了现代国名，译文照原文译出。——编者注

从烹饪技艺到美食艺术，漫长的演化离不开一代代厨师的贡献，在接下来的书页里，我们将认识一些代表人物。他们编纂出系统化的专著，将经验与奥秘传授给后人。法国美食能永葆活力，不仅凭借它的身份特征以及不同流派的主张（有时完全背离实践经验），还凭借其体系的灵活，这为改革和创新留下很大空间。几百年来，法国厨师不断尝试规划工作、合理分配任务，有时甚至达到极端细致的程度，形成了各司其职的厨房团队。在很多人看来，如此精细的专业分工体现出厨师们适应社会发展、紧随现代化进程的能力。

厨师首先要学会驯化火，这是他最亲密的盟友，如果掌握不当，它可能转眼成为敌人。从壁炉炉膛，到砖砌炉灶，再到灶台，火逐步失去自由。正因这团火焰逐渐变得可控，多头灶具才出现在厨师的炉灶上。烹饪艺术能发展到如此复杂高深的境地，与活动空间的逐步调整不无关联。许多个世纪以来的厨房变迁为烹饪活动提供了任务安排合理化的可能，也为厨房人员提供了愈加舒适的工作环境。与此同时，炊具功能越来越强大——厨师往往以拥有全套炊具为傲，不过其首要功能是作为工具，而非装饰。 12

“餐馆”诞生以后，厨师有机会面向大众群体。餐饮行业原本就在首都巴黎有深厚传统。作为方便社交的新兴场所，“餐馆”迅速在市内遍地开花。厨师与宾客的关系从此出现新模式：过去厨师给富人当厨，手艺好坏全凭主人一句话，现如今，厨师的声誉取决于大众口碑。美食书籍陆续问世，在大革命之后承担起人民大众美食启蒙的任务。美食家与餐饮从业者之间复杂的交流关系催生出全新的餐桌艺术及美食艺术，外出用餐成为城市新风尚，深受各阶层民众喜爱，而非局限于有钱人。

讨论美食艺术必然谈到餐桌礼仪的形成。法国人最初并不习惯使用餐叉，酒杯也是后来才登场，餐盘当然不能被忘记——用餐方式越来越讲究，最终形成一整套文明的仪式。布置餐桌是一项严谨的空间配置任务，法国同样在这方面成为标杆。本书将向您介绍“法式”用餐服务的诞生与演变，从勃艮第宫廷（Cour de Bourgogne）防范食物被下毒的用膳流程，到如今精巧美观的餐盘布置，这些也从侧面反映出法兰西的“个体文明”。

法国美食向来以种类丰富著称。中世纪城市里已有餐饮外包服
13 务商，不同收入阶层都有消费得起的公共“餐饮”。虽然土豆曾是“穷人饮食”的象征，但后来在百姓餐桌上和高档餐厅中都可见它的身影。法国独特的饮食文化经历了两个重要的形成阶段：首先是中产阶级饮食文化的出现和确立，它以贵族模式为基础，将简化的宫廷饮食普及给大众；其次是地区饮食文化的形成，作为对巴黎中心化以及旅游业发展的回应，各地丰富多样的餐桌文化共同拼成完整的法国美食地图。

美味佳肴与餐桌艺术

本书试图在具体背景下审视这些堪称“烹饪革命”的变化。它们构成了法兰西饮食身份的基础，一种“传统”逐渐形成，并且与时俱进、日渐丰富。我们将会看到餐桌艺术的众多参与者。首先自然是厨师，一双巧手便能将食材化作佳肴或短时存在的艺术品；其

次是美食专栏记者，主厨的名声甚至倚仗他们的三言两语；此外还有烹饪指南作者、服务生、侍酒师，当然也不能忘记用餐的宾客。通过动作、文字及言语，这些人都在餐桌文化及饮食文化中占有一席之地，布里亚-萨瓦兰认为，这一文化“为人类独有”，涵盖“餐前准备、场所选择、聚集宾客”等诸多方面。[2]

食客的首要追求是“chère”，即面孔（这个词在启蒙时代依然 14
有“面孔”之意）[3]，他们希望得到周全招待，主人笑意盈盈地奉上一顿大餐。但与此同时，食客也期待“bonne chère”，即美味佳肴，来满足味蕾的好奇。马塞尔·鲁夫（Marcel Rouff）在《美食家多丹-布方的人生和嗜好》（*La Vie et la passion de Dodin-Bouffant, gourmet*）一书中写道：“美食是味觉艺术，正如绘画是视觉艺术，音乐是听觉艺术。”[4]

烹饪行为何以被称为艺术？长久以来，人们总是区别看待手工成果与脑力成果，烹饪被贴上机械劳作的标签，而绘画与音乐则被划分到人文艺术领域，狄德罗（Diderot）和达朗贝尔（d'Alembert）主编的《百科全书》（*Encyclopédie*）批评了这种偏见。

> 这种区分［……］产生了糟糕的效果，因为它贬低值得尊敬的能工巧匠，加深人们身上自然存在的惰性，而这惰性已经严重导致某种误解：从事一项活动，在具体可感的物质性器具上积累长期且持续的经验，此类行为有损人类精神的尊严；从事或研究机械技艺等于降低自己的身段，不但研究起来艰难枯燥，相关思考也难登大雅之堂。

和画家、音乐家一样，厨师在创作时必须清楚一整套规则，对事先确定的体系和方法了然于心。精神负责思考和制定标准，手负责依据由智力决定的准则行事：心灵手巧体现在对菜刀、画笔、乐
15 器的运用上；创作者需要熟记烹饪技法、掌握颜色调配、认识乐谱；精通烹饪、绘画、音乐的语言。可以将烹饪理解为一门艺术，让-弗朗索瓦·雷韦尔（Jean-François Revel）认为它是“一门规范艺术，如同语法、伦理、医学一样，离不开说明与规定”。[5]

与画家、音乐家一样，大厨需要面对公众，接受他们的评价。帕斯卡尔·奥里（Pascal Ory）认为，厨师和美食家通过“艺术”一词互相联结，前者是艺术家，后者则扮演艺术批评家的角色。[6] 烹饪也可被视为一种手工业，因为正如大厨马克·默诺（Marc Meneau）所言，它是“日常进行、自成体系的技艺”。[7] 既然如此，手工业者何时转变为艺术家？是否该认为美学是这门艺术的唯一标准？烹饪究竟是不是艺术，这个问题似乎常论常新。评判标准如何选择，向来众说纷纭：有人侧重口味，有人关注菜品和谐，也有人强调专业知识。

然而，这三项评判标准难以严格区分，它们与厨师的创新能力共同构成烹饪艺术的概念。在《当代美术杂志》（*Beaux Arts magazine*）某期的特辑里，一位作者写道：“烹饪是真实的艺术行为，它让食物与造型世界碰撞，形成餐桌的舞美艺术。如果这一作品能持久存
16 在，厨师便成为艺术家。”[8] 换言之，餐桌的装饰美感最为重要，菜品则是锦上添花。口味被忽略，厨师的工作也因此贬值。视觉是否会变得比味觉更重要？

这样一来，审美便高于口味？不可否认，从餐盘设计到餐具布置，再到室内装饰，一道菜品能完美融入精心安排的环境。但菜肴往往也能独立成为作品：简单的炖小母鸡或粗盐烹制的肉鸡在格里莫·德·拉雷尼埃（Grimod de la Reynière）看来就是“味道最鲜美、最补充能量的前菜之一”。[9] 不能仅从视觉和装饰角度审视烹饪，感官享受也是它的一大特征。

作为文化遗产的饮食

“cuisine”这个单词来源于拉丁语中的“coquina”（烹饪技艺）和“coquere”（烹煮），17 世纪末的资料证实，它最初指代人们“准备和烹制餐食”的空间。[10]直到启蒙时代，它一直兼具肚子的含义，因为人们认为食物“在腹中烹煮，如同在一口铁锅中”。[11]现代法语用该词表示烹饪活动的场所、准备餐食的活动、端上餐桌的菜肴，而英语则区分“cooking”（烹饪）和“kitchen”（厨房）。[12]

厨房里的人紧张地忙碌，劳作产生的汗味被锅里食物的香气掩盖，这个空间反映出厨师们工作技巧和操作模式的历史变迁。他们 17
手中的每件工具都有独特的形状和名称，对应着某项精确的功能，他们用这些工具削皮、切菜、剔肉、片鱼。明亮的炉火和高涨的工作激情点燃了这个微缩宇宙，厨房如同炼金术士的神奇熔炉，五十片火腿可以“塞进拇指大小的水晶玻璃瓶”。[13]对于门外汉而言，它像是大门紧闭的秘密实验室，里面既讲究精密操作，又允许自由发挥：这两点正是烹饪创作的永恒法宝。

厨师将经验知识整理归类，以书面形式记录下来，将菜谱编纂成书。厨艺之道通过师徒关系代代相传。母亲教给女儿，主厨教给学徒工，这些知识经过无数人言传身教，构成我们烹饪传统的基础，也是我们身份的组成部分：厨艺具有文化属性，因为人类是“唯一将食物进行复杂处理后，在其他时间或地点享用的哺乳动物”。[14]获取食材（渔猎/养殖/农耕）之后，在享用一整套精心安排的菜肴之前，需要经过烹饪这一步骤。这是介于自然和文化之间的活动：“烹煮使生食完成文化转变”，腐烂则是它们的“自然转变”。[15]

不同族群和不同环境催生出多样的食物风格：当我们谈论某地
18 或者某个地区的美食时，其实是在描绘一个地理空间，土地上的居民定义了它的种种特征，烹饪特色也是它的文化遗产“场所”，“与教堂或城堡别无二致”。[16]谈论大众烹饪、中产烹饪，或贵族烹饪，就是展示一个明显的现实，就是展示一种对某个以其饮食习俗为特征的社会群体的归属。饮食习惯的差异可能导致对另一种味蕾“文明”的厌恶或不解。在很多英国人眼中，法国人爱吃青蛙和蜗牛。法国游客在异国他乡也未必能轻松地接受当地菜：撒哈拉沙漠的绿洲再怎么迷人，“香酥油炸蝗虫”也能让人大惊失色；墨西哥人酷爱的蝇卵鱼子酱玉米饼并非谁都吃得惯。[17]

美食的情感性

抛开这些饮食特征不谈，烹饪首先是一项日常行为：人是铁，饭是钢，一顿不吃饿得慌。家庭成员日常共同用餐是再正常不过的事情。从这个角度来看，菜肴多了一份情感价值，甚至是象征意义。

人的口味偏好在年纪很小时，甚至在出生之前开始形成。孩童记忆最深的便是母亲烧的菜，那是他心目中最美好的味道。他的父亲也对妻子和母亲的烹饪技艺赞不绝口。[18]一人准备餐食，全家共同享用，这加强了家人之间的情感纽带，在记忆深处永久地刻下某些 19
味觉体验。我至今记得祖母准备酒汁炖兔肉或炖小牛肉的忙碌身影，[19]我知道她的每一个动作都将暖暖爱意融入菜肴。有些人印象最深的是硬面包做的热汤、“壁炉烤肉”、浇在热面包上的禽肉汁。[20]某件厨房用品可能成为家的象征符号，勾起关于自家饮食传统的久远回忆。例如，让-罗贝尔·皮特（Jean-Robert Pitte）对曾祖母的咕咕霍夫蛋糕模具念念不忘，因为她“逢年过节必定和面粉、揉面团，浑身充满不可思议的热情”。[21]

饮食的情感性不仅存在于个人记忆中。小到一座城市，大到整个民族，从不缺少舌尖上的集体记忆。日常食品极度匮乏的时期便是极佳例证。1870 年冬天，巴黎被普鲁士军队围困，龚古尔兄弟（Frères Goncourt）在《日记》（*Journal*）中记载，巴黎人吃掉了全城的动物，连巴黎植物园（Jardin des Plantes）中的那些也不放过。餐馆的菜单上出现了水牛、羚羊和袋鼠。奥斯曼大道上的英国肉店鲁斯家（Roos）甚至出售骆驼腰子、象鼻和象肉肠。[22]某餐厅 1870 年 12 月 25 日的菜单十分出名，内容如下：开胃菜可选“黄油、小红萝卜、填馅驴头、沙丁鱼”，汤类可选“腰豆泥配油炸面包块、清炖象肉汤”，前菜可选“油炸鮈鱼、英式烤骆驼、酒汁炖袋鼠、 20

胡椒辣酱烤熊排骨”，主菜可选“狼腿、狍子酱、猫鼠拼盘、水田芥沙拉、羚羊肉糜配松露、波尔多红酒酱汁牛肝菌、黄油豌豆”，餐间甜食可选“果酱米糕”，餐后点心为“格吕耶尔干酪”。[23]然而，当时一大部分巴黎居民只能用老鼠和猫狗充饥，这段时间食物留下的情感印记比较痛苦，因为人们唯有食用宠物和下水道中的动物才能活命。果腹的需求超过享受美食的乐趣。

美食向来容易创造社交条件。“哪怕是粗茶淡饭，共同用餐也能激发情感共鸣，促使人们相互交谈，形成餐桌‘话语’。”[24]随着时间的推移，品评菜肴催生出一种特别的话语，美食享受由此逐渐受到尊重。它是文化与佳肴结合的结果。[25]从此，吃的美妙变成文字的愉悦，文字将味蕾感受有条理地记录下来，因为美食是即时艺术。烹饪作品被享用之后，又能在食客的言语中复活。精神撷取餐桌的若干瞬间，再用笔头重新演绎。叙述变成文学：美食学由此诞生。

“美食学”（gastronomie）一词来自希腊文“gastronomia”，这很可能是公元前 4 世纪诗人阿切斯特亚图（Archestrate）失传诗歌的标题。据考证，瑙克拉提斯的阿特纳奥斯（Athénée de Naucratis）著作《智者之宴》（*Deipnosophistes*）的法文译本开始使用“gastronomie”一词。1801 年，约瑟夫·贝尔舒（Joseph Berchoux）的著作《美食学或餐桌上的庄稼人》（*La Gastronomie ou l'homme des champs à table*）出版，此后该词才广为人知。贝尔舒的著作在欧洲大获成功，多次再版，[26]后又被译成英语、西班牙语、意大利语、德
21 语等。[27]布里亚-萨瓦兰在《味觉生理学》（1826）中盛赞“美食

学”这一概念，《法兰西学院词典》（*Dictionnaire de l'Académie française*）1835年将其收录。

近几百年来，烹饪艺术和餐桌文化逐步成为人们讨论和研究的对象，由此“美食学”一词成功普及，迅速进入标准法语。美食学规范烹调习惯和品菜方式。从食材供应到菜品烹调，从餐食到精神，美食学覆盖我们每个人的生活：它是“关于人类饮食方方面面的系统化知识”。[28]

格里莫·德·拉雷尼埃在其著作《美食家年鉴》（*Almanach des gourmands*）中给出忠告，不可轻易尝试写一本关于法国美食“方方面面”的书。他表示，这样的作品“必然诱人，但要做到名副其实，必须由能干的厨师负责有关实践的所有内容，再由美食家学者编写历史和理论部分”。[29]笔者作为曾经的职业厨师、现如今的历史学家，希望德·拉雷尼埃不会介意我尝试迎接他提出的挑战。

第一部分

烹饪传统的诞生

第一章

中世纪末期的烹饪艺术

本书为食谱全集，由国王陛下的御厨泰尔冯（Taillevent）编著，探讨烹制食物的各类方法：如何制作水煮肉和烤肉，如何烹调海鱼及淡水鱼，如何准备合适且必需的酱汁和香料等。请见下文详解。 25

——《食谱全集》，15 世纪末

(*Viandier*, fin du XVe siècle)

早期烹饪论著

13 世纪与 14 世纪之交，法国最早的烹饪论著问世。当时欧洲各地陆续出现菜谱合集。《锡永手稿》（*Le Manuscrit de Sion*）是最早的法语文献之一，这卷羊皮纸如今保存在瑞士瓦莱州州立图书馆（Bibliothèque cantonale du Valais），[1] 其原标题无从得知，因为开篇部分已经佚失。这份手稿记载了最负盛名的中世纪烹饪论著《食谱

26 全集》的原始内容。[2]此外还有一份14世纪初的手稿，题为《肉类烹调指南》（*Les Enseingnemenz qui enseingnent a appareiller toutes manieres de viandes*）[3]，这份手稿提供的菜谱往往很简略，甚至仅仅罗列了各种配料，标注了烹调方式，但没有说明食材配比及烹调时长，就像其他中世纪文集那样。

上述菜谱将口口相传的技艺记录下来，主要作为餐饮从业者的备忘录。《肉类烹调指南》明确表示，“任何想在贵族府上掌勺的人”必须牢记书中方法，将其“熟稔于心”，或者随身携带书卷，因为“没有这本书的人，无法为主人提供周到的服务”。[4]随着时间的推移，人们对烹饪传统的记忆愈加牢固，因此菜谱使用的语言更准确，内容更有条理，加入了更多对非专业人士的细节提示。一份15世纪50年代的《食谱全集》手稿开篇即表明，该书面向“所有准备餐食的人，无论其服务对象是国王、公爵、伯爵、侯爵、男爵、高级神职人员，还是领主、小市民、商人、正派人士”。[5]

纪尧姆·蒂雷尔（Guillaume Tirel）外号“泰尔冯”，曾任查理五世（Charles Ⅴ）和查理六世（Charles Ⅵ）的御用大厨。通常认为，《食谱全集》由他所著。这本书是当时名副其实的畅销书，于15世纪末期（可能是1486年）印刷发行，一直流行到17世纪初，其间出现众多版本，菜谱及分类不断变动。[6]对比现存的几份不同版本的手稿，[7]可以看到书中内容明显越来越丰富，因为首个版本只有
27 不超过三分之一的内容符合中世纪传统。书中内容排布遵循两种逻辑：菜谱按照贵族的用餐流程排序——浓汤、主菜、餐间甜食等，以及按照荤日（肉）和斋日（鱼）分类，鱼类进一步细分为海水

鱼和淡水鱼、圆鱼和扁鱼等。书中也包含为病患准备的食谱，最后一章往往讲解酱汁。[8]

15 世纪同样留下一些其他烹饪论著，例如，萨瓦公爵（Duc de Savoie）的主厨大师西卡尔（Chiquart）的代表作《厨论》（*Du Fait de cuisine*）。[9] 该论著成书于 1420 年，旨在记录公爵的奢华餐桌，为后世厨师留下参考食谱，书中菜品的规格很高。作者详细描述了宴会的准备工作，不仅列出了食材的采购清单，还分别为荤日和斋日提供多种餐品搭配，并附上菜谱说明。于 1466 年前后成书的《里永文集》（*Recueil de Riom*）[10]收录近 50 份菜谱，但用途比较私人化，换言之，它是一本“家庭手册”。它从属于一套类似百科全书的全集，全集包括伦理道德、家庭理财、文学作品等多个主题。手稿的主人很可能是位“小领主或有文化的中产人士”。[11]

中世纪最重要的厨论文集当属《巴黎家政书》（*Le Mesnagier de Paris*）[12]，书中汇编了 400 多份菜谱。该书编纂时间约为 1393 年，作者是巴黎一位富裕的中产人士，创作初衷是将此书献给他年轻的妻子。“当初我们结婚时，您只有 15 岁，希望我包涵您的年纪和阅 28
历，您说自己还需要时间见识更多、学习更多。”[13]这位体贴的丈夫有心教育妻子，给她宗教与道德指导，以及操持家庭的实用建议。他精确地撰写菜谱，指导食材购买，列举做菜窍门，解释烹饪术语。尤为重要的是，他在书中给出一系列餐单，让年轻的妻子可以“在需要准备午餐或晚餐时，根据季节与所处地区选择菜肴［以及食材］并学习其相关知识”。[14]虽然《巴黎家政书》的内容具有显著的中产阶级特征，但它宣扬“节俭朴素”。[15]很显然，最好能尽量准确地控制家庭开支：书中没有展开讲解过于铺张浪费或者耗时太久的菜谱，例如，工序烦琐的“着色或金黄填馅母鸡”。这位年长的男性作者明确表示，这部作品“并非写给中产阶级或普通骑士的厨师的”。[16]

上述早期论著主题的多样性向我们表明，当时已经存在真正的烹饪艺术。尽管内容大多是精英阶层的饮食，但它们依然是帮助我们理解中世纪美食（它比人们通常想象的更加复杂）的重要文献。

烹饪技艺与秘诀

29 根据这些文集，确实可以推测出当时已经明确形成某些烹饪技巧。壁炉的炉膛里烹煮的食物需要一直有人照看。浓汤亦然：原则上，罐子煮出来的东西都可被称为“浓汤”[17]，因为在法语中，罐子或坛子为“pot”，浓汤则是“potager”。《巴黎家政书》写道：“只要炙热的木柴不碰到罐子底部，蚕豆、豌豆或其他蔬菜就不太可能煳锅底。”[18]书中的忠告令人猜测作者的妻子是一位厨艺新手。他建议妻子用汤勺不时搅拌浓汤以避免粘锅；如果罐里的东西开始烧焦，便从火上取下来倒入另一只罐子，同时要迅速加入用白布裹好的酵母；如果汤汁快要溢出容器，可以加点盐或油防止潽锅。至于如何脱盐，他主张用一块“洁白的餐布”盖住罐子，不时将罐子从炉灶上取下来翻转，《食谱全集》中也介绍了相同的方法。[19]

我们的中产阶级作者经常援引专业厨师的说法。欧芹香料鸡之所以叫这个名字，是因为它用欧芹制成，他在书中向妻子解释这个问题时，说“大厨们就是这套说法”。他还提到蔬菜泥分为三类：白色的，主要用葱白制作；绿色的，以菠菜作为底料；黑色的，加入了“肥肉丁”的油脂。许多术语对应特定烹饪技巧：“苞”（boutonner）是指将丁香嵌入一块鱼或肉里；“膘”（larder）与之 30
相近，只不过将丁香换成猪膘条。[20]作者也将这类术语套用到其他做法上，如一块“用欧芹膘过”的羊肩肉。

这位巴黎作者笔下描写的烹饪方式展现出细腻的手法。烤好一块肉并非易事，稍不留神，炉膛的温度就会将肉烤焦。作者给出几个窍门，可以减少肉的水分流失。包括用肥肉涂抹肉块，这样在烤制过程中可以保持表面滋润；而在烤制期间，尤其是烤猪肉时，可以取来熬化的猪油，用一端绑着羽毛的木棍将之刷在烤肉上。肉块在用铁扦串起之前，可以预先在汤水里煮一段时间，于是便有“焯水、回锅、沸煮、水煮”等说法。例如，书中有一份“烤小牛肉”菜谱，肉块经过“水煮”并且夹塞猪膘之后，再穿铁扦。[21]某些厨师在烤云雀、斑鸠、鸫鸟的时候保留内脏，“因其肠内油脂丰富且无废物”。[22]

调味汤汁烧鱼的烹制过程同样精细。首先要将水加盐煮到微沸，加入鱼头烹煮片刻，接着放入鱼尾，等到水再次沸腾时加入鱼的其余部分。[23]这种方式能提升汤汁风味，鱼的中段下锅之前，可加少许白葡萄酒调味。做芝士炒蛋时，要将鸡蛋倒入有油脂的热锅中，用木勺翻动“器具”中的食材，再将磨碎的芝士全部撒上去。 31
鸡蛋下锅前绝不能与芝士混合，否则炒的时候会粘锅。

人们为保留食材的新鲜风味想出不少方法。就牡蛎而言，可以先过一遍热水，然后放进蔬菜浓汤“预煮”，这样一来，浓汤便可吸收牡蛎的鲜美味道。[24]至于香料，用研钵磨碎之后，在浓汤出锅前的最后一刻撒进去，以保留香料极易挥发的味道。同理，羊肩肉在嵌欧芹之前要先烤一段时间，肉块被火“逼出油脂”。《巴黎家政书》解释说：“如果不先烤肉，那么在肉熟之前，欧芹早已烤焦。”[25]

中世纪烹饪法的另一特征是注重色彩。据梵蒂冈图书馆（Bibliothèque Vaticane）收藏的《食谱全集》（1450—1460）记载，如果希望菜品呈绿色，建议用欧芹、酸模、葡萄叶（或葡萄嫩芽）、醋栗等调色，冬天可用绿谷。其他颜色可用香料得到：桂皮会上驼色，藏红花则使菜肴呈黄色。有时因肉的不同，根据同一份菜谱做出的菜肴也会呈现不同色泽，某部中世纪论著明确表示，酒汁炖兔肉“应当色泽深沉，但不像炖野兔肉那么黑，也不像炖小牛肉那么黄，而是介于两者之间，其烹制方式与酒汁炖小牛肉相同”。[26]

从香料到酱汁

32 相关论著显示，中世纪的烹饪艺术十分注重调味和制作酱汁。最著名的特征之一就是使用东方香料，但其目的并非长期谣传的“掩盖变质食材的臭味”。[27]鉴于价格高昂，唯有精英阶层才能获取大量香料。当时的肉品都是在屠宰次日或数日之内新鲜售卖的，具体时间因季节而异。相比之下，现代人食用的肉品通常会放置超过10天。

15世纪下半叶的某一版《食谱全集》列出了种类丰富的香料：生姜、肉桂、肉桂花、丁香、天堂椒、荜拨、狭叶薰衣草、藏红花、肉豆蔻、月桂叶、高良姜、洋乳香、藻丝、孜然芹、蔗糖、杏仁、大蒜、洋葱、大葱、红葱头。[28]大户人家的账本体现出主人对香料的痴迷，如阿图瓦女伯爵马奥（Mahaut d'Artois）是国王圣路易（Saint Louis）的侄孙女，她府上1318年的账单显示，为了准备四旬斋，马奥斥重金向巴黎香料商人皮埃尔·勒瓦扬（Pierre Le Vaillant）采购香料。[29]

法国人偏爱香料并不是新鲜事。早在4世纪末，阿比修斯（Apicius）就在《论厨艺》（*De re coquinaria*）中特意提到胡椒。[30]中世纪前期，人们就少量使用孜然和串叶松香草，个别情况下用到生姜。一份7世纪至8世纪的手稿保存至今，其内容为维尼达里乌斯 33
（Vinidarius）6世纪整理的《阿比修斯〈论厨艺〉节选》（*Excerpta*），书中列出实现“全部调味”的必需香料，其中包括藏红花、胡椒、生姜、丁香、小豆蔻。[31]随着时间的推移，中世纪使用的香料种类愈加丰富，法语菜谱书里总能见到生姜，且常与肉桂同时出现，例如，在亚麻荠酱汁中。与此同时，胡椒地位明显降低：阿比修斯的菜谱中八成用到胡椒，中世纪晚期却难见其踪影。荜拨的没落似乎稍晚一步：阿图瓦女伯爵马奥的账本显示她曾经大量购买荜拨；《肉类烹调指南》中1/5的菜谱还用到荜拨，但这种香料在《食谱全集》印刷版本中几乎消失。[32]精英阶层餐桌上的胡椒被天堂椒代替，两者口味几乎相同。

胡椒贸易一直发达，但其用途越来越平民化。医生阿诺·德·

维尔纳夫（Arnaud de Villeneuve）的著作《养生训》(*Regimen sanitatis*)[33]提到，“胡椒酱”拌蚕豆或豌豆是15世纪末期“劳动者”的食物。黑酱同样深受大众喜爱，它用“烤”面包、黑胡椒、高卢啤酒或葡萄酒混合制成，用来配肉或鱼。书中还提到另一种“平民”酱汁，以大蒜和洋苏草调制而成，用来给烤鹅佐味。在没有“上等芥末或酸葡萄汁”的情况下，“富人”与“贵族”偏爱盐和葡萄酒制成的酱汁。

34 酱汁在法语中被称为“sauce”，此词源自通俗拉丁语的“salsa”（味咸之物）。中世纪的酱汁可不只是用来烹饪或搭配菜品那么简单。根据从古代流传下来的体液学说，酱汁的首要功能是纠正“食物失衡”。[34]人们认为香料性热而干，能够抵消鱼和肉的湿寒之气，从而利于消化。酸性物质同理，如酸葡萄汁和食醋都被认为具有祛湿功效。酱汁有时被当成真正的药品。14世纪米兰医生马尼努斯（Magninus）在其著作《论味道》（*De saporibus*）中明确表示：

> 众所周知，酱汁具有药效，因此，高明的医生严禁身体健康的人在饮食中加入酱汁，因为为了保持健康，必须避免摄入任何药物。在此我要提醒，养生饮食不可将酱汁作为药物添加，除非用量极少，且仅用于中和或纠正食材的口味。[35]

人们制作的酱汁因时而异，阿诺·德·维尔纳夫在书中写道：“夏天的酱汁以凉性食材作为原料，冷天则取用热性食材。”冬天的酱汁取用芥末、生姜、胡椒、肉桂、丁香、大蒜、洋苏草、薄荷、香芹、葡萄酒、食醋等材料；夏天的酱汁取用酸葡萄汁、食醋、添 35
加蔗糖及玫瑰汁水的柠檬汁或石榴汁等材料。酱汁也与肉有关，医生在书中写道：“不同肉类需要不同酱汁，各位老爷的厨师必须了解这一点。”这本厨师参考书不仅从体液学说的角度给出提醒，还建议各位从业者注意营养准则。

中世纪的酱汁并未忽视味道。对于鱼或肉而言，无论它是炉烤、火烤还是水煮的，其酱汁都这样制作：取来各种香料，在研钵内磨碎后掺入液体（往往为酸性，如酸葡萄汁、食醋、柑橘汁、白葡萄酒等），然后通常用面包心勾芡使之变稠，也可以用其他材料勾芡，如“生姜简斯酱”[36]采用杏仁，“普瓦捷酱”采用肝脏（根据1392年《食谱全集》记载，材料为生姜、丁香、天堂椒、葡萄酒、酸葡萄汁、烤肉油脂），“牛乳简斯酱”[37]采用蛋黄。

中世纪酱汁的另一项特征是几乎不含油脂，[38]尽管在它之后的几百年里人们大量使用黄油、食用油、奶油。中世纪酱汁不含面粉，面粉勾芡在很久之后才开始盛行。它们原料简单、质地轻盈。最著名的例子是以生姜和肉桂为主料的卡梅林酱，通常搭配烤肉食用。绿酱以欧芹和生姜为主料，人们喜爱用它搭配调味汤汁烧鱼。 36

美食认同的形成

上述专业技艺通过各类菜谱和师徒关系代代相传，与此同时，逐步形成某种“饮食认同”。“德国人说，法国人做的鲤鱼根本没熟，这样吃下肚恐怕有危险。［……］如果法国人和德国人共用一位以法兰西方式煮鱼的法国厨师，那么德国人会把他那份鱼拿去再煮一遍［……］，法国人会直接开吃。”[39]《巴黎家政书》这段描写说明，那个时代的人们承认存在不同的口味偏好和烹饪特点。据作者记载，在皮卡第（Picardie），人们习惯用食盐保存猪肉，以便得到洁白的猪膘；贝济耶（Béziers）的居民在圣安德烈节（Saint-André，11 月 30 日）将羊肉切成大块，用盐保存一周后取出来放进壁炉；在博斯（Beauce），汤里煮过的芜菁被切成小圆片，下锅油炸后撒上各种香料食用。[40]

大约在同一时期，诗人厄斯塔什·德尚（Eustache Deschamps）在作品中多次提到他在外游历时观察到的国外的某些饮食习惯。他为波希米亚“粗野的餐桌礼仪”和客栈的食物哀叹，坦言“更喜
37 爱法兰西的习俗”。[41]烹饪习惯的不同造就的文化认同感逐渐加强。16 世纪 50 年代，勒芒的皮埃尔·贝隆（Pierre Belon du Mans）发现法国人和英国人切三文鱼的方式不同：法国人横向切片，英国人纵向切条。[42]这些操作差异并不影响两国人民对香料和酸味的共同爱好。[43]

国家或地区特色并不少见。中世纪食谱著作记载了许多能体现国家或地区特色的菜肴，例如“英国淡羹”“德国浓羹”“伦巴第汤”“西班牙小饼”“普瓦捷酱”“波旁馅饼”等。许多食谱著作都记载了这类以发源地名称命名的菜肴。然而，实际做法与名字有出入。以“萨拉森浓羹”为例，从名字来看，这道菜来自阿拉伯，它在法国菜谱中是一道鳗鱼汤，意大利菜谱建议加入烤肉鸡和“足量

猪膘”，英国菜谱中的做法不统一：“有人用牛肉，有人用猪肉，还有人更奢侈，用兔肉、鹌鹑、山鹑或者鳗鱼……”[44]浓羹的做法也各不相同：法国人和意大利人将洋葱下油锅炸至金黄，英国人放汤里煮；3/4 的法国浓羹菜谱包含某样需要烤或炸的食材，4/5 的英国浓羹菜谱提到了某样需要煮的食材。[45]

食谱专著同样明确体现出其他的民族特色。14 世纪法国厨师追求酸味，因而经常使用酸葡萄汁和食醋；英国和意大利的厨师偏爱更温和的口味，一般添加蜂蜜、食糖、水果或味道比酸葡萄汁更淡的柑橘汁；意大利人尤其爱用柑橘汁；德国厨师与法国厨师一样爱好酸味，[46]同时也借鉴英国和意大利的食谱，加入微甜食材，以求得到酸甜口味。 38

上述不同民族的不同偏好或许是长期“味蕾教育”的结果，与各民族的饮食习惯差异有关。[47]这在饮品方面也有所体现：意大利人爱喝甜葡萄酒，英国人喜欢加斯科涅白葡萄酒、地中海甜葡萄酒，[48]法国人长久以来偏爱法兰西岛高酸白葡萄酒。帕尔马（Parme）的方济各会修士萨林贝内（Salimbene）曾在法国居住，他认为 13 世纪法国葡萄酒的十大品质依次为：“质优、泽美、色白、味强、大胆、细腻、纯粹、清新、浓烈、气足。”[49]修士没有提到甜味。相较于对香料的选择（生姜在法语食谱中随处可见，藏红花更多出现在意大利语食谱中[50]），中世纪末期法国美食认同或许更强调酸甜之分，强调对酸味的偏好。

第二章

厨房天地：炉灶与餐具，厨师与学徒

39 在居住着大量人口的中世纪宫殿或修道院中，厨房是一处重要的建筑，因为它在日常生活中举足轻重。

——维奥莱-勒-杜克，《11世纪至16世纪法国建筑分类词典》

(Viollet-le-Duc, *Dictionnaire raisonné de l'architecture française du XIe au XVIe siècle*)

从炉灶到厨房

在中世纪村民家中，烹饪活动围绕炉灶展开，它往往位于主屋或唯一的屋子的地面中央。人们围坐在炉火旁准备和享用餐食，它
40 是家中唯一的热源，有时也是唯一的光源。[1]烟气从门窗、屋顶或墙面的缝隙散出去，但主要还是通过炉灶上方的屋顶洞口散出。人们有时会用猪膀胱堵住洞口，防止窜风导致炉火熄灭，也防止雨水进入屋内，[2]但这样一来，家里难免会烟雾缭绕。

勃艮第有个被遗弃的村庄叫德拉西（Dracy），那里现存一座14世纪的室内“开放”炉灶，它由扁平的小石块堆就，石块轮廓近似圆形，微向内倾斜，呈紧密的同心圆排布，外围被一圈更大的石块固定。[3] 早期的炉灶并不在室内。普罗旺斯（Provence）的鲁日耶（Rougiers）是一个在15世纪20—30年代被遗弃的村庄，在那里，对圣让堡垒（Castrum Saint-Jean）的考古发掘使一间大房子旁边的多个炉灶重见天日。其中最大的一个建造于13世纪下半叶，位于一堵隔墙和一堵围墙之间，“在一个直接在地上挖开的坑里”，[4] 它的上方曾由瓦片屋顶保护，四周很可能曾被木质隔板围起来。

在王公贵族和封建领主的宅邸中，厨房长久以来都是木质结构，因此经常建在远离居住区域的地方，以避免火灾。这就导致仆人必须穿过几个院子才能将菜肴端上餐桌。为了保持食物温度，有时会在厨房和住所之间搭建封闭走廊；有时要用到壁炉前面的小火盆，[5] 如1350年后的卡昂城堡（Château de Caen）的棋牌室中就是
这样。如果厨房设在一层，菜肴则通过楼梯被端到贵族居住的楼 41
层，最终抵达用餐的大厅。[6]

在城市里，并非所有住所都配备厨房。以15世纪上半叶的艾克斯（Aix）为例，在如今能查询到财产清单的房屋当中，仅有不到一半的房屋配备厨房。拥有一间专用于准备餐食的房间在当时是财产丰厚的表现，或者说明至少家底还算殷实：对于动辄有十多间屋子的达官显贵的宅邸而言，厨房自然很常见；但对于只有五间屋子的普通人家而言，厨房相当罕见。[7]

没有准备餐食的空间，并不代表人们不在家中做饭。再举一个艾克斯的例子，在补鞋匠安托万・塔塞尔（Antoine Tacel）家中，卧室里有一个三脚支架、一根铁扦和一个平底锅，客厅里有一个研钵、一个筛子和一个用来洗碗的大容器。[8] 1396 年，第戎（Dijon）车木工安德烈・勒夫塞（Andrier Lefusey）住在二楼，卧室里有一座壁炉和全套炊具，有锡质餐具，以及用于揉面包的面包箱。他借助铁桶和长绳从井中汲水，将水储存在住所的“小木槽”中。[9] 大户人家的水井通常在院子里，甚至有时就在烹饪空间内。脏水、垃圾被倒入地面挖的洞中，平时用木盖子挡住。洞底通常有一根管
42 道，将脏水导入沟渠，如果附近有河，甚至就直接通到河里。[10]

规模巨大的厨房

很快，修道院纷纷修建大厨房，为修士和人数众多的用人提供膳食。其中不乏独具建筑美感的珍贵古迹。本笃会修道院的厨房通常是一座独立的圆形建筑，西多会修道院的厨房则多为正方形或矩形，“位于修道士食堂和平信徒活动区之间、隐修区的边缘”。[11]

卡昂圣埃蒂安本笃会修道院（Abbaye bénédictine de Saint-Étienne de Caen）的厨房被称为“征服者威廉的厨房”（cuisine de Guillaume le Conquérant），其建筑外观并非圆形，而是八边形。18 世纪中叶，一位游历诺曼底（Normandie）的英国人称它“呈穹顶造型，从四个角伸出四根柱状烟囱，烟囱顶端为金字塔形，顶端穿凿有许多孔洞用于排烟”。[12] 穹顶中央有个巨大的开口，确保白

天的自然光照。我们还可欣赏丰特夫罗修道院（Abbaye de Fontevraud）的厨房，它始建于约1160年，由建筑师马涅（Magne）于1902年主持修缮，因翻新为拜占庭风格而备受争议，如今参观者依然能感受到强烈的视觉冲击。[13]这个厨房为盖有拱顶的半圆形小空间，共设置5座壁炉，屋顶呈中空金字塔造型，顶部安装有通风装置。据维奥莱-勒-杜克记载，壁炉上方最初设有管道。[14]多层次 43
的开口确保通风良好，厨房里的油烟、水汽和热量可由“中央圆锥体管道的强力抽吸”迅速排出。[15]

另有一些修道院建造过相似的厨房，尤其在卢瓦尔河（Loire）中段地区。最著名的例证均可在《高卢修道院图鉴》（*Monasticon Gallicanum*）[16]中找到。该书收录了168幅镌刻线条版画，展示的本笃会修道院大部分修建于17世纪下半叶，其中多处修道院带有始建于12世纪末的厨房。[17]从这些图片可以看出，建筑师已经找到优化通风的方法，以确保炉灶良好运作。马尔穆捷修道院（Abbaye de Marmoutier）位于图尔（Tours）附近，其厨房造型似钟，直径约12米，排气烟囱从中央穿出。据维奥莱-勒-杜克记载，“它设有5座大炉灶，分别配备主通风管和侧边辅助通风管”，目的是让“5座炉灶的烟不仅可以从各自的主管道排出，也可以借助辅管道排出，辅管道共有6根，除了厨房门口的那2根以外，其余各根都服务于两座相邻的炉灶”。[18]这样的设计使每座炉灶都有3根排气管道，有效避免“侧面有风时，油烟突然变向”，因为多余的烟可以从侧面的辅助管道排出。

旺多姆圣三一修道院（Abbaye de la Trinité de Vendôme）也有

一间圆形厨房，内设6座壁炉，间隔穿插6扇窗户，以确保室内明亮。沙特尔圣父修道院（Abbaye de Saint-Père de Chartres）的厨房直径为15.6米，[19]精妙的设计使得熏肉成为可能：炉灶共6座，烟
44 气通过穹顶的开口散到上面一层，而那里的“墙上挂满火腿”。[20]

民间建筑中同样能找到配备规模较大的厨房的例子。蒙特勒伊贝莱城堡（Château de Montreuil-Bellay）在15世纪经历过翻修，厨房曾经通过封闭长廊与主居住区连接，[21]后来成为独立的建筑。它由白色石块建成，呈四边形，屋顶分为3面，烟囱呈金字塔造型。[22]4根支撑穹顶的支柱划出中央炉灶的范围，后来，两座对向而立的壁炉被加盖在炉灶两侧。

“好人菲利普”（Philippe le Bon，即菲利普三世）的公爵宅邸位于第戎，他在府上修建了一座漂亮的方形厨房，它如今对游客开放。“环形穹窿坐落在8根尖形拱肋上，拱顶石同时也是中央高烟囱的起始点，厨房的其中3面墙设置共计6根装有大型通风罩的巨型双排烟囱，剩下的西侧墙面穿凿有4扇矩形窗户”。[23]这座始建于15世纪上半叶的厨房如今保存得十分完好，据了解，它当初带有一间面包储藏室，很可能还有一间酒窖和一间水果储藏室。19世纪它差点被拆除，幸而金岸（Côte-d'Or）与旧勃艮第档案保管员发起请愿，希望阻止建筑师们“抹平勃艮第历代公爵的厨房遗址”：

> 如果勃艮第历代公爵的厨房隐匿于山野，人们会绞尽脑汁发掘，长途跋涉前去参观。事实是它们就在家门口，就在本市
> 45 博物馆内，而我们却毫不了解！人们请来建筑师建造他们提议

> 的工程项目，却没有提醒一句：“当心！你们会在途中遇到某些必须尊敬的东西！”市议会不乏热爱艺术之人，他们是明智的城市监护人。希望市议会不要采纳此类项目提议，否则在铲平厨房遗迹的同时，也将剥夺科学和艺术的一件杰作。我们将失去勃艮第公爵宅邸中唯一完好无损的部分，奥利维耶·德·拉马尔什（Olivier de la Marche）的《回忆录》（*Mémoires*）也将失去它为数不多的现实注脚。[24]

罐子与厨具

大户人家准备餐食需要用到种类繁多的炊具。据西卡尔大师的《厨论》[25]记载，15 世纪的全套厨具已经十分完备。萨瓦公爵的主厨在书中列举了准备宴会所必需的厨具，不难看出烹饪方式足够讲究，包括水煮、火烤、炉烤等。需准备几只“漂亮又结实”的大锅用来煮“大块肉”，还得有许多中等大小的锅用来煮汤。此外，还需要“吊锅”专门煮鱼，不同大小的“煮锅”用来准备蔬菜和其他东西，以及 12 只漂亮的大研钵。还需 20 多只带柄砂锅做油炸食 46
品，12 只大罐子，50 只小罐子，60 只双耳壶，100 个木质容器，12 个铁格子烤架，6 个擦床（用来擦碎面包和奶酪），100 只木勺，25 只大小不一的勺子，6 个铁钩，20 把铁铲，以及 20 个烤肉器（10 个烤羊架，带有用来旋转铁扦的装置；10 个铁扦架，带有钩子以放置铁扦）。

西卡尔大师的忠告还没有结束。他建议不要使用木扦串肉，以免影响烤肉口感。必须准备 10 打“13 法尺长的结实铁扦”，3 打同样长度但是稍细一些的铁扦“用来烤家禽肉、小猪、水鸟［……］，4 打小烤肉扦。［……］ 2 把双手柄的大刀用于将牛肉切成小块，2 打刀用于切菜、剁馅、准备禽肉和鱼肉”。

普通人家显然没有如此齐全的厨具。根据经济状况，厨房里能找到三角支架、挂锅铁钩、柴架，有时还会看到风箱和用于打扫炉灶的铁铲。在 15 世纪的艾克斯，每家每户都有铁格烤架和铁扦：
47 它们可以让食物与火焰或火炭直接接触。拥有专门厨房的人家往往有一只平底锅（由铁、黄铜或青铜制成），用于煎或者炸，还可以烹饪栗子和摊可丽饼等；有一口小锅，用于炖肉、炖鱼或者煲汤；也有黏土煮锅（有时是金属或黄铜质地），但相对不太常见，人们把它悬吊在火上，“借助钩子或铁链调节高度，以便控制火候”。[26]

黏土罐属于易碎的厨具，尤其常用于煮浓汤或蔬菜泥，在条件普通的人家十分常见。[27]王公贵族的厨房也有它的身影，因为用它煮东西，尤其是煮浓汤的时候，锅中食材温度逐渐上升，菜肴的“味道更柔和”。[28]它还有一个优点：保温性能更强。罐子的形状和大小不一，功能也各不相同。煮菜和炖菜使用的罐子并不一样。单耳壶适合在炉灶的角落文火慢炖酱汁或浓汤，双耳锅适合沸煮食材，距离炉灶远近根据烹制时长而定。

庞大的后厨团队

48 在贵族的厨房里，由众多“专业人员”组成的厨房团队合作准备餐食。1285 年，国王颁布法令规定，“御膳房”（cuisine de bouche，俗称“国王的嘴”）今后只能服务于君主及其宾客，府邸工作人员的膳食则由“凡尔赛宫大厨房”（Grand Commun）提供。[29] 100 年过后，查理六世（Charles Ⅵ）执政初期的御膳团队总计 73 人。[30]国王府邸共有 6 个职能部门，其中 4 个与食物有关，分别为面包部、酒水部、膳食部和水果部，其余 2 个部门分别负责马厩和木柴煤炭。如何为府上全体工作人员提供餐食，这是个重要的问题。查理六世的府邸每天采买 600 只家禽、200 对鸽子、50 只小羊羔、50 只小鹅，除此之外，每周需要 120 头绵羊、16 头公牛、16 头小牛、12 头猪，每年购买 200 份猪膘……[31]

在 14 世纪，位于阿维尼翁（Avignon）的教皇宫同样设置多个家政部门，由它们负责府上所有人的物质供给。[32]面包部从市里订购并发放面包，采买食盐、奶酪和糕点，保管桌布、餐巾、餐刀和盐瓶；酒水部提供水杯、水壶、罐子和酒桶，将葡萄酒收入储藏室，为教皇及其宾客侍酒，采购橙子、梨子、葡萄、苹果、无花果和坚果等时令水果和零食。膳食部由“小厨房”（petite cuisine）和“大厨房”（grande cuisine）组成，前者准备教皇餐桌上的菜肴，后 49
者负责教皇宅邸其他人员的餐饮。[33]

大厨房的工作模式已经接近专业化分工。奥利维耶·德·拉马尔什的著作《勃艮第查理公爵府邸概况》（*État de la maison du duc Charles de Bourgogne*，1473）[34]便提供了例证。德·拉马尔什时任“大胆查理”（Charles le Téméraire）的膳食总管（maître d'hôtel），他在书中详细记述了公爵府邸的各个职能部门。对于“服务公爵身体与口腹”的仆人而言，烹饪餐食是其最主要的工作之一，由两名司膳官（écuyer de cuisine）轮流监管，这两人必须清楚各项开销、管控肉品采买。当地每年 3 月举办集市，借此机会与供应商谈好，肉类和面包便会送货上门，鱼类则是每天采购。[35]鱼类和肉类都要由主厨过目，“由他挑选符合公爵标准的食材”。接着，根据具体用途，各类食材被分配出去，未被选中给公爵享用的食材则交由“出师学徒”处理，他们在另一间厨房工作，负责“在公爵府上吃饭”的人们的餐食。

公爵的厨房配有 3 名主厨，每人轮值 4 个月。“这可不是普通职务”，而是一个“精巧奢华的行业”，要求从业者对“公爵的切身利益”了然于心。德·拉马尔什在书中写道，主厨必须“指挥、命令、被服从”。餐具柜和壁炉之间放置一把椅子，主厨坐在这里，一边休息一边监督厨房里发生的一切。他手边有一只大木勺，既用
50 于试吃浓汤和粗羹，也用于将小孩赶出厨房，让他们专心工作，必要时他会用木勺打小孩。主厨负责看管香料，汇报使用情况。[36]当被告知公爵已经落座，他让酱汁厨师（saucier）取来桌布铺好，将餐具摆放妥当。接着他换上“得体衣着”，将一块毛巾搭在右肩，这便是他为公爵上菜时的装束。为防止食物被下毒，每道菜都派人事先试吃过。

公爵不能没有厨师。如果主厨请假或者生病，“烤肉厨师”（hasteur）是顶替主厨的首要人选，“浓汤厨师”（potager）也是候选人，他熟悉公爵的喜好，了解主厨平时为公爵准备的“口味”。德·拉马尔什倾向于让宅邸的膳食总管挑选代班主厨，无须与公爵

商议，但是得请示他的批准。需要挑选新主厨时，膳食总管召集几位司膳官以及他们的所有助理，进行庄重的选举流程，最终结果由公爵决定是否通过。

大胆查理的御用厨房如何运作？共 25 人“负责各自的行当和职能”，外加几个不拿薪水的“厨房童工”（enfant de cuisine），他们的目的是学习，御用厨房中分工明确，等级划分巧妙。在助手的协助下，烤肉厨师负责烤肉，浓汤厨师（也有一名助手）煮浓汤，准备作为配料的蚕豆和豌豆、牛奶小麦粥，以及“在厨房里被分配 51
的”盐。如果需要香料，主厨会提供。童工将鱼刮鳞清肠，交给煮鱼的人。“鼓风者”负责烧锅炉。“门卫”的任务不只是看门，当公爵外出时，他们也要监督装运餐具、锅炉、厨具、烤架和铁扦的马车。“柴火工”提供烹饪活动必需的柴火和木炭，“看餐人”照看生肉、腌货等储备食物，陶匠清洗“餐具”和“工服”、为厨房汲水。最后，在厨房吃饭的孩子们帮忙转动烤肉、打打下手。

公爵有两位轮值酱汁厨师。他们负责公爵使用的全部银餐具并汇报情况。[37]当公爵想要用餐时，当值的酱汁厨师用白桌布铺好长餐桌，接着在餐桌下首摆好餐具，将盘和碗分别叠放，“留出空间摆肉”。在餐桌另一端，两只盖好的碗之间是用来试吃的菜（须派人试菜，确定餐食未被下毒），管家和主厨负责这一环节。酱汁厨师完成这些任务时，主厨必须全程在场。

酱汁厨师的工作还没结束。他必须呈上“生食蔬菜酱汁”。当公爵的烤肉备好上桌，他将带盖的酱汁交给面包总管（panetier），再由后者呈上试菜。公爵用餐期间，酱汁厨师一直待在屋里留意 52

"侍从仆人"手中的餐具，因为如有丢失，一律由他负责。当然，酱汁厨师还要监督酱汁的准备工作：人们为他提供带籽酸葡萄汁和食醋，但似乎是他的助手具体操作调配，"锅炉仆人"负责照看餐具。酱汁厨师还有最后一项任务：清洗桌布以及"用来清洁餐具的布垫"。

最后，奥利维耶·德·拉马尔什讲解了水果部，尽管"水果部其实与烹饪活动无关"。该部门由两人轮值，负责将水果呈送给公爵，水果经过清洗、试吃之后，装在"三处开孔"的银器里供公爵享用。梨、苹果、樱桃、葡萄等水果每天根据消耗量清点总数。水果部还提供李子干、刺山柑花蕾、无花果、椰枣、葡萄干，以及批量购买的核桃、榛果，因为它们的需求量大。除此之外，照明器具所用的蜡也由水果部负责。

无论是膳食总管、主厨、酱汁厨师、浓汤厨师，还是厨房童工、维护各类厨具餐具的仆人，均各司其职，术业有专攻。

第三章

餐桌习俗：从布置到礼仪

> 日进一餐者为天使，日进两餐者为凡人，日进三餐至四餐 53
> 甚至更多者，则是牲畜，并非人类。
>
> ——《巴黎家政书》

餐桌布置

中世纪并不存在现代家庭中的餐厅。城市和乡村的普通民众都在自家的公用休息室用餐。条件拮据的人家往往没有餐桌，他们通常在小长凳上，甚至是碗柜上用餐，有时干脆围着炉灶进食。[1] 在城市，很多家庭没有地方做饭，要去外面的小餐馆或小酒馆解决。只有特别富裕的人家才能在厨房以外的空间用餐，通常是在自己的房 54
间（即 chambre，这个词在中世纪指所有私人用途的房间[2]），但他们没有专门的用餐空间。

午餐时间为上午 9 点至 11 点，晚餐时间为傍晚 6 点前后。英国方济各会修士巴泰勒米（Barthélemy）在其著作《物性之书》（*De proprietatibus rerum*）[3] 中提到，晚餐必须选在“令人惬意的地点”进行，且不能太早或太迟。这部拉丁文百科全书成书于13世纪，查理五世后来命人将其译成法文版。每逢大型宴会，人们要动用所有房间。1425年，利雪（Lisieux）新主教扎农·德·卡斯蒂廖内（Zanon de Castiglione）在其位于鲁昂（Rouen）的府邸设宴，向总主教和城市教务会致敬，宾客被安排在多间屋子：

> 利雪主教府没有一间屋子能容纳如此众多的宾客。人们于是在其他房间摆设餐桌，安置大厅坐不下的人，包括所有小教堂神甫与大教堂的常客，10名总主教府官吏，代理主教，日课教士，2名记账官，2名印鉴管理员，13名律师，10名检察官，20名公证人，8名机构办事员，其他下级官员，总主教、教务会、每位议事司铎的仆人们。除此以外，利雪主教同样请到几位杰出的在俗教徒，包括骑士、鲁昂钦定执行官让·萨尔万（Jehan Salvaing），骑士、科（Caux）地区钦定执行官拉乌
> 55 尔·布泰耶（Raoul Bouteiller），他们在另外的房间用餐，与其他达官显贵单独一桌。[4]

能如此安排，得益于用餐家具的可活动性。搭桌子就是指字面意义：将一块木板搭在支架上，再盖一块白桌布，餐桌就完成了。中世纪财产清册所提及的那些桌腿固定的桌子，往往是在厨房里用来切菜、准备食材的。[5] 某些表现进餐场景的彩色插图所描绘的圆桌

在现实中并不常见。[6]

中世纪餐桌十分质朴。桌上几乎空无一物，正如多幅细密画所展现的那样。英国人巴泰勒米在他的百科全书中写道："人们在桌上依次摆放盐瓶、享用第一道菜所需的餐刀和餐勺，接着是面包和葡萄酒。"[7] 如果菜品带有汤汁，一般是两位用餐者共用一只汤盆。"餐盘"是一片厚厚的麸皮面包，充当摆放肉或鱼的砧板。如果要筹备婚宴，《巴黎家政书》（1393）的作者建议购买"3 打［……］提前 4 天烤好的麸皮砧板面包"。[8] 大户人家通常将砧板面包放矩形贵金属板上（它有时同样被称作砧板），不太富裕的人家用木板代替，或者将砧板面包直接放在桌面上。

在中世纪，无论男女，所有人都用手指抓取食物。有些人认为文艺复兴之前没有餐叉，但这并不正确。考古活动曾发现高卢罗马 56
时期使用的两齿叉和三齿叉。[9] 尽管许多中世纪财产清册都曾提及餐叉，但它仍属于贵重物品，主要用于取食经过烹制或糖渍的水果。"美男子"查理四世（Charles Ⅳ le Bel）的妻子埃夫勒的让娜（Jeanne d'Évreux）拥有一支；巴伐利亚的雅克琳（Jacqueline de Bavière）也有一支，用于叉生姜（1346 年）；查理五世的动产清册（1379 年）列出至少三支。[10] 正是因为当时极少使用餐叉，礼仪专著才如此看重双手洁净，强调必须准备餐巾来擦拭手口。《巴黎家政书》甚至建议，上烤肉的时候要换干净毛巾。[11]

餐桌布置得十分朴素，然而大厅的餐具柜或碗橱架子上熠熠生辉的贵重餐具足以彰显主人的地位。这些餐具被放在醒目位置供宾客欣赏，因为它们的奢华代表着宅邸主人的显赫身份。1468 年，大胆查理与约克的玛格丽特（Marguerite d'York）在布鲁日（Bruges）举办婚宴，每位来宾都能见到“最华贵、最美丽优雅”的金器，它们“镶嵌着宝石”，被安置在最高的架子上，而“最为粗重”的餐具是镶金的银器，被放在餐具柜的最底层。[12]

宾客等级与用膳流程

宾客在长凳（banc）落座，“宴会”（banquet）一词由此得来。
57 单独拥有座席或小长凳的客人则在少数，视座位安排而定。中世纪编年史的作者们详细描写了座位次序。如果查理五世在西岱宫（Palais de la Cité）设宴款待神圣罗马皇帝，兰斯总主教（Archevêque de Reims）首先在“房间前部的正中位置”落座，接着是皇帝，然后才是国王；“罗马国王”，也就是尚未加冕的皇帝继任者，坐在两位君主的正中间。[13]餐桌中间是上首座位，其上方饰以华盖。根据《法兰西重要编年史汇编》（*Les Grandes Chroniques de France*）[14]，“大理石桌的也算在内，房间内共有 5 顶华盖”。

宴席上身份最尊贵的人通过餐桌上的金银器，尤其是“宝船”（nef）来指明：它由贵金属制成，造型如同一艘小船，用来盛放公爵的刀叉匙、香料，以及用于赏赐或布施的食物。[15]另外一种表明尊贵身份或向某人致敬的餐桌礼仪是为他的餐食“加盖”（à couvert）。14 世纪 70 年代末，“拉尼大老爷”（Monseigneur de Lagny）宴请宾客，席间唯独巴黎主教的餐食端上来时被盖住，议会主席、检察官、国王律师等人并未享受同等待遇。[16]

餐桌布置反映每个人所属的社会阶层。食物的质与量同样体现每个人的等级。14 世纪上半叶，维埃诺瓦王太子温伯特二世（Dauphin Humbert Ⅱ de Viennois）颁布法令，规定其府上的每日菜单不仅将所有人员分门别类，还给出标准的一周菜单[17]作为参照。以周一晚餐为例，王太子的第一道菜是芸豆、鹰嘴豆或蚕豆浓汤， 58
包含两斤咸肉；男爵和高等级骑士享用相同的浓汤，但是肉量减少一半；等级较低的骑士需要两人分食一份浓汤。原材料用量的区别对其他部门同样适用，王太子的第二道菜是两份圆形牛腿肉片、一份圆形羊腿肉片，但是司膳官和小教堂神甫每人只有半份圆形牛腿肉片，每两人得到四分之一份圆形羊腿肉片。

聚餐规模较大时，餐食是一拨接一拨呈上的：仆人每次呈上数种菜肴，客人们享用完毕，仆人撤下餐盘再上新菜，如此反复。这样前后接续的上菜方式后来被称为“法式服务”（service à la française），《巴黎家政书》的菜单对此也有描述。[18]以六轮菜宴饮为例：第一轮包含油脂和牛骨髓碎切小牛肉馅饼、鳗鱼馅饼、猪血肠和香肠、奶酪炸糕[19]、鳕鱼肝馅饼；第二轮包含酒汁炖兔肉、鳗鱼羹、蚕豆、牛羊咸肉；第三轮包含烤肉鸡、兔肉、小牛肉、山鹑、淡水鱼和海鱼、一道可切开食用的或甜或咸的菜肴[20]配肉丸；第四轮包含河鸭配多地纳酱汁（dodine，该酱汁含有洋葱和烤肉油脂，有时加牛奶）、冬穴鱼裹 59
热酱汁配汤（汤是指将面包片浸在肉汤、葡萄酒或酱汁中）、“肥美”肉鸡馅饼搭配油脂西芹汤；倒数第二轮包含“膘汤”（将肉焯水、夹塞猪膘之后再水煮）、牛奶拌饭、鳗鱼、烤淡水鱼或烤海鱼、油炸千层酥、可丽饼、老糖；最后一轮菜肴作为“结束”，包含用高油脂牛奶制作的甜味小布丁、欧楂、去皮核桃、煮梨、糖衣杏仁、香料泡甜酒，以及薄片蜂糕。在此种晚宴上，宾客座次依据地位高低而定，他们无法品尝到上述所有美食，只能享用摆放在自己附近的菜肴。这也解释了菜单开头相邻两道菜的次序，即小牛肉馅饼先于香肠，因为前者比后者更高档。

一顿餐食有时仅包含两轮到三轮，在这种情况下，浓汤、烤肉和甜食被保留下来。在法语中，甜食（entremets）的字面意思为“菜肴之间”，因为它往往在烤肉之后，或在宴客用餐间隙欣赏表演节目之时被端上餐桌。[21]如果一顿餐食由为数不多的几轮组成，以下环节将被省略：首先，正餐开始前的紫葡萄酒、热饼干、烤苹果、烤无花果、烟熏鲱鱼、水田芥、迷迭香等，[22]这类食物构成现代法餐的开胃酒（apéritif）环节；其次，正餐结束后的撒上糖衣杏仁的果泥、油炸千层酥、奶油鸡
60 蛋布丁，或无花果、椰枣、葡萄、榛子等制成的干果——新鲜水果则通常作为头盘（entrée），这些食物构成甜点（desserte）环节，也是现代法餐的甜点环节；最后，当宾客洗净双手、离开用餐房间，仆人呈上葡萄酒与“卧室”香料，后者是指用糖或蜂蜜制成的糖果，如陈皮、糖渍柠檬、蔷薇糖和糖衣果仁等，这个环节被称为“结束”（issue）或者“推出”（boute-hors 或 pousse-dehors）。[23]

勃艮第宫廷的餐桌礼仪

勃艮第宫廷的一餐一食都一丝不苟地遵循精密安排。奥利维耶·德·拉马尔什在《勃艮第查理公爵府邸概况》（1473）[24]中有精

准的比喻：用餐流程如同一支真正的芭蕾，每个动作都经过精雕细琢，[25]每件餐具、每道菜肴也都遵循事先明确的规定。

至少三名侍官负责布置餐桌和服侍公爵用餐：面包总管、司肉官（écuyer tranchant，负责切肉），以及司酒官（échanson）。每当“公爵希望用膳”，传达官便找到面包总管，带他前往面包部，那里的侍酒师交给面包总管一条毛巾和一只盖好盖子的盐盅。面包总管随即将毛巾搭在左肩，两端分别垂在“身前和身后”，盐盅则要置于“足与腹之间”的位置。接着，面包总管由传达官引领前往公爵就餐的房间，侍酒师手执棍棒、独角兽和银质宝船紧随其后：独角兽用于“检验公爵食用的肉”，宝船内摆放一些银盘、一只小盐盅， 61
以及一只更小的宝船。除了收纳上述物品，宝船也用于“赏赐”，公爵吃不完的肉食将被盛入其中，稍后分发。

上述物品依据规定摆放在铺有双层桌布的餐桌后，“侍从仆人”随即进入房间，其左臂挂着刀套，里面放有三把刀具，左手拿着用于切麸皮面包的数块砧板，右手拿着公爵的面包，砧板与面包分别用毛巾裹住。他先将砧板置于桌面，接着将两把大刀放到“公爵的座位前面”，再盖上一层用于摆放面包的餐巾。刀锋朝向公爵的座位，便于司肉官稍后拿取。第三把餐刀相对较小，被放在前两把刀之间，刀柄朝向公爵，以便取用。餐桌布置妥当，材料准备齐全，司肉官洗净双手，用碗橱的餐布擦干。

公爵终于落座，司肉官走过来，取过面包与大刀。他亲吻小毛巾，将其放在公爵手中。接着，他取下包裹面包的毛巾，甩过之后挂在脖子上，使毛巾两端挂在胸前。这样做是因为司肉官必须时刻

看到"接触面包、肉、刀具的所有物品"，他用这些刀具切开食物，也要用手与口接触它们。他在左手垫上一层毛巾，拿起最大的那把
62 刀，将面包在手中切为两块，第一块由"侍从仆人"试吃，第二块经过"独角兽检验"（用独角兽触碰一整圈）后，他再当着公爵的面切片。面包呈给公爵之后，司肉官掀开餐桌上菜肴的盖子，逐一献到公爵面前。"视其胃口"，公爵慢慢享用。如果菜肴是需要切开的肉类，司肉官负责用刀切好，随即在包裹砧板的毛巾上擦拭刀刃，因为所有餐刀必须保持干净。

司肉官距离公爵最近，有资格食用切给公爵的肉，"公爵面前的一整块肉都属于他"，但他必须将肉汤和烤肉的碎末放入宝船，并且要捅上几刀，防止负责施舍穷人的仆从将食物据为己有。只有当公爵当众进餐时，司肉官才享有这项特权；如果公爵在自己的房间内用餐，肉就会"还给房间的仆人"。司肉官同样可以饮用餐酒。当公爵享用完蛋卷，餐桌被收起，司肉官走过来，取下挂在脖子上的毛巾，清理掉落在公爵身上的面包屑等食物残渣。至此，他的服务终于结束。

在介绍司肉官后，奥利维耶·德·拉马尔什紧接着介绍司酒官。关于这位负责酒水的官员，作者以同样细致的笔触介绍了其服
63 务仪式。餐桌铺设完毕，传达官找到司酒官并带他前往酒水部，那里的看箱人（garde-huche）将公爵的高脚杯交到他右手上，[26]高脚杯被盖住，随后将一只水杯交到他左手上，再由侍酒师帮他拿着仔细洗净的各种盆盆罐罐和水壶。传达官左手持水盆走向房间，身后跟着手持高脚杯的司酒官，最后是酒水部的侍酒师：此人右手拿着两

只银壶，分别装有公爵的葡萄酒和饮用水，左手拿着杯子，上面放有用于斟水的水壶。为了加以区分，公爵的水壶上有用链条悬挂着的“独角兽”造型饰品。接着，侍酒师走向端着用餐所需的杯盏的助手。奥利维耶·德·拉马尔什表示，这项仪式被称为“公爵简餐服务”，是每天都要遵守的寻常规定。

司酒官带着高脚杯和水杯走进房间，将它们分别放在桌子的两端。公爵落座、餐具摆放好之后，在膳食总管的命令下，司酒官走到橱柜旁边，拿起盖着的水盆，将水递给侍酒师试喝。接着，他跪在公爵面前，举起水盆的同时用左手盖住，将经过“验毒”的水倒进另一只盆中。司酒官将水盆交还给侍酒师，然后待在高脚杯前面，“十分专注地看着公爵，如此一来，公爵想要喝酒时轻轻示意即可”。

但公爵示意之后，需稍等片刻才能喝到。司酒官拿起高脚杯 64
（刻意举高，以免呼出的空气污染高脚杯）和水杯，由传达官领路，走到侍酒师身边。后者往水壶里灌满清水，将“司酒官手中的高脚杯里里外外冲刷干净”。司酒官左手拿水杯，右手拿带嘴酒壶，先将葡萄酒倒进水杯，后倒进高脚杯。接着，他拿起水壶，往水杯里倒水，然后根据自己对公爵口味及体质的了解，酌情“稀释”高脚杯中的葡萄酒。侍酒师用一只水杯品尝稀释过的酒，再由司酒官端着盖好的高脚杯放到公爵面前，打开杯盖往水杯中倒一些酒，重新盖好高脚杯，然后试喝。公爵伸手时，司酒官打开高脚杯的盖子，递给公爵的同时将水杯端在其下方，目的是“维护公爵的体面，保持其衣着的整洁，彰显公爵享有非同寻常的尊贵荣耀”。公爵饮用完毕，将高脚杯递还，司酒官毕恭毕敬地接住、重新盖好，再同刚才那样放回桌上。稍后公爵享用蛋卷时，司酒官再次登场，献上希波克拉斯甜药酒（hypocras）。

上述仪式建立在一整套复杂动作的基础之上。之所以如此规定，主要原因是担心食物被下毒，这种担忧在当时是很常见的。此外，这套服务流程不仅有助于勃艮第宫廷官员高度重视各自的工作职责，也对其他宫廷起到同样的积极影响，毕竟勃艮第公爵们的威望已经延伸到其领地范围以外。

从餐桌礼仪到餐桌文明

65 得体的人不仅要遵守用膳规程，还必须保持举止文明。餐桌礼仪出现于 12 世纪，[27]一些手稿中明确了“礼仪规范”，它们最初反映的是宫廷生活方式，[28]因而早先被称为“宫廷规范”。此类书籍主要面向孩童，但也同样面向成人，行文押韵，便于记忆。《餐桌礼仪》（*Les Contenances de la table*）当中写道：“如果你想变得文明礼貌，记住以下规定十分重要。”[29]该手稿于 15 世纪末正式印刷出版，书中给出的许多建议与同时期的另一部手稿重合，且书名基本相同。[30]书中随处可见的“恶俗”“令人不齿”“羞耻”“使人蒙羞”等词语，用于描述餐桌上的坏习惯。由于当时的宴客需要共用杯盘碗盏，上述作品的首要目标便是避免席间杂乱无章。

第一条建议：餐前必须洗净双手，及时修剪指甲、保持清洁。《巴黎家政书》早已提到用于“在餐桌上洗手”的水，表示可在水中加入洋苏草、洋甘菊、墨角兰、迷迭香、陈皮等，[31]增加香气。席间无论是吃面包还是喝葡萄酒，必须适度，因为“取用过量，是为不当”。切忌往嘴里塞太多面包或肉，“大嚼一通再吐出来”。“不可吃饱喝足，否则难免打嗝，仪态尽失”……第一道肉食端上桌 66
后，不要往自己的盘子里盛太多，以确保每位客人都能吃到。“孩子，如果你懂事，就该等待主人开动之后再取食物。”已经放入口中的食物既不能放回碗碟中，也不能拿给他人享用。用食物去蘸盐盅里的盐是不雅行为，应当往自己的盘子上撒盐。如果流鼻涕，千万别用吃肉的手直接擦，“这种行为粗鄙丢人”。吃东西时尽量别讲话，喝东西时避免漏出来，否则实在丢人现眼。让主人优先饮用杯中的酒水。

上述社交礼节基于“良莠之分，好恶之别”，[32]将具有良好的餐桌礼仪视为精英的显著特征。这些“得体”规范大部分都能在伊拉斯谟（Érasme）的著作《论儿童的教养》（*La Civilité puérile*）中找到，该书于1530年在瑞士巴塞尔（Bâle）出版，一时轰动欧洲，于1537年首次译介到法国。[33]但这本书反映了行为方式的转变。在伊拉斯谟看来，良好的餐桌社交关系取决于所有参与者的良好互动行为。例如，他建议手肘不要妨碍邻座，脚也不可碰到对面的食客。“环顾四周观察其他人的食物是不礼貌的行为；也不可以牢牢盯着某位宾客，或者斜眼看邻座客人。”[34]一旦落座，应当挺直身体坐稳，将双手置于桌面；将手放在胸前是“缺乏礼貌”的姿势。餐 67
巾最好放在肩膀或者左臂上，“水杯和擦拭干净的切肉刀摆在右手边”，面包放在左手边。

伊拉斯谟的建议基于他对人的理解。这位人文主义学者认为，“文明”（civilité）是指上流社会的做法，[35]不讲餐桌礼仪的人便与野生动物无异：“喝饮料时睁大双眼四处张望，或者为了喝完最后一滴酒水，像鹳那样高高昂起脖颈，这些都是非常失礼的做法。”刚坐下就伸手去拿食物的人与恶狼没什么两样，吞咽大块食物的人就像一只正在进食的鹳。“有人咀嚼的时候张大嘴巴，像猪一样发出‘哼哼’声。”还有人用舌头去舔盘子上残留的糖粒或甜食，这是猫的行为，而不是人应有的举止。某些人狼吞虎咽，“活像是快要去蹲监狱的犯人”，也像是偷到东西的“窃贼”。“将手指伸进酱汁是粗鄙的行为”，吸吮手指或者在衣服上擦拭手指也不可取，“最好使用桌布或餐巾”。遵守这些餐桌礼仪显示出对他人的尊重，符合餐桌文化的价值观，长期影响着人们的用餐方式。它们经过数世纪的演变，最终形成正式的餐桌文明。[36]

第四章

大众饮食，街头餐馆：餐饮空间与模式

热乎的面点，热乎的蛋糕。 69
巴尔巴赞池塘的鱼。
热乎的厚蛋饼，
热乎的煎饼、烙饼，
油炸千层酥，当天现做。

——纪尧姆·德·拉维尔纳夫，《巴黎货声》
(Guillaume de La Villeneuve, *Les Crieries de Paris*)

在中世纪末的城市里，很多人日常购买餐饮服务供应商已经烹制好的菜肴，类似现如今的快餐。[1] 人人都可以在大街上、市场摊位、店铺作坊买到热菜，或者在小餐馆、小酒馆、旅店、客栈等场所堂食。这类餐饮模式在巴黎盛行，依托食品业相关岗位发展起来，多在行会的组织下开展。它们的目标客户是流动人口和大学生，以及家中没有条件或空间做饭的巴黎人。 70

在很长时间里，“餐饮”（restauration）和“餐馆”（restaurant）

这两个词的意思与现如今大不相同。法语动词“restaurer”来自拉丁语“restaurare”，指通过食物或药物来恢复体力和健康。作为弗朗索瓦一世（François Ier）的姐姐、纳瓦拉（Navarre）的王后，昂古莱姆的玛格丽特（Marguerite d'Angoulême）在其著作《七日谈》（*Heptaméron*）中写道，一个妇人“让一名男性躺在一张精美的床上，半月之内仅凭补剂续命”。[2]“长期禁食之人，饱餐一顿便能恢复体力”，菲勒蒂埃（Furetière）在其编纂的《词典》（*Dictionnaire*，1690）中如此介绍。该词典还进一步说明，补剂是指“能够使患病或疲劳的人恢复体力”的食物，例如，“法式清肉汤和山鹑肉汁”。

餐饮行业

13 世纪的前几十年，许多职业厨师已经开始制作即食热菜。作为诗人和语法学家，让·德·加兰德（Jean de Garlande）在其编纂的词典[3]中列出了当时巴黎食品行业的职业清单，除了面包师、肉商和小食品零售商贩（regrattier），他的词典还收录了制作并售卖鹅肉、鸽肉和肥禽肉的厨师（coquinarii），以及用黑胡椒腌制的猪肉、禽肉和鳗鱼制作馅饼，并用软奶酪和新鲜鸡蛋填馅制作奶油
71 水果馅饼或布丁的糕点师（pastillarii）。[4]13 世纪末，巴黎拥有数量繁多的专门行业，且行业内部遵循一定的规章制度。烫饼师（eschaudeur）专门卖烫饼，这种饼要在沸水中烫熟；薄饼师（nieulier）专门卖薄饼，先将发酵面团在沸水中烫过，再放入烤箱

烘干取出，制作成非常薄的面点；烤饼师（fouacier）专门卖烤饼[5]，这种蛋糕用黄油和鸡蛋制成；此外还有蛋糕师（gastelier）、华夫饼师（gaufrier）、蛋卷师（oubloyer）等。1270 年，蛋卷师成立行会，[6]他们制作装饰有宗教图案的蛋卷，2 个华夫饼或者 8 个棍子饼（baston）的售价为 1 德尼耶（denier）。《巴黎家政书》记载了棍子饼的做法："往面粉里加入鸡蛋和姜粉，添水，和面，揉成鳗鱼大小，放在两块铁板之间。"[7]

食品行业根据章程相互区分，尽管它们的生产活动偶有重叠。根据艾蒂安·布瓦洛（Étienne Boileau）的著作《职业目录》（*Le Livre des métiers*, 1268）[8]，巴黎的"鹅厨"（cuisinier oyer）不仅可以烤鹅（他们的称号由此得来），也能加工小牛肉、羔羊肉、山羊肉、猪肉、牛肉，制作香肠，并"在货摊和窗口售卖"。他们的行会后来分出两个不同行业：熟肉商（chaircuitier saulcissier）1476 年章程规定，他们的售卖范围为熟肉（以猪肉为主）；烤肉商（rôtisseur）的专业领域则是"加工带皮或带毛的肉类，夹塞猪膘烤制"。[9]他们有资格售卖带有"火烤颜色"的肉类，而禽肉商（poulailler）只能售卖带羽毛的整只禽类和宰杀处理干净后的禽肉，但不能经过烤制
工序。当然，这些规定并不总是被遵守，禽肉商、烤肉商、小食品 72
零售商贩之间的诉讼案件时常发生。在上述行业之外还有两个行会：零售生肉的猪肉商（boucher）行会和准备宴席的贵族厨师（queux）行会。后者往往供职于贵族府邸，与一般厨师的性质不同，这一点从 1292 年的税收统计也能看出，因为二者信息是分开统计的。[10]

行会的组织结构难以考证，章程主要规定了成为手艺人、大师、商铺持有人的考核标准。14 世纪末，如果想成为一名蛋卷师，必须能在一天之内完成至少 500 个大蛋卷、300 个祈祷饼（supplication）、200 个埃斯特雷勒（esterel，类似华夫饼干）。根据 1509 年的规定，烤肉商如果想在行业立足，开办一间烤肉工坊，必须经过资深前辈的考核。在 16 世纪 60 年代，糕点师必须“在一天之内完成评委指定的 6 种完整菜品”。根据 1599 年的规定，贵族厨师的考核内容是必须使用时令鱼类或肉类制作菜品。

烹饪技艺手口相传。13 世纪末，成为一名鹅厨需经过 2 年学徒期，15 世纪的贵族厨师和熟肉商分别需要 3 年和 4 年。如果是子承父业，则不受上述时间限制，这条 1476 年的规则普遍适用于各行会。15 世纪末，糕点师需经过 3 年才能自己开店；16 世纪中期，
73 时间延长到 5 年。商铺原则上由夫妻经营，如果丈夫去世，寡妇也有机会继续开店，但无权招收新学徒。

街头美食

巴黎街头有各式各样的食物售卖。纪尧姆·德·拉维尔纳夫于 13 世纪写成的《巴黎货声》[11] 向读者介绍了这些走街串巷吆喝兜售食物的货郎。读者在书页间仿佛闻到食物传来的阵阵香气，有豌豆泥、热蚕豆、“分量充足”的蒜酱（主要用来配烤鹅）；还能听到普通百姓购买热乎乎的油炸千层酥、小馅饼、蛋糕、煎饼、蛋卷、布丁和奶油水果馅饼的声音。

市民和行人也能在酱汁商（saucier）那里买到现成的酱汁，在小食品零售商贩那里买到下水和熟肉，[12]在糕点师那里买到用肉或鱼填充的小馅饼。让·德·加兰德编纂的词典提及了巴黎的面点师傅（这样称呼他们，是因为他们售卖的食物以面团为基本食材），15世纪40年代，他们提供的产品包括布丁、奶酪小馅饼、奶油小圆馅饼（dariole，主要原料为用鸡蛋和牛奶制成的熟制奶油），以及猪肉、小牛肉或其他肉类制作的油炸千层酥（rissole）。[13]巴黎糕点在当时远近闻名。诗人厄斯塔什·德尚离开首都时，写下一首叙事诗抒发惆怅心绪："永别了巴黎，永别了小糕点……"[14]

蛋卷师出摊的时候带着移动烤炉，这些火炉也被称作"赦罪火炉"（fournaise à pardon），每逢宗教节日，他们就在教堂前面的广场摆摊。糕点师用的也是这种烤炉，可以根据客户要求上门送货。74
1517年，勒芒（Le Mans）的糕点师学徒走街串巷兜售蛋卷。在拉瓦勒（Laval）街头，面包师卖现烤荞麦面包时，喊"黄油完啦！"；卖烤梨时，喊"现烤出炉，热气腾腾！"。[15]在普瓦捷（Poitiers）和巴黎，卖熟肠的妇人就在河堤上摆摊，洗衣盆里煮内脏的气味常年困扰着沿岸居民。[16]

巴黎的某些街道成为特定食物一条街。13世纪末，巴黎有两条街分别聚集了大量蛋卷师和鹅厨。圣梅里门（Porte Saint-Merri）、圣丹尼门（Porte Saint-Denis）、博多瓦耶门（Porte Baudoyer）、小桥（Petit-Pont）等地同样有许多鹅厨。他们切分烤鹅的技艺远近闻名，巴黎人乐于光顾"切肉十分优雅"的鹅厨的店铺，"每一块都带有皮、肉、骨"。[17]根据《巴黎家政书》记载，鹅厨自己会养肥家禽。圣梅里门还衍生出由大蒜和肉汤制成的圣梅里酱汁，更增加了这个街区的名气。15 世纪，海盐街（Rue de la Saunerie）成为香肠一条街，[18]制作方法是将“新鲜猪肉绞碎以便入味，用细盐腌制，加入优质纯净的精选茴香”。[19]

75 街头快餐提供方便即食的热菜。客人在小酒馆堂食，也可以购买外面的馅饼、油炸千层酥、奶油小圆馅饼等，让糕点师送上餐桌。[20]这种传统可以追溯到 14 世纪初，一则描写中世纪粗野生活片段的韵文讽刺故事为我们提供了依据。[21]故事讲述了三名巴黎女性前往下水铺子。首先出场的是亚当·德·戈内斯（Adam de Gonnesse）的妻子和她的侄女玛丽·克里普（Maroie Clippe），二人决定去试试新开的“佩兰·杜泰纳之家”（Maison Perrin du Terne）小酒馆，却在半路遇到理发师蒂芙尼（Tifaigne）。蒂芙尼邀请她们一起去马耶酒馆（Taverne des Maillez），那里有好喝的“河酒”（vin de rivière），这种酒是从埃佩尔奈（Épernay）附近地区走水路运过来的。三人落座开始品尝美酒，逐渐胃口大开，决定就着满满一碗大蒜吃掉一只肥鹅。她们让服务员跑腿去买各种想吃的菜和三块热蛋糕。再过一会儿，她们点了些紫葡萄酒，下酒小吃要的是华夫饼、蛋卷、奶酪、剥皮杏仁、梨子、香料、坚果……她们最终喝得酩酊大醉，倒地身亡。

个性化服务与餐饮外包

这一时期，其他一些从业者专门包办节日宴席。1382 年 8 月

15 日，巴黎教长在宅邸举行晚宴时特意雇用了一名厨师。[22]圣雅各伯朝圣善会（Confrérie Saint-Jacques-aux-Pèlerins）是巴黎最重要的善会之一，其年度盛宴有时能容纳上千位会友共同进餐，[23]为此他们 76
也需请贵族厨师掌勺。但这些包办宴席的贵族厨师并不需要凡事亲力亲为，他们似乎经常从酱汁商贩手里买来亚麻荠、酸模叶汁和芥末酱，也可以跟蛋卷师谈笔生意，以每碗 6 德尼耶的价钱买到“6 个蛋卷、4 个祈祷饼、4 个‘马镫’（estrier，类似华夫饼干），还能购买现成的奶油小圆馅饼”。[24]不难看出，不同行业各有所长。

原则上，只有贵族厨师有资质操办婚宴和筵席。但也有许多独立于行业章程之外的从业者提供相同服务，1599 年 3 月亨利四世（Henri Ⅳ）下达的诏书便是例证。诏书中确认了贵族厨师兼职“端盖人”（porte-chappe）的规定，“端盖人”是指在家烹制菜肴、送餐上门的人，路途中用由白铁制成的餐盘盖（chappe）保护食物。[25]诏书还规定：“糕点商、烤肉商、猪肉商等人员，无论来自哪种行业，无论在其家中还是其他场所，均不允许从事上述活动以承办婚礼、筵席、宴会等。”[26]

如果举办一场婚礼，午宴和晚宴的规模分别是 20 只大碗（供 40 位宾客享用）和 10 只大碗（供 20 位宾客享用），《巴黎家政书》建议雇用一名带有团队的贵族厨师。[27]这是当时的主流做法。遇到重要场合，社会精英们可以租借场地聚饮欢宴。博韦府（Hôtel de Beauvais）曾被租用举办容纳 40 人左右的婚宴。[28]与此同时，烹饪工具和餐具也要配齐，上述婚礼的租借清单如下：2 口大铜锅、2 只锅炉、4 只桌面垃圾桶、1 套研钵和杵、6 张大餐布、4 只大陶罐 77

（3只装酒，1只装汤）、4只大碗、4柄木勺、1口大铁锅、4口大汤锅、2套三角锅架、1柄铁勺，外加1套锡质餐具[29]。

平民百姓

雇用贵族厨师的人显然具备一定经济基础。但食品行业同样关注平民市场。13世纪末，巴黎鹅厨行业章程的第一条明确表示，从业者“在允许售卖的范围内，加工各类常见且对人民大众有益的肉品”。1513年7月，猪肉商确认了他们的行业规则，其中明确指出供给的对象为“这座城市的贫穷百姓和往来的流动人口，他们中的大多数没有灶火和厨房……但是会在能力和条件允许的情况下，每日来到猪肉店采购食物”。猪肉商们同时表示，每到相应的季节，他们也会为“市内中产阶级和大户人家”制作小牛肉香肠和猪肉香肠。巴黎行业规范的序言强调，这座城市人员密集，拥有数量庞大的普通居民和流动人口，为了“方便和造福大众”，[30]必须在市内各类场所为他们提供食物。

78 后来，猪肉商们继续视供给穷苦大众为己任。1638年，鲁昂猪肉商要求成立行会，以“确保平民百姓能轻松买到屠夫和烤肉商往往定价过高的食物”。[31]半世纪过后，“兰斯市及其近郊熟肉商”在他们的行业规范中明确表示，他们的服务对象是“平民百姓”，这些人“由于木柴和盐的必要开支太大，不方便为自己及家人购买和烹饪肉类，可以低价采购到已经加过盐和调味料的熟制肉类”。[32]

因此，低价热菜的首要目标客户是平民百姓、居无定所的

“穷苦人民”，以及外来人口。这些人没有条件自己做饭，因为“在家做饭的前提条件是有火，至少要有装备齐全的炉膛和储备木柴”。[33]

残羹冷饭与品质佳肴

当然，不免有人想利用“二手”食物。在被端上平民百姓的餐桌之前，大户人家的剩菜要先经过怎样的处理，根据现有资料难以考证。但不能忽视的事实是，公爵府上或者各大团体举办宴会剩下的食物会被转卖。行业规定中对食品安全和产品质量有明 79
确要求，由此可以推测存在转卖二手食物的商业行为。使用剩菜似乎是中世纪末司空见惯的现象。例如，伦敦于 1379 年出台法令，禁止糕点商从大户人家的贵族厨师手里采购食物。[34]婚宴上经常有人拿着容器，挨个桌子收集“大块的剩菜”，例如“面包汤”（泡在肉汤或其他汤汁里的面包片）、面包块、用来摆放肉食的面包片、肉类，以及其他类似食物。还有人用水桶收集粗羹和酱汁之类的液状物。

这些剩菜随后被交给司膳官，“或是其他奉命保存的人，不允许被带到别处”。[35]这是《巴黎家政书》的介绍，书中也确认部分剩菜将会被“回锅”。作者也提供了几份回锅菜的食谱，例如，“炖牛肉”（gramose）所用的原料就是“午餐剩下的牛后腿冷肉及其肉汁”。[36]至于大型宴席，圣雅各伯朝圣善会的年度盛宴开销不菲，结束时会友们将所有能回收的食物再次出售，包括厨余、盐、面包、葡萄酒、空酒桶、酒渣、木柴和炭。[37]

上述两个例子分别涉及私人饮食和重大活动。但在街头或工坊
80 售卖热菜的熟食商和厨师们，在某种程度上属于公共领域，因此官方会监管他们所用食材的质量。举例来说，鹅厨必须采购“质量合格、骨髓新鲜的肉类”，已经做熟的但没有加盐（即“未能很好地腌制”）的肉，保存期限最多为三天；鹅厨制作猪肉香肠时禁止混合其他肉类。14 世纪初，巴黎教务长发布法令，责令丢弃并焚烧销毁下述食品：

> ……所有回锅加热两次的肉，所有回锅加热的浓汤，所有送到市里的豌豆和蚕豆；所有从周四保存到周日［即斋日期间］的鲜肉或烤肉；所有变味的肉，无论是否用盐腌制过；所有在市外烹煮的肉；所有感染麻风病的动物制成的香肠；所有掺杂猪肉的牛羊肉香肠；所有屠夫不敢摆在摊位售卖的肉；变味的鱼，无论什么品种；烹煮后保存两天的鱼肉；所有动物血，无论出自哪种动物……[38]

1440 年确定的糕点商行业章程也给出类似建议：肉饼必须使用“对人体有益”的优质食材，布丁不能用发酸的牛奶，奶油水果馅饼不能用发霉的奶酪。糕点商惹人怀疑，因为他们制作食品的过程不够透明：“他们将原材料剁烂，以至于看不出其本来面目；他们熟练地搅匀所有配料，最后还要将其包裹在面团里……”[39]正因如
81 此，如果要委托糕点商做一份牛肉馅饼，《巴黎家政书》建议妻子

提供事先煮熟的牛肉，让糕点商剁碎。[40]

16 世纪初，糕点商试图挽回消费者的信任，为此请求巴黎教务长将每个肉馅饼的价格定为 5 德尼耶，理由是这能确保品质。他们认为，售价在 1—3 德尼耶的那些小馅饼多半用了腐败的肉为原料，洋葱掩盖了其变质的味道，对主要购买者，即孩童有害无益。[41]猪肉商宣称，必须将熟肉放置在干净容器中，盖上一次性使用的白布。[42]所有这些建议是否真的被践行，我们无从得知。它们从反面证明食品行业的确存在不规范的行为，也显示出人们对食品卫生的关注。

即食食品的制造商虽然为都市居民带来担忧，但他们也为法国人提供了日常饮食不可或缺的一部分。下面这段文字便是例证，16 世纪下半叶的威尼斯大使热罗姆·利博马诺（Jérôme Lippomano）如此称赞法国的即食食品制造业：

> 法国比其他国家更爱糕点，确切说是用面团裹着肉馅制成的食物。在法国的城市乃至村镇里都能找到烤肉商和糕点商，他们售卖的食物通常可以直接食用，最多需要煮熟。［……］用不了一个钟头，烤肉商和糕点商就能为您做出一顿午餐或晚餐，招待数十上百的客人：烤肉师给您肉；糕点商给您馅饼、圆馅饼、前菜、甜点；厨师给您肉冻、酱汁、炖肉。这样的食 82
> 品行业在巴黎十分发达，您可以在小酒馆享用各种价格的美味……[43]

消费场所与用餐环境

任何人想饱餐一顿，都可以找到提供酒水食物的场所，那里通常是配备桌椅等家具的封闭空间。小酒馆、小饭馆、小旅馆、小客栈，它们与中世纪城市生活紧密相关，提供的服务似乎基本相同：其中一部分提供住宿，大多数提供食物，但共同点是都提供酒水。15 世纪中叶，像图卢兹（Toulouse，人口约 25000 人）这样规模的城市拥有大约 30 家客栈和 40 间旅馆，其中许多聚集在市中心，靠近两条大路交叉口和皮埃尔集市（Marché de la Pierre）。[44]同一时期，普罗旺斯地区的艾克斯人口为图卢兹人口的 1/4 或 1/5，该城市拥有二十来家小旅馆，其中一半位于城市西南边，靠近奥古斯丁修道院（Couvent des Augustins）和马赛门（Porte de Marseille），聚集在“旅馆街”（Rue des Auberges）周围。[45]

当时巴黎约有 20 万居民，1313 年的税收统计数据显示，市内有近百名旅馆经营者，500 多位小酒馆主人。[46]他们的产业聚集在城市轴线的沿线，靠近商业广场、桥梁（必经之路）、中学，以及腓力二世·奥古斯特城墙（Enceinte de Philippe Auguste）的城门。城
83 门关闭后，游客和冒失晚归的巴黎人都可以在城外的小旅馆吃饭住宿。晚归的学生也是如此：15 世纪末，从欧坦中学（Collège d'Autun）的账目能够看出，未能按时进城的学生产生了住宿开销。[47]15 世纪 30 年代，根据吉耶贝尔·德·梅斯（Guillebert de Metz）估算，首都小酒馆的数量不少于 4000 家，这是基于他对这

座城市的印象和了解，而非准确统计。光顾这些场所的人形形色色，建立起丰富多样的社交关系，构成了真正的食物供应网络。

餐饮机构种类繁多，经营模式多样，某些知名店铺提供的服务稍有不同。“旅馆”（auberge）一词来自古法语“heberge”，现代法语中的动词“héberger”（意思为“提供住宿”）也是由此而来。诺埃尔·库莱（Noël Coulet）认为，旅馆是指“为客人提供住宿和餐饮的场所，让人停歇下来恢复体力再继续赶路”。[48]作为研究中世纪历史的专家，库莱将15世纪中叶普罗旺斯地区艾克斯的小旅馆分为三类：提供4张床的小店、提供9—12张床的中型店铺，以及提供18—20张床的大商铺。每间旅馆都有一个或多个公共休息室，与做饭的房间相通。如果条件比较简陋，公共休息室也兼作厨房。家具包括餐桌、长凳、餐具柜、用于洗手的水池。除了进餐，人们也常在公共休息室玩游戏，或谈生意、起草合约等。[49]王冠旅馆（La Couronne）规模不小，它接待的客人包括大商人、宫廷官员、
神职人员等。佩尔蒂领主（Seigneur de Pertuis）下榻期间，旅馆为 84
这位尊贵客人准备了三只鸡，以及用香料和黄油调味的两大块山羊羔肉作为晚餐。[50]

至于小酒馆，尽管常被描述得不值得光顾，其实它们远不止卖酒那么简单。一直以来，历史学家试图区分小酒馆（taverne）和小饭馆（cabaret），后面一词来自皮卡第方言“camberete”。诚然，巴黎13世纪末的小酒馆经营管理条例并未涉及烹饪食物，但规定了任何人都能经营小酒馆、零售葡萄酒，每桶酒应收取4巴黎德尼耶的酒税（14世纪行情）。这并不意味着客人必须在店里饮用，有些

人带着罐装葡萄酒离开，因为街上和酒窖也有人卖“小馆酒”（vin à taverne）。客人在小酒馆落座，可以让人将外面做好的现成热菜送餐到桌，因此我们猜测，小酒馆原则上不能烹饪食物。这项原则肯定不是所有人都遵守。

条例没有给出详细说明，但在14世纪末15世纪初，国王下达的一些关于普罗万（Provins）、默伦（Melun）、蓬图瓦兹（Pontoise）和巴黎的诏令，证实了小酒馆和小客栈同样售卖面包，而且使用从猪肉商那里采购来的肉。[51]人们指责这些酒馆和客栈的经营者屠宰或托人屠宰动物，再将肉转卖出去，因为原则上这是猪肉商的经营范围。[52]15世纪70年代，奥德梅尔桥（Pont-Audemer）附近的小酒馆也承担餐厅和熟食店的功能：它们能解决市政府餐饮和
85 酒会的需求。16世纪下半叶，兰斯的客栈、酒馆、饭馆都会制作、售卖面包和糕点。[53]同一时期，里昂（Lyon）发布的警察条例证明，市内某些糕点商和厨师也在经营小酒馆，“在家中或者店里接待形形色色的客人，为他们提供食品和饮料”。[54]

直到16世纪末国王发布诏令，监管葡萄酒商、饭馆和酒馆店主的经营活动，这些场所才正式获准烹饪食物：从此，他们可以接待“往来宾客”，为他们“提供面包、葡萄酒、牛肉、小牛肉、羊肉、炖煮或烤熟的猪肉、炖煮过的鸡肉、烤母鸡和烤乳鸽”。[55]

我们可以将上述小酒馆以及类似场所视为现代餐厅的前身。巴黎的某些小酒馆因出现在文学作品中出名。弗朗索瓦·维庸（François Villon）笔下的小酒馆便被永久记录在纸页上：博多瓦耶门的头盔酒馆（Heaume）、格雷夫广场（Place de Grève）的大盅酒

馆（Grand Godet）、夏特莱（Châtelet）附近的手工小桶酒馆（Barillet）、罗宾·蒂尔吉（Robin Turgis）于西岱岛犹太区（Juiverie de la Cité）经营的松果酒馆（Pomme de Pin）。松果酒馆大概是当时的喝酒胜地，拉伯雷（Rabelais）在《巨人传》（*Pantagruel*）中也曾提及，除此之外，他的笔下还出现过城堡酒馆（Castel）、抹大拉的玛丽亚酒馆（Magdaleine）和鲻鱼酒馆（Mulle）。拉伯雷写道，“学生们”来到鲻鱼酒馆吃“夹塞欧芹的上好羊肩肉”。[56]《巴黎家政书》记载了这道菜，名称是“细盐烤羊肉配酸葡萄汁和醋”：

> 先将羊肩肉串扦，在火前翻转烧烤，直到肉块被逼出油脂，然后夹塞欧芹。顺序不能颠倒，因为如果不先烤肉，那么 86
> 在肉熟之前，欧芹早已烤焦。[57]

巴黎大学艺术学院（Faculté des arts de l'Université de Paris）的盎格鲁留学生也是松果酒馆的常客。[58]他们同乡会的各项决议和文书留下了书面记载，能够证实他们也常去许多其他店，如木槌酒馆（Maillets）。这些社交场所是大学生活的一部分，师生们经常在这里聚餐欢迎新人，或者欢送老朋友。盎格鲁学生同乡会的年度宴会同样在酒馆举办：1364 年选在圣母像酒馆（L'image-Notre-Dame），1369 年和 1373 年在鲑鱼酒馆（Saumon），1450 年至 1457 年在摇篮酒馆（Berceau）。每次宴会花费不菲，1453 年在王冠旅馆的账单为 3 埃居，1369 年的支出超过 14 利弗尔。实际开销有时会超出预算，

1356 年 9 月在竖琴酒馆（La Harpe）的聚餐便是如此。

所有这些能说明，当时已经存在店家自己烹饪加工、功能类似餐厅的优质餐饮场所。虽然真正的餐厅要在很久之后才逐步发展起来，但中世纪市民已经能享受到各类餐饮服务。即食产品的首要目标客户或许是经济条件最差的人群，但如果时间紧迫的主妇想用香料和鸡蛋做一道浓汤，她也乐于从小客栈买一锅现成的原汁肉汤作
87 为汤底。[59]餐饮服务从业者同样懂得迎合富足客户的需求，成为名副其实的即时美食专家，逐渐发展出更精细的烹饪过程和更复杂的技艺。

16 世纪 70 年代，威尼斯大使利博马诺写道：“相比于其他开销，法国人最乐意为吃花钱，为佳肴买单。正因如此，巴黎遍地都是猪肉店、卖肉商贩、葡萄酒店、烤肉店、零售商、糕点店、饭馆和酒馆，叫人应接不暇。”[60]

第二部分

成为美食霸主

第五章

从传说到美食意识：文艺复兴时期

漫步书中或走进厨房，15 世纪与 16 世纪的味道并不相同： 91
揭开中世纪的锅盖，带着浓浓肉香的蒸气扑面而来，混合着丁香、藏红花、胡椒、生姜和桂皮的味道，夹杂着酸葡萄汁的酸味；凑近文艺复兴时期的大盆，便能闻到一缕甘甜果香，那是糖混合着梨汁或醋栗汁，在火上静静炖煮时散发出来的。中世纪是作料与荤杂烩的时代，文艺复兴则开启糖果与甜点的纪元。

——让-弗朗索瓦·雷韦尔，《语中盛宴：舌尖上的文学史》

(Jean-François Revel, *Un festin en paroles*)

根深蒂固的迷思

凯瑟琳·德·美第奇在 1533 年嫁给法国未来国王亨利二世 92
(Henri Ⅱ)，据传说，随行的一批意大利厨师带来了高雅考究的烹饪技艺，为法国后来的美食霸主地位奠定了基础。“弗朗索瓦一世的宫廷初次品尝到意大利的能工巧匠准备的菜肴和饮品，立即掀起一场味觉革命，谁都不愿意再吃中世纪重口味的肉糜和菜泥。”[1]

上述观点可以追溯到18世纪。“意大利人将他们的餐桌美味带到尽可能远的地方，让法国人见识到何为佳肴。”某烹饪书籍的告读者信这样写道。[2] 在狄德罗和达朗贝尔主编的《百科全书》当中，若古（Jaucourt）撰写的“美食”词条进一步解释：“意大利人率先继承了古罗马遗留的烹饪技艺，接着他们让法国人了解到何为美味佳肴。阿尔卑斯山脉另一面的厨师来到法国，这帮腐化堕落的意大利人供职于凯瑟琳·德·美第奇的宫廷，可以说法国人对他们抱有这样的期待并不过分。”[3] 蒙田（Montaigne）或许间接成为这个成见的源头，因为在散文《论说话之浮夸》（*De la vanité des paroles*）中，他记述了自己与红衣主教卡加夫（Carafa）的膳食总管的谈话。膳食总管围绕烹饪话题侃侃而谈，丝毫不逊色于膳食官员。若古在词条中对意大利的餐桌文化和烹饪技艺的介绍，正是基于蒙田笔下这段饱含学识的论述：

93 我请他讲讲自己的职责，他带着庄重威严的神色就饮食这门学问说个不停，好像在谈论重大神学理论。他教我辨析食客的不同胃口：一种是空腹状态下的，另一种是享用两三道菜肴之后的。有时只需简单地满足食客的口腹之欲，有时则需要唤醒和刺激他的胃口。他解释如何料理酱汁，先是做了一番概

> 述，接着分别介绍不同配料的特点与功效。他又介绍不同季节要吃何种冷盘，哪些需要加热食用，哪些可以冷吃，怎样装盘点缀让它们更加赏心悦目。之后他谈到上餐顺序，对此他有许多重要周全的考虑。［……］他全程的言语表述既丰富又精彩，如同在谈论如何治理帝国。[4]

在相当长的历史时期内，人们相信是佛罗伦萨厨师将意大利的精湛厨艺带到法国，甚至二战后出版的美食史书籍依然这样表述。[5] 然而许多历史学家指出这一传言并不可信。[6] 在凯瑟琳·德·美第奇嫁到法国之前，早已有意大利人来到法国定居，其中有些人长期担任法国贵族的家庭教师。弗朗索瓦一世在 1516 年请来列奥纳多·达·芬奇，又在 1531 年邀请罗素·菲伦蒂诺（Rosso Fiorentino），后者定居法国并成为枫丹白露宫（Fontainebleau）首席画师，[7] 他的合作者兼继任者弗兰西斯科·普列马提乔（Francesco Primaticcio）有同样的经历。[8]

意大利文化在法国宫廷备受推崇，这不仅体现在艺术和文学领 94
域。16 世纪初，甚至在这之前，意大利的厨论专著已经受到法国人热捧，尤其是 1505 年在里昂出版的《普拉蒂纳法语版》（*Le Platine en François*），[9] 原著是用拉丁文写作的《论正确的快乐与良好的健康》（*De honesta voluptate et valetudine*），作者是巴尔托洛梅奥·萨基（Bartolomeo Sacchi），外号“普拉蒂纳”（Platina）。拉丁文原著于 1473 年至 1475 年在罗马初版，1487 年被译为意大利语。书中内容涵盖饮食规训、食物描述、烹饪菜谱及建议，在多个国家引起强烈反响，于16世纪40年代被译为德语。由蒙彼利埃（Montpellier）的圣莫里斯修道院（Monastère de Saint-Maurice）院长改编而成的法译本在法国引起轰动：《普拉蒂纳法语版》在1505年至1588年再版二十余次。让-路易·弗朗德兰表示，法国人完全接纳了这部专著，“甚至忘记它来自意大利”。[10]

意大利半岛的烹饪成就在当时无可争议，无比繁荣的美食书籍出版便是例证。弗朗切斯科·科莱（Franscesco Colle）的著作《没落贵族庇护所》（*Refugio de povero gentilhuomo*）于1520年出版，着重探讨司肉官这个光鲜高贵的职业，这一职位会落到家道中落的贵族头上。克里斯托福罗·梅西斯布戈（Cristoforo Messisbugo）的著作《宴会：菜品搭配与常用厨具……》（*Banchetti, composizione di vivande & apparecchio generale*…）于1549年在费拉拉（Ferrare）出版，成为同时代影响力最大的作品之一。巴尔托洛梅奥·斯卡皮（Bartolomeo Scappi）的《烹饪艺术著作集》（*Opera dell'arte del cucinare*）于1570年在威尼斯出版，书中收录千余份菜谱，“还提
95 供了关于食品质量、食材采购、地方特色菜、当地习俗等大量信息”，[11]作者斯卡皮在国际上享有盛誉。

这些意大利美食家高度尊重自己从事的行业，乐于与大众分享这门艺术，毫不吝惜对国外同行的赞赏。膳食总管焦万·巴蒂斯塔·罗塞蒂（Giovan Battista Rossetti）在1584年写道，德国和法国的厨师们学习了意大利的烹饪艺术，并且“将它带到最完美的境界，使其更加高雅精细”。[12] 15世纪，《美食汇编》（*Registrum coquine*）[13]的作者、著名厨师让·德·博肯海姆（Jean de

Bockenheim）出任教皇马蒂诺五世（Martin V）的总厨。大量德国厨师纷纷效仿他，前往意大利宫廷工作，法国贵族厨师在那里同样享有盛誉。可以看出，欧洲各国的烹饪专业人士已经开始相互交流技艺。

美食意识觉醒

文艺复兴时期，尚且不能认定某国的美食地位高于其他国家，然而“民族”饮食身份认同感逐步形成，一种美食意识在国家内部发展起来。外国人士赞美法国烹饪艺术，安东尼奥·德·贝阿提斯（Antonio de Beatis）曾于1517年至1518年陪同红衣主教阿拉贡（Aragon）游历法国，他观察到法国人“享用美味的浓汤、馅饼和各类蛋糕”。“法国人都用小洋葱配烤羊肩，任何精致的菜肴在它面前都逊色三分。”[14]16世纪50年代，勒芒的皮埃尔·贝隆确信法国厨师的烹饪技艺天下无双，因此他说“罗马教廷辖内的所有国家，包括西班牙、葡萄牙、英格兰、弗拉芒、意大利、匈牙利、德意志在内，他们烹调肉类的器具都不如法兰西的精美完善”。[15]在维埃耶维尔元帅（Maréchal de Vieilleville）的秘书笔下，同样的民族自豪感跃然纸上：“外国的王公贵族纷纷派人来法国寻找厨师、糕点师等专业人士，追捧他们的烹饪技艺和餐桌服务。他们最喜欢土生土长的法国厨师。[……]在所有基督教国家，甚至是在全世界，其他国王远不及我们的考究，也享用不到我们国家的这般独具特色的筵席。”[16]此时的法国绝对没有占据美食霸主的地位，但法国人已经 96

对自己的美食评价甚高，体现出实实在在的美食感知力，这种感知力后来成为构成身份认同的重要因素。

然而从根本上讲，文艺复兴的烹饪技艺依然延续中世纪末的传统。香料依然被普遍运用，但种类有所减少。酱汁也总和面包一同出现，不过口感变得略酸，有时添加甜味剂，使其更加温和。《食谱全集》到了16世纪还在反复再版，1486年初版的菜谱中，超过一半与最早的手稿无关。《普拉蒂纳法语版》同样反复再版，但仍
97 然采用中世纪笔法。总而言之，这一时期的烹饪法并未与过往斩断联系，而是成为保留了传统基础的过渡阶段。

话虽如此，它也在缓慢演变。16世纪30年代，《烹法小论》（*Petit traicté auquel verrez la maniere de faire cuisine*）的问世掀起菜谱合集的出版热潮，《食谱全集》和《普拉蒂纳法语版》由此遇到更多竞争对手。《烹法小论》作者不详，书中收录133份首次出版的菜谱，也就是说它们从未在中世纪专著中出现过。[17] 1540年前后，巴黎书商皮埃尔·塞尔让（Pierre Sergent）出版了《实用有益食谱》（*Livre de cuysine tres utile et proufitable*），在几乎全盘照搬《烹法小论》的基础之上，额外增加了至少200份菜谱。1542年和1555年，该书在里昂重新出版，标题改为《食谱精编》（*Livre fort excellent de cuysine*），目录中所有菜谱按照字母顺序排列，还标注了相应的页码，查阅起来更加方便。除此之外，该书提供一系列举办宴会或婚礼可用的餐单，这些菜品既保留了中世纪的特点，又在许多方面预告了随后到来的古典主义时期。[18]最后再举一例：《厨艺精粹》（*La Fleur de toute cuysine*）和《全能大厨》（*Le Grand cuisinier de toute cuisine*）几乎是同一本书，不仅整合了《实用有益食谱》、《巴黎家政书》和《普拉蒂纳法语版》，还额外增加约 50 份来源不详的 15 世纪菜谱。[19]作为呈现过往烹饪书籍的最新载体，这部作品一直再版到 1620 年。16 世纪下半叶到 17 世纪 50 年代初，基本没有出现新的菜谱合集。

口味的缓慢演变

更多迹象表明，法国人的口味在逐步演变。人们更加重视食材 98
的天然味道。让·布吕兰-尚皮耶（Jean Bruyerin-Champier）是弗朗索瓦一世的御医，他在《食论》（*De re cibaria*，1560）当中写道，糖会糟蹋“几乎所有菜肴”。[20]

糖是 16 世纪上半叶最突出的元素之一。“几乎任何人都离不开糖，”布吕兰-尚皮耶道，“糖可以加在糕点和葡萄酒里，能够让饮用水得到净化和增甜，还可以撒在鱼或肉上。”[21]自中世纪末期以来，糖的使用量大幅增长，在西卡尔大师成书于 1420 年的《厨论》以及 1486 年印制的《食谱全集》中都能看出这一趋势。[22]与过去相比，法国人的口味更加偏甜，不似从前那般酸。《食谱精编》中1/3的菜谱介绍的是甜味菜肴，而且其中不少菜品在今天通常会被做成咸味。以煮阉鸡为例，制作过程中两次用到“大量食糖”，一次是处理食材时，另一次是装盘之前。烤阉鸡、烤鲟鱼、蒜汤等许多菜肴也是如此。[23]来自意大利的膳食总管焦万·巴蒂斯塔·罗塞蒂观察到，法国人的宴会不再以“糖衣松子仁之类的甜食开场，它们容易让人失去胃口，妨碍食客欣赏厨师的烹饪技艺，因为品尝前几道菜肴的时候，食客的味觉已经被甜食扰乱”。[24]《论工艺》（*Discorsi sulle arti e sui mestieri*）的作者温琴佐·朱斯蒂尼亚尼（Vincenzo
99 Giustiniani）也来自意大利，但他注意到，法国人“运用丰富多样、不同风味的调味品精心制作分量充足的普通菜肴”，而西班牙人大量消耗“甜味菜肴和类似的混合食物”。[25]

新型烹饪书籍“果酱书”的出现或许促进了糖的消耗。这类作品汇集风格各异的菜谱，从果酱（糖或蜂蜜制成）到糖渍水果，从醋渍或者盐渍食品（例如，醋渍小黄瓜或橄榄）到糖衣果仁，甚至有制作香皂、香水等产品的配方。将菜谱与卫生用品、美容产品并置，乍看令人感到意外，但其实也符合认知：长期以来，糖被认为具有助消化的药用功能，因此用于塑造外在美也就不足为怪。第一部“果酱书”于 1545 年在巴黎出版，作者是让·隆吉（Jehan Longis）。长长的书名清楚陈述了里面的内容：《厨艺小论，教您制作各类果酱、什锦，索尔日葡萄酒、麝香白葡萄酒等饮品，［……］香水皂、肉豆蔻粉、芥末，更有许多其他绝佳配方》（*Petit traicté contenant la maniere pour faire toutes confitures, compostes, vins saulges, muscadetz & autres breuvages,* ［…］ *parfunctz savons, muscadz pouldres, moutardes, & plusieurs autres bonnes recettes*）。[26]第二部“果酱书”于十年后在里昂出版，书名为《精编实用手册……》（*Excellent & moult utile opuscule à touts necessaire*…），作者为米歇尔·诺查丹玛斯（Michel Nostradamus），是著名占星家、医生。书中第一部分探讨“改善气色及美容养颜的各类脂粉与香水的制作方

法”，第二部分介绍“使用蜂蜜、糖或煮过的葡萄酒制作多种果酱
的方法”。这些作品能够证明食糖使用量一直在增长，作为聚焦某 100
个具体烹饪领域的著作，它们开辟了美食书籍的一个新门类。这种
专业性促使食糖从一般烹饪图书中分离出来，尤其是在糖耗量大幅
减少的 17 世纪。[27]与此同时，肉和鱼的食糖用量减少，甜味与咸味
被更明显地区分开。食糖经历了漫长的演化之路，逐渐移至一餐的
最后，变成如今的甜点。

黄油在文艺复兴时期的烹饪著作中闪亮登场。《食谱精编》当
中，制作南瓜汤需要“新鲜黄油”，制作面粉奶油需要“优质新鲜
黄油”，炸鲤鱼头要用“优质黄油”，甚至有一道点心是“炸新鲜
黄油”。提到黄油的地方不胜枚举。后来的高级法餐更加青睐黄油。
15 世纪中期，吉勒·勒布维耶（Gilles Le Bouvier）在《列国志》
（*Le Livre de la description des pays*）中记载，布列塔尼（Bretagne）
“盛产黄油，其产品不仅销往国外，封斋期间还可以代替其他油
类”。[28]教会禁止在封斋期或者一般斋日食用动物脂肪，但后来破格
允许使用黄油，尤其在其他油类稀缺昂贵的“黄油区”。黄油在当
时属于“穷人的油”，[29]教会之所以宽免它，主要是考虑到穷人的处
境。这也能解释为何中世纪菜谱合集中看不到黄油的影子，毕竟它
们是为贵族而写就的。17 世纪初，让·尼科（Jean Nicot）在《法 101
语宝典》（*Thresor de la langue françoise*）中写道，法国人普遍使用
黄油，不过“穷人用的比富人用的多”。[30]文艺复兴以来，布列塔尼
和诺曼底盛产黄油：制作时加入足量食盐，装在长形陶壶内销往其
他地区或国家。[31]最受欢迎的黄油出自旺沃（Vanves）及其周边乡

村。布吕兰-尚皮耶认为旺沃黄油“香味浓郁，十分可口”，布卢瓦（Blois）黄油是当地人的骄傲，里昂山区的黄油味美色靓。

食糖和黄油的使用量增加，意味着法国人的口味在逐步变化，预告了17世纪的烹饪变革。但变化的不止口味。自从发现美洲大陆，全新的食材迅速抵达欧洲。人们引进玉米，但大多数粮食作物推广缓慢，有些农产品需经过几个世纪才被法国人接受，例如土豆。

来自新世界的所有食物当中，火鸡是为数不多的立即融入法国人餐单的舶来品。火鸡的味道和外形与法国人习惯食用的各种禽类相差无几，因此文艺复兴时期的餐桌很快便接纳了它。火鸡来自墨西哥，经过西班牙传到法国，一开始被称作“印度母鸡”，早在1534年初版的拉伯雷著作《巨人传》中已有提及。[32]同一年，纳瓦
102 拉的玛格丽特下令在阿朗松城堡（Château d'Alençon）养殖火鸡。[33]
1549年6月19日，巴黎主教府为凯瑟琳·德·美第奇王后举办筵席，[34]两名“烤肉商人”——让·朗格卢瓦（Jehan Langlois）和布莱兹·德·萨勒布鲁斯（Blaise de Sallebrusse）——提供了许多鸟肉，包括66只雏火鸡，以及用于制作35个馅饼的7只雄火鸡。

从餐桌到餐叉

从许多方面来看，16世纪餐桌依然与中世纪的相同。人们通常在支架托起的木板上用餐。罗马同样如此。1580年12月，蒙田受邀前往桑斯（Sens）红衣主教府上赴宴：“餐后感恩祈祷结束，

桌子立即被抬起，椅子沿着房间的一边摆放整齐，主教大人带领众人坐下。”[35]当时也有桌腿固定的餐桌：布列塔尼的一个农民就拥有一张“材质优良、外观质朴的桌子”。[36]在上流人士家中，桌子的首要功能并非摆放餐食，而是作为装饰家具，例如，埃库昂城堡（Château d’Écouen）展览的扇形桌，其桌腿下窄上宽，呈扇形展开，布满木雕装饰。[37]

文艺复兴时期，餐具柜逐渐成为彰显身份地位的家具。它是一个小橱，内有多个分格，“柜脚被基座垫高”。[38]准备用餐时，人们将珍贵的餐具放在铺好白布的阶梯形摆设台上。这件家具通常被称作“餐具柜”或“餐具橱”（法文为 buffet 或 crédence）：事实上，“crédence”这个词来自意大利语“credenza”，意为信仰、信念，
因为用于试毒的食物正是放置于此。但是也可以将这个阶梯形装置 103
放在桌上，正如《关于新近发现的阴阳人岛的描述》（*Description de l’isle des Hermaphrodites*）当中所写。这是一部著名的讽刺亨利三世（Henri Ⅲ）宫廷的作品，作者昂布里的阿蒂斯·托马（Artus Thomas d’Embry）写道：

> 在那尽头是一张又长又宽的桌子，上面盖着的大桌布一直垂到地面。桌上摆放着一只木质小阶梯，只有四五级台阶，长度与桌子相当。阶梯上同样有一块布，盖住每一级台阶。我吃惊地思忖，这番仪式目的何在？就在此时有人走过来，将各种银餐具摆放在阶梯上，将盘、碗、盆、瓶等全部摆放整齐，［……］我的向导说，过去人们习惯称之为 buffet，但这个国家

> 的各种称呼每年都在变化，现如今人们叫它 credance，依然表示餐具柜。[39]

在位高权重者的餐桌上，宝船仍然拥有一席之地，但它似乎已经变成“装饰品或娱乐物件”。[40]它的功能逐渐被餐具盒（cadenas）代替，这是种贵金属制成的托盘，其中一边带有一组小格子。餐具盒的功能与宝船相同，据昂布里的阿蒂斯·托马解释，它只属于“国王和王公贵族，既具备储藏功能，尤其是用来存放食盐，又可
104 以彰显排场”。[41]托盘上可以摆放餐巾、餐具和面包，蒙田这样描述它的用途：“尊贵的客人坐在主人对面或邻座位置，人们在他面前摆放方形大银盘，用来装他的盐盅，法国人习惯这样服务位高权重者用餐。银盘上放有一张对折两次的餐巾，上面摆放着面包、餐刀、餐叉和汤匙。”[42]

过去人们习惯将肉摆在木砧板或者面包块上，这种方式一直沿用到 16 世纪末 17 世纪初。但集砧板和汤盘功能于一身的餐盘逐渐被越来越多人使用。餐盘为圆形，这一形状并非首创，汤碗和菜盘本就是圆形，一些切肉用的盘子也是圆形并且中间有凹陷，餐盘正是沿袭了这一设计。[43]“餐盘”一词的法文为“assiette”，这个单词既指食客落座的位置，也指他们的用以进食的餐具。

16 世纪中期，里昂和讷韦尔（Nevers）先后出现釉陶作坊。不过，“在根深蒂固的社会观念中，金银器仍然是地位和财力的象征，例如，通体纯银或镀金银器”。[44]锡器等其他金属器具也是如此。然而在巴黎，“（陶瓷）餐具在同类器具中的占比大幅增长，在 16 世

纪后三十年达到20%—30%之多”。[45]可惜的是釉陶并不结实。据皮埃尔·德·莱图瓦勒（Pierre de l'Estoile）记载，陶瓷餐具非常易碎。1580年1月26日，比拉格（Birague）红衣主教命人准备点心招待“国王夫妇和宫廷的王公贵妇们”，仆人们布置了两张长桌， 105
摆上“1211件釉陶餐具，里面装满了蜜饯和各种糖衣果仁，组成城堡、金字塔、平台等华丽造型，结果被侍童和仆从不慎打翻，大部分都摔碎了［……］实属可惜，因为这些餐具漂亮极了”。[46]

尽管如此，釉陶依然逐渐推广开来，在17世纪上半叶一度非常流行。[47]用餐方式正在变化。桌上逐渐出现专人专用的成套餐具，这意味着食客对入口的食物更加挑剔讲究。不过餐桌习俗的改变十分缓慢，而且每个国家的节奏各有不同。正如C.卡尔维亚克（C. Calviac）在《正确礼仪》（*Civile honesteté*, 1560）当中所写：

> 在食用菜汤或其他液状食物时，德国人更多使用汤匙，意大利人则是餐叉，法国人视情况而定，哪个方便用哪个。意大利人完全不想单独拥有餐刀，德国人却相当在意，如果有人借用或者从他们面前拿走餐刀，德国人会感到不悦。一大桌法国人可以共享两三把餐刀，互相借用也很自然。[48]

蒙田提醒我们，意大利人很早就开始使用餐叉。17世纪初，
英国人托马斯·科里亚特（Thomas Coryate）在意大利半岛旅行时， 106
惊讶地发现“一种［他去过的］其余任何地方都不存在的习俗，意大利可能是唯一这样做的基督教国家：当地人，以及很多定居意

大利人的外国人在切肉时总会用到一支小餐叉”。他还补充说，奇怪的是，“没人能说服意大利人用手指抓取盘中的食物”。[49]

在法国，餐叉很晚才在显贵的餐桌上普及开来。瑞士人费利克斯·普拉特（Félix Platter）从 1552 年开始在蒙彼利埃居住数载，据他在日记中的描述，当地人吃饭时“用手指从各自碗中拿取食物”。[50]亨利三世尝试将这种新餐具引进宫廷，但众人用起来十分笨拙，昂布里领主老爷（Sieur d’Ambry）在书中嘲笑他们“从不用手碰肉，而是用叉子，伸长躯干和脖颈，将食物送入口中”。如果吃的是洋蓟、芦笋、去壳豌豆或蚕豆，操作难度再次升级，看他们使用餐叉着实费劲，因为“不熟练的人总让食物掉落，有些落在餐盘上，还有些在送往嘴巴的半途中掉到桌面”。[51]

亨利三世去世后，餐叉在宫廷失宠。尽管它后来慢慢回到餐桌，但并不意味着人们惯常用它将食物送入口中。很多时候餐叉仅用于从公盘拿取食物，再放到各自的餐盘上。亚伯拉罕·博塞
107 （Abraham Bosse）在 1687 年创作了一幅版画作品，主题为“巴黎市政厅的国王晚餐”，[52]画上的贵妇们用手进食，但从盘里拿取食物时也会借助餐叉，过去人们是用餐刀完成这项任务的。于是，刀刃变得圆润，因为人们不再需要用刀尖刺取食物了。不过对于新出现的物品，人们往往不能迅速掌握使用方法。刀叉并用需要长时间的适应，这也是法式用餐习惯缓慢形成的过程，礼仪书籍起到了推动作用。但古老的习惯不会轻易消失：1644 年，奥尔良公爵加斯东（Gaston d’Orléans）依然用手在盘子里翻取食物。[53]

第六章

烹饪新纪元

酱汁堪称厨房珍宝，其滋味也曾满足您的味蕾，毕竟它们 109
是出自专业厨师之手的杰作。

——弗朗索瓦·皮埃尔（François Pierre），
又称“拉瓦雷纳”（La Varenne），《法国厨师》

烹饪书籍出版业重焕生机

拉瓦雷纳的著作《法国厨师》1651 年初版，[1] 开启了烹饪新纪元，一经问世就大获成功：半世纪间印刷了 41 版（包含外译），仅前十年内就出现至少 14 版。[2] 它之所以迅速成为畅销书，原因在于很长时期里没有新作品出现：事实上，它是 17 世纪第一部“现代”烹饪书籍。因此这部作品迎合人们的期待，书中呈现的创新烹饪技艺反映了那个时代的实践，体现出“伟大世纪”的变迁。

它的成功还有另一个原因：菜谱的呈现方式便于查阅。全书分 110

为两大部分，分别对应荤日和斋日。作者按照当时通行的菜单分类方式整理菜谱（浓汤、前菜、主菜、甜食），并插入补充章节，如制作肉馅饼和圆馅饼、“须保存的芡汁”、“制作卤汁的方法”等。作者的教学主题以统一形式出现在多个章节开头，例如，“制作原汁清汤的方法”“鱼肉糕点制作教学”等。拉瓦雷纳的真名为弗朗索瓦·皮埃尔，他担任于克塞莱侯爵（Marquis d'Uxelles）的私人厨师已有十年之久，声称在此期间找到了“烹制肉类的诀窍”，明确表示“公众应当善加利用”他多年的经验。从书中的告读者信来看，目标受众也包括厨师，即其他从事作者尤其珍爱的这个行业的人。

拉瓦雷纳的著作出版五年后，罗昂公爵（Duc de Rohan）的私人厨师皮埃尔·德·吕讷（Pierre de Lune）也推出一部作品：《厨师》（*Le Cuisinier*）。它的目标受众是“为了领悟本世纪这项既必要又华丽的美妙技艺而奔走于不同城市的年轻人”。[3] 这部专著同样遵循教会关于斋日的训令，但它的创新之处在于按照季节将菜谱分门别类。作者在告读者信中表示，从必要配料的准备到复杂菜肴的制作，书中包含实用且周全的建议，任何尝试烹饪的人都“必须了
111 解”。“读者朋友，我写下这段文字提醒您，调味包［类似我们扎成一束的调味香料，这在当时算是新发明］应当包含一薄片猪膘、一根小葱、少许百里香、两枚丁香、香叶芹、欧芹，用一根细绳捆住。如果斋日用到调味包，您只需去掉猪膘即可。”试举几例实用建议：柠檬必须去皮，插上两三枚丁香；柠檬切开之后，应当放在水里防止变干；橙子应当干燥保存；开心果和石榴最好“用开水去

皮”（在沸水中涮几秒钟以便于去皮）；橄榄必须“去骨”之后放在水中，与刺山柑花蕾的处理方式一样；欧芹用油煎之后撒上盐和面粉，面包要刷上混合了盐和胡椒的鸡蛋液。作者解释道：“所有这些配菜必须提早准备好。”

以上便是烹饪工作的组织安排（我们将在下一小节详细叙述），这些内容体现了一位专业人士向公众传授技艺的意愿。同时代的厨师们打破旧习惯，不再满足于编纂菜谱合集。[4] 他们表达出一种技术性更强、更尊重食材天然味道的烹饪新理念，这是他们最伟大的成就之一。他们不再简单执行操作，而是成为探索并尝试新方法的真正的烹饪理论家。[5]

他们有时直言不讳。以 L. S. R. 为例（我们不知道他的全名），他认为必须“改革过去那种陈旧的、令人反胃的烹饪和上餐方式”。 112
他在著作《烹饪艺术》（*L'Art de bien traiter*, 1674）[6] 中写道，他之所以“花费精力思考这个主题”，是因为他希望他的作品“对处在所有境况的所有人士有所帮助”。他在序言中解释道，“构成美味佳肴的”绝对不是“出奇铺张的菜肴、大量的荤杂烩和回锅肉炖菜、各种肉类的堆积”，“我们高雅品位的感知对象”也不是“山珍海味的胡乱叠加和堆积如山的烤肉［……］”，而应当是“精选的肉品、细致的调味、礼貌且整洁的上菜服务、符合用餐人数的分量，以及决定优质美好一餐的重要因素——总体的组织安排”。

与他之前的同行一样，L. S. R. 立场明确地站在改革阵营。每个人“根据各自的身份和喜好”，都能在他的书中找到简单易懂的“规则和方法”，从而“随心所欲地为任何人准备食物”。L. S. R.

看起来是位专业人士，懂得管理厨房和餐室的各部门，由此可以推测出他是某位达官贵人府邸的膳食总管或管家。除了提供菜谱，我们的匿名作者还描写了烹饪和进餐的场所，展示了上菜的方式，解答了如何在花园或其他地点安排简餐，以及如何准备“混合餐”。这一餐通常在“日暮时分”享用，菜肴陈列在桌上，像如今的冷餐会一样。

113 L. S. R. 的写作目的不只是教学，他猛烈抨击拉瓦雷纳，指责他的作品名不副实：

> 拉瓦雷纳老爷胆敢传播荒谬且令人反感的烹饪经验，我想诸位在我的书里绝对看不到它们。长久以来他引诱哄骗愚昧无知的大众，让大家将他关于烹饪的言论奉为不容置疑的真理和教条。我知道他直到如今都享受着制定烹饪规则和方法的荣耀。我知道普通民众，甚至见多识广的人，都落入了他的陷阱，仿佛他的教学是某种高雅、笃定、完美的东西。人们如此盲目的原因在于从未有人指出他的错误。[7]

L. S. R. 用大量篇幅激烈声讨拉瓦雷纳，这隐藏着两位处境不同的作者之间的个人怨恨：往往只有社会上流人士才会雇用膳食总管。[8]L. S. R. 指责拉瓦雷纳将精英烹饪技艺大众化，把原本仅属于达官显贵府上的烹饪艺术传授给“愚昧无知的大众”。不仅如此，他看不惯《法国厨师》的“穷酸邋遢”，认为它配不上“我们的优雅环境，干净雅致、挑剔考究、高雅品位是我们最殷切的目标”。[9]

麸皮汤、野花汤、鳕鱼肠、牛肚杂烩［……］这类菜肴不合时宜，不应当出现在贵族餐桌上。[10]洋姜也是如此，毕竟它是“穷人用盐、黄油和醋煮熟了吃的植物根茎而已”。[11] 114

《法国厨师》第一版问世时，拉瓦雷纳的出版商这样宣传：除了介绍“上流人士餐桌上肉类、糕点和其他食物的最细致考究的烹饪方法”，作者还为读者解答了“如何处理最普通、最常见、寻常人家也会购买的食材”。众所周知，“蓝皮丛书”（Bibliothèque bleue）当年就是通过流动商贩得以广泛传播，如今他们同样帮助拉瓦雷纳的著作获得巨大成功。《法国厨师》的大卖引起某些争议，原因正是它在一定程度上普及了高级法餐，这种餐饮方式原本面向精英阶层，一段时间之后却渗透到其他社会阶层，成为受人追捧的典范。率先行动的人是烹饪书籍的作者们，因为他们将厨艺原则解释得“清楚易懂”。

这一时期的菜谱合集越来越有条理，向读者呈现烹饪实践的基础规则。以马西阿洛（Massialot）的著作《从宫廷御膳到中产阶级饮食》（*Le Cuisinier roïal et bourgeois*，1691）[12]为例，它是 17 世纪最后一部重要烹饪书籍。作者“自诩宫廷御厨并非毫无根据，他笔下按照四时归类的餐食，近来都曾登上宫廷或王公贵族的餐桌”。此书开篇为若干套完整菜单，随后“用词典的形式提供说明，指导读 115
者如何准备每样食物，如何呈现前菜、甜食和烤肉等”。菜谱按照首字母排序，根据主要食材和上菜顺序分类：这在法语烹饪书籍中是创新之举。另一个突破点是巧克力，它出现在“巧克力牛肩肉杂炖”和“巧克力奶油”的菜谱中。菲利普·西尔韦斯特·迪富尔

(Philippe Sylvestre Dufour）在《奇妙新论：咖啡、茶、巧克力》(*Traitez nouveaux & curieux du café, du thé et du chocolate*, 1688）中表示，这种配料“在欧洲变得很常见，先是传播到西班牙，接着到达英国、法国、意大利等，我们不再认为它是美洲特有的饮品，而是已经本土化”。[13]马西阿洛的著作反复再版，成为烹饪文学的重要转折点，不仅因为它呈现的创新点，也因为它的书名预告了中产阶级的崛起。

烹饪工作的组织安排

烹饪书籍的使用更简便，菜谱安排更合理，这些改变反映了烹饪工作的条理化。在很多人看来，组织结构的高专业度和工作方式
116 的持续合理化正是法式烹饪高品质和可持续性的体现。餐饮从业者依靠的烹饪体系允许他们在保留创作自由的前提下完成品类丰富的菜肴。[14]

接下来您将看到根据逻辑和先后顺序串联起来的烹饪步骤，首先是原汁清汤（bouillon），它是所有菜肴的关键前提。在《烹饪艺术》中，L. S. R. 首先讨论“营养丰富的原汁清汤的制作方法，它将用于烹调所有浓汤、前菜、甜点和荤杂烩；接着讲解浓汁、芡汁和卤汁，它们的功能是调味，以及作为配菜或浇头，用于白汤、褐汤、回锅肉杂烩、烩肉块、焖肉、煨肉、油煎食品、肉冻等”。[15]这锅“大汤”原则上包含牛肉、小牛肉、羊肉、下水、猪膘，以及洋葱、百里香、丁香等植物香料，应当“从早晨6点直到10点或11

点”文火久煲，“因为急火沸煮只能烹熟肉类表面，文火微沸才能将其缓慢煮透”。

煮好原汁清汤成为厨师的重要任务，其高品质取决于“优质的肉材和完美的炖煮过程”。[16]以此为基础，可以衍生出一系列食物。首先是浓汁（coulis），它可以作为炖汤（mitonnade）的浇头。据 L. S. R. 描述，炖汤是指将混合汤或者比斯开虾酱汤放在盘子或大盆里煮，里面加入各种面包。浓汁可以“为各种酱汁提味”，作为浓汤、正菜、甜点的配菜，还可以“作为芡汁浇在任何即将端上桌的肉上”。[17]浓汁的制作方法是将洋葱、蘑菇、猪膘、丁香等多种香辛配料加入原汁清汤，然后往这些混合物中加入杏仁、面粉，甚至面包勾芡，接着用滤布或其他便利的滤器过滤。“浓汁”的法文正是来自这一步骤，因为液体流经过滤器的过程对应动词“couler”（中文译为“流淌”）。浓汁也可以用某种食材为基底，例如，马西阿洛推荐的火腿、阉鸡、山鹑、根茎、松露、蘑菇等。与浓汁一样，汁水（jus）也会为菜肴增加额外风味，它首先是一种液体，根据菲勒蒂埃的《词典》解释，人们可以“通过压榨、浸泡或炖煮某样东西，从而得到它的汁水”。牛肉、小牛肉、鱼肉等均可出汁，例如，下述菜谱用到了蘑菇汁： 117

将蘑菇清洗干净放进大盆，加入一块猪膘，斋日可用黄油代替。接着将蘑菇放在火炭上烤黄，直到开始粘锅底。这时蘑菇为橙红色，加入少许面粉，继续用小火烤黄。加入优质清汤，再从火上取下来。将蘑菇卤汁倒进一旁的罐子，加入一片柠檬和食盐调味。[18]

所有这些操作组成有条不紊的菜品制作过程，每个步骤都能够提高品质。[19]以 L. S. R. 介绍的鸽肉酱为例："加入几勺准备好的汁
118 水和浓汁，以及精致配料（béatille）或其他配菜，所有这些结合在一起，便能成就一道优秀的菜肴。"精致配料的做法是将翅尖、禽肝、肉冠、腰子、小牛胸腺、洋蓟芯、蘑菇等材料混合，放入锅中，裹上面粉，接着加入原汁清汤煨煮，有时可以加些小内脏香肠。L. S. R. 还介绍了正确的上菜方式："当您的前菜或其他菜肴已经准备好端上桌，将做好的精致配料连同汤汁一起，干净利落地趁热浇上去。"[20]

菜肴做好后，作料是点睛之笔，属于"配菜"（garniture）的范畴。作为"伟大世纪"的烹饪特色，配菜需要单独烹制，有时用刺菜蓟或菊苣等蔬菜，但也可以是简单的切片柠檬、石榴籽之类。它的功能是装饰主菜，通常摆放在菜肴四周，或者直接点缀在菜肴上。[21]

荤杂烩同样被归为配菜，至少刚出现时如此。作为那个时代的新产品，荤杂烩的功能是"开胃"。[22]皮埃尔·德·吕讷介绍过的相关菜谱不胜枚举，例如，由沙锥、鹌鹑、乳鸽、鸡冠、腰子、大菱鲆，或其他食材制成的荤杂烩。根据大厨塞萨尔·佩朗（César Pellenc）所言，荤杂烩在上流人士的餐桌上占据了重要位置。他在《人生乐事》（*Les Plaisirs de la vie*，1654）中写道，荤杂烩"影响力大幅提升，以至于甜味让位给酸味酱汁，最甜的成分变为醋和酸葡

萄汁，以及橙子、食盐和香料［……］盐和胡椒的香气占据主导， 119
美味的一餐几乎取决于酱汁和荤杂烩”。[23]马西阿洛在《从宫廷御膳到中产阶级饮食》1703年增补版中添加“一批全新出现的荤杂烩”，此举同样印证了佩朗的言论。

荤杂烩最初被看作简单的作料，甚至被认为是酱汁，后来逐渐演变为独立的菜肴。在狄德罗和达朗贝尔主编的《百科全书》中，荤杂烩的定义如下：“在肉、鱼或蔬菜里加入猪膘、食盐、胡椒、丁香等香料煮成的焖肉或炖菜。”

关于食材本味

这样的烹饪理念并不能突出食材本味。[24]正如尼古拉·德·博纳丰（Nicolas de Bonnefons）在《乡村美味》（*Les Délices de la campagne*，1655）中所言，大量配菜和过度的加工掩盖了“每种肉或鱼应当保留的各自真味”。

最先受到指责的，是只注重“伪装”菜肴和加入“混乱”配菜的厨师。“所有浓汤都是一个味道，”博纳丰惋惜地表示，“经常从第一道菜开始就令人反胃，因为厨师们只遵守老一套的工作惯例，无区别地用杂烩填满每一口锅，中途不换勺子，甚至连擦都不
擦。”[25]这种操作方式造成了灾难性的后果：“他们当中有不少人先 120
把大多数用来做汤的肉油炸，或者放入融化的猪膘或黄油中煎一下。还有比用油炸食品做成的汤更恶心的东西吗？相信读者朋友自有判断。”[26]作者进一步抱怨道，那些膳食总管“在厨房里胡乱搞出

一大堆只配喂狗的垃圾食物，总有一天要接受上帝的审判”。

博纳丰提倡在尊重食材天然味道的基础上，采用一种更均衡的调味方式。在他看来，白菜浓汤闻起来就应该“完全是白菜的味道”，韭葱浓汤和芜菁浓汤同理。法式烹饪的悖论在于，定义它的言论有时候与厨师们的实践完全脱节。法餐开启了漫长的现代化进程，通过言论、技术和味道展现出来，但这三个层面的发展并不同步。

这一历史时期便是很好的例证。诚然，中世纪精英阶层推崇的辛香料的重口味和酸味逐渐被摒弃，人们更喜欢“用荤物调味，认为这样“更柔和，更清淡”。[27]同时，烹饪书籍中出现大量素菜，说明这一时期出现了对蔬菜的新偏好。蘑菇因此出现得更加频繁，马西阿洛认为它们“非常适合用在荤杂烩里，甚至专门介绍了如何用蘑菇制作甜点和浓汤，所以储备充足的蘑菇非常重要”。[28]青豌豆也
121 是如此，因为曼特农夫人（Madame de Maintenon）曾说：“贵妇人与国王共进晚餐，即便吃得很饱，回家后也要在睡前吃些青豌豆。”这在当时成为风靡宫廷的时尚，贵妇人争相模仿。[29]博纳丰十分推崇“乡村美味”，建议制作禽肉菜肴时“搭配最新鲜的时令蔬菜，例如，芦笋、豌豆、莴苣、菊苣等，与主菜［……］分开烹煮”。[30]

保留食材的天然味道是当时的明显趋势，从人们对水煮菜肴的关注便能看出。例如，L. S. R. 建议，煮芦笋时，待水沸腾并“咕嘟五六下”后将其取出，可确保芦笋色泽碧绿、“口感爽脆”，否则芦笋“就只是一堆纤维，不恰当的烹煮让它烂成糊状，那样就会很糟糕，口感也令人恶心”。[31]在青豌豆的菜谱里，他明确告诫使用

"非常少量的食盐和香料，避免破坏青豌豆的原味"。他还表示："吃烤肉最好、最健康的方式就是不要烤成全熟，从铁扦上取下来连带天然肉汁大口吞食……"[32]至于家鸭、野鸭以及其他水鸟，马西阿洛建议吃"半生带血"的肉。烤肉这一任务并不像表面上看起来那么简单，每块肉需要多长时间才能烤得恰到好处，全凭眼睛观察判断，而且需要"结合肉的厚薄和结实程度"。[33]

当时的厨师非常抗拒过度烤肉。L. S. R. 认为烤鸡"只需要明
亮的火就能完美烤熟，只要维持火焰稳定，不超过一刻钟即可。如 122
果时间太久或者炭火过热，鸡肉就会脱水变干，像羊皮纸一样"。[34]人们如此重视正确的烹煮，既体现了对食材的尊重，同时也反映出伴随烹饪空间现代化而来的烹饪流程的合理化。

关于酱汁的灵魂

中世纪菜谱书籍介绍的酱汁像是香料和酸性材料制成的浓缩物，然而近几百年来的酱汁截然不同。酸度没有被舍弃，但是克制许多。调味的变迁源自人们口味的改变，这在文艺复兴时期已经初见端倪。自那之后，厨师们偏爱胡椒、丁香和肉豆蔻。L. S. R. 建议储备好食盐、"胡椒、丁香、脱水后研磨成粉状的香辛蔬菜（以备产量不高的时候使用）、月桂、迷迭香、洋葱等"。他推荐"在最合适的季节和产地"采购一系列产品："风干柠檬皮或橙皮用线串好备用，制作葡萄酒奶油汤汁或其他时候会用到它们；用两只小桶分别储存普通食醋和酸葡萄汁；用小玻璃瓶储存不同风味的食

醋，包括玫瑰、覆盆子和接骨木风味。”除此之外，务必确保“储备新鲜的黄油和鸡蛋”。[35]

123 黄油在烹饪书籍中大量使用，这是“伟大世纪”最重要的变化之一。[36]黄油酱汁应运而生：主要搭配鱼肉（例如，白斑狗鱼和鲈鱼），以及蔬菜（例如，洋蓟和芦笋）。“白酱”（sauce blanche）和“白黄油酱”（beurre blanc）是将食醋、白葡萄酒或酸葡萄汁这类酸性配料与黄油混合，用银质或者木质的勺子“不停搅拌，使酱汁出芡变稠”。对于“白酱”，还需加入刺山柑花蕾、鳀鱼、切片的柠檬或橙子。“橙红酱”（sauce rousse）更接近加热融化后呈橙红色的黄油，当中加入欧芹碎、鳀鱼、卤汁、刺山柑花蕾、酸葡萄汁、食醋，以及其他配料。[37]菲勒蒂埃所编纂的《词典》对酱汁的定义是“可用于烹煮多种菜肴的液体，或者在做好菜肴之后单独准备的液体，以便为菜肴提鲜增味”。作者由此将酱汁分为两类：第一种是在主菜之外独立制作，通常搭配烤肉；第二种是以烹煮食物的汤汁为基底，用炒过的面粉勾芡——这种新方式逐渐取代中世纪的面包勾芡。皮埃尔·德·吕讷给出一例：“将融化的猪膘和炒过的面粉放进瓦罐，加入精白面粉，用勺子趁热搅匀。”[38]

17 世纪末 18 世纪初，酱汁真正开始在法餐中占据重要地位。《科摩斯的礼物或餐桌之乐》（*Les Dons de Comus ou les délices de la*
124 *table*，1739）的作者可能是弗朗索瓦·马兰（François Marin），书中介绍了近 50 种酱汁配方。在“关于酱汁或原汁清汤的灵魂”[39]这一章节，他表示“首先需要悉心准备绝佳的原汁清汤，尽可能保持专注和卫生”，因为“一顿餐食能否做好，包括浓汤、前菜、主菜和甜点，几乎完全取决于作为基底的原汁清汤的品质”。三年之后，《科摩斯的礼物：续篇》（*Suite des Dons de Comus*）问世，介绍了超过 95 种酱汁，而且这个数字在其他作者后来出版的烹饪书籍中有增无减。

同样在世纪之交，人们注意到烹饪中越来越多地使用香槟酒，尤其是准备酱汁时（马兰笔下 1/4 的酱汁用到它）。这种全新的起泡葡萄酒在当时十分流行，在 18 世纪三四十年代的启蒙时期新法餐当中拥有一席之地。香槟酒的使用能提升菜品格调。安托南·卡雷姆（Antonin Carême）是 19 世纪知名大厨，他的许多拿手菜需用到香槟酒，例如，“皇家香博利口酒鲤鱼”（Carpe à la Chambord royale）：“这款新香博酒丝毫不输前作，它的外观独具特色，让精致的配菜更显优雅，香槟酱汁使菜肴更加美味。”[40] 与高级法餐一样，“香槟酱汁”后来逐步与法国的文化形象挂钩，成为 19 世纪烹饪界的经典之作。当时，伏尔泰从这种葡萄酒的“闪亮泡沫”中看到了法国人充满活力的形象。[41]

第七章

烹饪场所

125 这是人们准备食材和烹煮食物的场所。里面应当有套厨房用具，包括小锅、大锅、平底锅、馅饼模子、炖锅、大汤勺、陶罐、水桶、水盆、桌子、大餐盘、分餐盘、剁肉刀、餐刀、烤架、铁扦及其他厨房用具。

——诺埃尔·肖梅尔，《经济学词典》，1718

（Noël Chomel, *Dictionnaire oeconomique*, 1718）

合适位置

16 世纪中叶，科唐坦（Cotentin）的贵族古贝尔维尔老爷（Sire de Gouberville）在勒梅尼勒-欧瓦勒（Le Mesnil-au-val）拥有一座庄园，“墙面贴砖、地面铺石的厨房”在日常生活中占据核心
126 位置。[1] 庄园主人常在炉膛前面用餐，因为火苗持续为他提供热量。1551 年 2 月 6 日，他在日记中写道：“我在厨房的炉火前穿衣。”

半个世纪过后，奥利维耶·德·塞尔（Olivier de Serres）认为厨房是“房屋的主体部分”。他在《农业场所与乡村庄园》（*Le Théâtre d'agriculture et Mesnage des champs*）中建议将厨房安排在第二层的靠近客厅和卧室的位置，以便监督仆人：

> 您通常位于距离厨房不远的客厅和卧室中，因此监督仆人，制止偷懒、喧哗、渎神、扒窃等行为是非常方便的。即便在夜间，女仆想以擦亮餐具［……］或其他日常家务为借口在厨房久留，觉察到您在她们附近，她们也就不能放心大胆地和男仆在夜晚闲逛（ribler）[2]。[3]

德·塞尔是一名农学家，在他看来，人们通常将厨房与饲养家禽的地方安排在同一楼层是出于习惯，但这并不合理。这种布局违反“健康、安全、节俭”的原则：首先，一层湿气太重，通风不畅；其次，外人能从低矮的窗口观察厨房里发生的事情，仆人也可以随意邀请他们进来；最后，与设置在楼上的厨房相比，一层非常容易遭遇偷盗。但是地面层也有其优势，夏天享受阴凉，冬天寒风不易灌进厨房，食品商送货上门更便捷。除此之外，地面层取水更简单，打扫卫生和准备菜肴都更方便。

根据《百科全书》的描述，在比较大的住宅里，尤其是在城 127
里，厨房通常“位于建筑的地上一层，有时在地下层”。路易·萨沃（Louis Savot）是国王的御医，著有《私人住宅里的法式建筑》（*L'Architecture françoise des bastimens particuliers*，1624），他建议“在西侧［……］或南侧”修建厨房。与菲利贝尔·德·勒奥姆（Philibert de L'Orme）一样，他主张千万不要将厨房建在“地里”（也就是地下层），除非下水道能通往一个“露天的坑”，[4] 因为封闭水坑和枯井会散发出“令人恼火、难以忍受的恶臭”。[5] 然而人们依然继续在地下修建厨房，一方面是因为建筑面积有限，另一方面也是为了将其隐藏。[6] 巴黎阿尔布雷公馆（Hôtel d'Albret）1638 年的房屋状况说明显示，厨房、公共休息室、食品贮藏室和水果库均位于地下。[7] 到底把厨房放在哪里，这个问题长期困扰着建筑师和豪门大院的居住者。人们尝试兼顾两条必要原则，却难以两全：为了方便，厨房最好尽量靠近用餐的房间，与此同时，人们想避免厨房太近导致的不愉快：

> 坚决不能［……］将厨房设在住宅的主体部分，尤其在平时用餐房间的正下方，否则不但噪声很大，飘到楼上的气味也难闻。没有什么事情是比用餐完毕还能闻到厨房和肉的味道更令人不悦的了。[8]

128 普法尔茨公主（Princesse Palatine）曾在信中抱怨她的房间距离厨房太近：“刚到巴黎两个钟头，我就开始头痛，感到喉咙发痒，止不住地咳嗽。但我对此无能为力，因为厨房就在我的楼下。”[9] 对于那些带有院子和花园的私人宅邸，人们倾向于使厨房及其附属房屋远离主体公寓，尽量将它们安排在建筑的侧翼。在这种情况下，厨房通常位于临街的建筑，挨着马车出入的大门。我们可以在皮埃尔·勒米埃（Pierre le Muet）的建筑图纸中找到这种布局。[10]同中世纪一样，厨房如果远离居住区域，菜肴必须经过楼梯或长廊，甚至穿过院子，才能到达餐桌上。这种情况下，用餐地点的隔壁房间就要安排一个便携炉灶。[11]

凡尔赛宫面临同样的问题。考虑到厨房事务繁杂，可能造成不少困扰，路易十四（Louis XIV）决定让阿杜安-芒萨尔（Hardouin-Mansart）修建一座巨大的四边形建筑，作为凡尔赛宫大厨房。其位置选在村庄教堂旧址上，修建工程从 1682 年持续到 1685 年，如今它与城堡之间隔着美国独立街（Rue de l'Indépendance-Américaine）。勒沃（Le Vau）在 1668 年至 1670 年主持修建了凡尔赛宫的外围宫殿（Enveloppe），御膳房各部门原本设置在这一区域的南侧，占据了整个一楼和部分二楼房间，结果便是一进宫殿就能遇到“一大群侍从、厨房小学徒和厨师，这些人吵吵嚷嚷，举止言谈十分粗鲁”。[12]因此御膳房的大部分部门转移到了大厨房，负责“食材采 129
购、菜品烹饪和用餐服务，准备整座宫殿全天候的所有食物，包括正餐和简餐，其服务对象是国王本人及其子女、宾客和官员”。[13]厨房位于地面层，地下层作为储物间，人们在地窖里装了烤炉为国王烤面包。[14]根据《法兰西年鉴》（*État de la France*）记载，御膳房的 7 个部门 1712 年在职员工共计 324 人。[15]

厨房搬远之后，宫殿内清静不少，但从此菜肴需要经过漫长的距离才能到达餐桌。国王和王后的御膳房（Bouche du roi et de la reine，俗称“国王和王后的嘴”）依然设在宫殿，专门负责制作王室成员的菜肴。[16]18 世纪，随着“小晚餐”（petit souper）开始流行，凡尔赛宫出现许多私人厨房。它们也带来诸多不便，诺瓦耶伯爵（Comte de Noailles）在1754年抱怨道：

> 先王在位时期，凡尔赛宫并无厨房，几乎所有老爷和贵妇的房内只有侍女和仆从。如今人们希望像住在城里的宅邸那样，有一群仆人和自己的厨房。这就造成脏乱问题，产生有失体面的臭味，而且人们什么都往窗外扔。[17]

人们纷纷效仿奥尔良公爵菲利普（Philippe d'Orléans）① 和路易十五（Louis XV）。路易十五本人爱好制作糕点，如“美味的巧克
130 力和煎蛋卷”，或者试验蒸馏。因此，他居住的小公寓里有一间“食物工坊”（1728年），里面配备了做糕点的烤炉和几座灶台，每面墙都有壁橱。[18]沙托鲁公爵夫人（Duchesse de Châteauroux）是国王的情妇，她的公寓在1743年也设置了一间厨房，配备一个烤炉、几个炉灶、一个烤肉时使用的排气装置。[19]小厨房的兴起意味着凡尔赛宫大厨房相对受到冷落，体现出公共空间和私人空间的进一步分离，私人厨房成为重新找回个人隐私的标志。

理想厨房

抛开令人难以抉择的位置不谈，厨房是一个具有功能属性的、

---

① 即法国摄政王（1715—1723年摄政）。——编者注

注重条理的空间。它的布置得益于周全的考虑，与料理技巧的演变、烹饪实践的高度提炼整合息息相关。路易·萨沃在《私人住宅里的法式建筑》中提出，厨房必须宽敞，“与整个住所的规模相称”。[20]它应当采光良好，拥有充足的水源，水可以来自水池，也可以来自位于厨房或与之毗邻的院子里的水井。18 世纪下半叶，人们认为通过“管道”取水，“或者在厨房里使用抽水泵”都是不错的选择。[21]水不仅用于清洗食物和餐具，以及打扫厨房卫生，厨师在炎热环境中工作也需要解渴。

除此之外，保险起见，用一根铁杠支撑壁炉，否则“摇动的火 131
焰”会拆毁它。[22]炉膛依然是厨房的核心所在。《烹饪艺术》描述的理想厨房拥有“两座足够大的壁炉”，[23]以便在多人聚餐时有条不紊地准备数量众多的菜肴。L. S. R. 建议其中一座“铺上大方砖”，“空间足够宽敞，以便厨师不受拘束地自在活动”。每座壁炉都安装挂锅铁钩，[24]它们后来成为现代厨房的必备元素。一根自带落地脚撑的宽铁杠横在炉膛中央，用于放“长柄平底锅、有柄小平底锅、炖锅、小煮锅、大盆、普通有柄平底锅，或者其他烹饪用具”。这样一来，“烩肉块放在火上煮着，并不妨碍厨师在此期间与主顾交谈”。他们再也不用手持锅具，可以放心地把菜肴留在火上煮。L. S. R. 不禁感叹：“再没有什么比手握锅柄更碍事的了。”

机械旋转烤架也是厨房好物。“根据菲勒蒂埃编纂的《词典》，这种小装置利用齿轮、配重和摆锤达到自主运动的效果”，在 17 世纪逐渐普及。它能同时烤许多块肉，厨师便可以忙其他事情。它取代了负责转动铁扦的厨房小学徒；或者转动“木质大滚筒”的狗，让·德·拉封丹（Jean de la Fontaine）在其寓言中称这种狗为“laridon”（来自“lard”一词，即“猪膘”）。[25]《达·芬奇笔记》（*Carnets*）介绍了一款自动烤架，“沸水产生的蒸汽通过水壶上的小
132 孔冲出来”推动烤架旋转。[26]1580 年 9 月，蒙田旅行途中在巴塞尔停歇，不无赞叹地描述这种装置：

> 当地人擅长金工，几乎所有的铁扦都是通过弹簧或配重自动旋转，如同钟表一样。他们还把用松木制成的又大又宽的叶片安装在烟囱管道里，利用炉火产生的气流和水汽推动叶片高速转动，从而带动烤架长时间地缓缓旋转。[27]

厨房中也有一座烤炉，通常位于壁炉里面或旁边，用于烤制糕点。萨沃解释说，大户人家通常拥有独立的面包烘房，至少包含“两座烤炉，分别用于烤制面包和其他糕点”。[28]“砖砌炉灶”是现代灶台的前身，在 17 世纪逐渐普及，促使烹饪技艺变得更加复杂精细。它类似一张砖砌桌子，[29]上面挖空若干凹槽作为炉灶，内部分别填满火炭，因此可以同时烹煮多种菜肴。它们通常被安置在“最方便、采光最好的地方”，[30]例如窗户下面，以便监督炖煮的食物。炉膛的热量，加上炙热火炭从炉灶开口冒出的热气，使得菜肴可以温和且迅速地煮熟。例如下面这道梨子果泥：

> 将 1.25 斤水果和半斤糖放进一只陶罐，倒入 2/3 罐的优质红
> 133 酒、少量水，加入丁香、肉桂、茴香，盖上盖子。如果条件允许，

将陶罐放到砖砌炉灶上，远离烤肉的烟，在炉灶中加入木炭，用旺火将其迅速煮熟，避免果泥变成糊状。手持锅柄，不时搅拌，当您看到果酱颜色变红，这就说明它已经煮得恰到好处。将陶罐从大火上取下来，只用余温加热，让剩余的糖浆微沸收汁［……］。[31]

厨房安排自然也涉及各类用具的整理收纳，确保厨师轻松方便地取到它们。L. S. R. 建议“在壁炉第一道凸起边缘的上方或下方”拴一根铁横杆，将一些或长或短的小链条穿在横杆上，用于悬挂锅柄。烧烤铁扦用完后收纳在壁炉上方的“特制栅格架”。砌在墙上的“结实宽敞的搁板”用于收纳全套炊具：生铁锅和镀锡铜锅（包括一只用于准备“大汤”的锅）、大小不一的铜锅、各种尺寸的陶罐、椭圆形或圆形的（铜质）带盖平底锅、椭圆形或圆形的鱼锅、不同造型的带盖糕点模具、煎锅、炖锅、炒板栗锅，当然还有漏勺、铜质或木质汤勺、各种尺寸的滤锅……

厨房中央必须有一张大桌子。L. S. R. 解释，桌面右侧应当放 134
“一块结实耐用的木砧板”，用来“切肉剁骨，将肉切片或者剁碎”。肉类在烹煮之前需在这里经过预处理：人们借助擀面杖让肉块的纤维组织更松散，借助一根空心扦子往肉块里塞肥膘。两张“公用”桌子供“厨房日常必需”和摆盘之用。备膳室用于保管厨房织物和餐具等，与厨房相比，这里更加凉爽、烟雾较少，里面也有一张桌子。正餐的最后一道菜或冷简餐[32]在备膳室制作完成，如“蜜饯、果酱、果泥、奶油、饼干、杏仁膏、糖浆、饮用水、利口酒”。[33]此外，“搭配烤肉的沙拉”也在这里准备。[34]

男厨师与女厨师

如果打理得井然有序，厨房是一个可以呈现给宾客的漂亮空间。根据德方丹神甫（Abbé Desfontaines）记载，他曾被带到一座宅邸的厨房参观，领略主人的品位：“这是整座房子里唯一允许好奇来客参观的屋子。优雅、坚固、干净、便利，这间科摩斯工坊应有尽有，堪称因地制宜的现代建筑杰作。”[35]厨房由此成为真正的烹饪艺术表演舞台：在勒沃于1643年修筑的勒兰西城堡（Château de
135 Raincy），厨房上方“建有配备栏杆的楼座看台，宾客们可以坐在这里观看厨师工作，在不干扰他们的前提下给予鼓励和赞赏”。[36]

厨房员工人数取决于宅邸主人的社会地位，因而并不是固定的。在《有序之宅》（*La Maison réglée*，1692）中，作者奥迪热（Audiger）介绍了厨房员工需遵守的一些基本原则。在贵族老爷的府上，膳食部员工听命于膳食总管。膳食总管由府邸管家领导，负责“监管每日总支出”，挑选“适合备膳室或厨房的员工”，处理与不同供应商（面包商、肉店老板、猪肉商等）的生意往来。“厨师长”（maître-cuisinier）[37]也被称作“司膳官”，每天早晨检查卫生，将罐子放到火上，根据领主老爷的口味喜好准备“他的肉类菜肴”。他必须擅长制作冷热糕点、荤杂烩和甜点，“懂得伪装”鱼肉、鸡蛋和蔬菜，适量取用猪膘、木柴和火炭。作为厨房的负责人，司膳官要留意“妥善保管午餐剩余的肉以供晚餐用，或者将晚餐剩余的肉用于次日午餐”，他经常用这样的肉做一道前菜。

午餐和晚餐必须按照“领主老爷或膳食总管”要求的时间准备完毕。司膳官的帮手是厨房杂工，他们负责清洁厨房用具，保持食品贮藏室卫生，撇除锅里的泡沫，“根据主厨的命令准备所有需放进锅里的食材，为甜点和荤杂烩择菜，确保提前准备出主厨需要的任何东西”。[38]厨房中还有一名女佣，她负责所有“杂事”，包括清洁厨房和餐具、择菜、跑腿等。大户人家还有一名“私家烤肉师”，他负责挑选和采购“活禽和生鲜肉品”，将活禽养肥、宰杀、开膛切块；他为各种肉（尤其是野味）夹塞猪膘，为厨师准备“白肉”，即处理完毕可以直接烤制的肉。[39]每天晚上，他还要向膳食总管汇报当天已经交由厨房处理的肉，不管是用于炖煮、杂烩，还是烧烤。 136

以上便是大户人家典型的厨房分工，在王公贵族和宫廷的厨房更加明显，然而在商人和普通市民家中非常少见，甚至并不存在。奥迪热解释道：“这类人家有时会雇用一名男厨师，但更多时候只有一名女厨师。”[40]女厨师包揽所有工作，包括采购食材、管理餐具、打扫卫生等，[41]这也是为什么她偏爱炖菜，因为炖菜才能让她有更多时间忙其他事情。她必须会做“美味浓汤，烹制各种肉类，做荤杂烩，会烧鱼和鸡蛋，斋日也能烧素菜”，[42]还得会做几道果泥和甜点。女厨师每年能拿到90利弗尔的工资（含酒水），大户人家男厨师的年薪可达300利弗尔，这还不算实物福利，例如，动物油脂、烤肉时滴到托盘里的油、猪膘表面刮下来的油脂、油炸食品用过的油、厨房炉火的灰烬等。薪资的差别也与男女厨师的地位差异有关，人们认为男性厨师更优越。据夏尔·杜克洛（Charles

137 Duclos）记载，路易十四统治末期，男性厨师通常为豪门工作，“一半以上的普通官员只能雇用女厨师”。[43]

1746 年，梅农（Menon）的《中产阶级女厨师》（*La Cuisinière bourgeoise*）出版，这部献给女性的著作出自男性笔下，算是让女厨师首次得到认可。作者在书序中表示：“女厨师们将在这本书里找到菜品的解释说明，以另一种方式准备任何可以端上餐桌的食物”，书中将介绍一些“简单、美味、新颖的菜肴”。梅农将大户人家常用的菜谱简化，使其更简单易行、经济实惠。他凸显女厨师们的才干，认为人们应当“认可”其能力。男女厨师的区分体现出两种烹饪文化：一种来自宫廷[44]，通常由主厨指挥烹饪团队；另一种属于以市民阶层为主的私人生活范畴。这两种传统至今影响着我们的食物选择和口味偏好：男性主导的高级法餐被认为更具创新和革新精神，女性主导的普通法餐被认为少些高雅、多些家常。[45]

第八章

启蒙时代新烹饪

新烹饪由此诞生，它需要新的服务方式。人们偏爱荤杂 139
烩、火腿浓汁、勾芡浓汁和肉卤，因此许多美味但小份的菜肴出现。它们的名称比烹制方法更为怪异。似乎厨师的唯一目标就是使所有食材背离其天然样貌，不断呈现谜一般的成果。近十五年以来，烹饪变得简单且自然，然而小份菜肴的潮流仍在延续。

——勒格朗·德奥西，《法兰西私人生活史：从民族起源至今》，1782

（Le Grand d’Aussy, *Histoire de la vie privée des Français depuis l’origine de la nation jusqu’à nos jours*, 1782）

法餐霸主地位的开端

法餐自 17 世纪开始成为标杆。法国美食蜚声海外：在外国人 140

眼中，这是法国独具一格的文化及生活艺术特色。其他国家如此痴迷法餐，反映出人们对法兰西文明和凡尔赛宫廷的兴趣愈加浓厚。法语成为欧洲精英阶层的通用语：[1]1660 年 5 月，英国人塞缪尔·佩皮斯（Samuel Pepys）指出，荷兰海牙（Den Haag）“所有出身高贵的人都讲法语”。[2]

拉瓦雷纳的著作《法国厨师》之所以在法国之外备受欢迎，或许其书名本身也是重要原因。《法国糕点师》（*Patissier françois*, 1653）[3] 第一版就指出：“外国人十分追捧某些标题带有‘法国’字样的新书［……］，尽管已经存在用他们母语写作的相似主题专著……”[4]《法国厨师》英译版（*The French Cook*）的问世证实了法式烹饪在英国贵族阶层的影响力。[5]17 世纪 60 年代，一位德国出版商推出德文著作《法国厨师》（*Der Frantzösischer Koch*），但它与拉瓦雷纳的文本毫不相干！意大利同样有一部意大利语的《法国厨师》（*Cuoco francese*），译自《荤杂烩教程》（*L'Escole des ragousts*），可以推断其为拉瓦雷纳《法国厨师》的一个版本。[6]

在法国以外备受欢迎的著作不止这一部。马西阿洛的著作英译本《宫廷烹饪与乡村烹饪》（*The Court and Country Cook*）于 1702
141 年出版，它成为英国第一部将菜谱按照字母排序的烹饪教程。[7] 英译本也包含 1692 年法文版第二版增补的“果酱新教程”。几十年后，切斯特菲尔德勋爵（Lord Chesterfield）的私人厨师樊尚·拉沙佩勒（Vincent La Chapelle）首先用英文出版著作《现代厨师》（*The Modern Cook*）。

上述出版物表明，法国人的烹饪艺术蜚声海外。当然，最先相信这一点的便是当事人自己：法国厨师坚信他们从此可以制作出最好的美食。这种情感早在 16 世纪已经出现，后来逐渐变成“民族”自豪感。17 世纪中期，《法国厨师》的出版商毫不犹豫地在告读者书中表示：“我们法兰西在文明礼仪方面优于全世界的其他所有民族，在生活方式上也毫不逊色，法国人既有涵养又精致高雅。”[8] 尼古拉·德·博纳丰断言，外国人“唯有请法国厨师才能享受到真正的美味佳肴”。17 世纪 90 年代初期，马西阿洛进一步表示：如今欧洲各地“对于肉品等各种食物都注重有分寸、有品位、有技巧的调味”，但是“法国人可以自称比其他任何民族更占上风，一如他们在礼节等无数方面更胜一筹”。[9]

同样的想法传播到了英国。正如《法国厨师》1653 年英译版的献辞中所写：“老爷，世上所有厨师当中，法国厨师被认为是最好的。”[10]1660 年，佩皮斯在日记中记录，他在第一代三明治伯爵 142
（1st Earl of Sandwich）府上用晚餐，伯爵谈话间“特意强调自己拥有一位法国厨师”；几年后，他又在未来的伯克利伯爵一世（1st Earl of Berkeley）家中享用了“极好的一顿法餐”。[11]法式烹饪在拉芒什海峡（La Manche）的彼岸成为风尚。诚然，并非所有人都欢迎它，[12]但这至少说明它自成一派，为人所知。《厨艺精修：烹饪的技巧与秘诀》（*The Accomplish't Cook, or the Art and Mystery of Cookery*, 1660）的作者罗伯特·梅（Robert May）在书序中介绍，他在法国生活期间得以“见证”法国人的烹饪艺术，此外他还认真研读了一些手稿或相关出版物。作者声称书中收录了所有他“认为很好”[13]的内容，但他也在下文中批评了“切成小块的尝鲜食物，它们通常是熏制而非烹煮而成的”。在他看来，法国人“迷住了我国某些贵族”，原因有二：其一是“他们对酱汁的喜爱，法国的酱汁如雨后春笋般大量出现，抢走了原本属于菜肴的一部分关注”；其二是“他们对一切‘潮流’和细枝末节的爱好”。[14]

法国厨师同样备受英国贵族追捧，例如最知名的大厨克卢埃（Clouet）。他受雇于纽卡斯尔公爵（Duke of Newcastle），为其工作十数年，1753 年离开。[15]公爵于是着手寻找一位新的法国厨师，因为对他而言，“府上拥有一名好厨师的名声比任何事情都重要”。[16]他请求时任英国驻巴黎大使的阿尔比马尔伯爵二世（2nd Earl of Albemarle）帮忙，后者曾请来克卢埃担任自己的膳食总管。伯爵动
143 用大量人脉关系，试图满足公爵的要求。但是寻找一位能力出众且愿意离开祖国的厨师并不容易。有人向公爵推荐一个名叫埃尔韦（Hervé）[17]的人，结果并不适合。公爵在写给克卢埃的信中解释道：

> 或许新烹饪不合我的口味，但我怀疑他并不擅长。他做的浓汤通常口味太重，前菜和甜食总是煮得很烂，外观变化太大，根本看不出用了什么食材。他从来不做小开胃菜和清淡前菜。您以前常为我做的简单协调的菜肴，如今在这里也十分流行：小牛软骨、小兔里脊、小牛耳朵、猪耳朵，以及其他小份菜肴。他却一概不知。他对烤肉一窍不通，也不擅长烹饪大块肉。总而言之，他与您的做事方式、烹饪风格相差甚远，不符合我的需求。[18]

最终，人们向公爵推荐了丰特内勒（Fontenelle）。奥特福侯爵（Marquis de Hautefort）担任法国驻维也纳大使期间，主厨的职位便是由丰特内勒担任，此外他还曾经效力于雷根斯堡（Regensburg）的亲王图尔恩（Thurn）和塔克西斯（Taxis）。公爵对丰特内勒表示满意，尽管他没有“在这里十分流行的、克卢埃的那种简单烹饪手法”。

并非只有英国人欣赏法国厨师。在《追忆诺埃尔》（*Mémoires de Noël*）当中，卡萨诺瓦（Casanova）谈到“普鲁士国王非常珍视的独一无二的厨师”。[19]安德烈·诺埃尔（André Noël）的父亲也是声名远扬的糕点师，他掌握的“制作馅饼的奇妙科学”以昂古莱姆为起点，传遍了整个欧洲。法国大革命前夕，阿瑟·扬（Arthur Young）断言： 144
“任何人只要餐饮预算足够，一定会雇用法国厨师，或是受过法式烹饪培训的厨师。”[20]这样做有两层好处：主厨增强专业技能的同时，也能印证雇主突出的社会地位和法式烹饪技艺的良好声誉。

新式烹饪

18 世纪 30 年代，现代化之风吹到法式烹饪，引起大量研究和探讨，甚至是论战。一种“新烹饪”逐渐形成。1742 年，梅农的《厨艺新论》（*Nouveau traité de la cuisine*）出版，其第三册标题为“新烹饪”，这一概念由此正式提出。早几年前，樊尚·拉沙佩勒的英文著作《现代厨师》法译本（*Le Cuisinier moderne*）于 1735 年推出。书名已经透露出作者与世纪初的烹饪决裂的意愿。拉沙佩勒尤其认为马西阿洛的作品早已过时，但这并不妨碍作者剽窃他的大量菜谱。拉沙佩勒明确宣称，必须适应新习惯，“如果一位大老爷餐桌上的菜肴与二十年前的无异，宾客是不会满足的”。[21]

烹饪模式从此迅速更新迭代，同时代人清醒地意识到这些改
145 变。烹饪正是在这样的视角下被思考的，它已成为一个历史主题。《科摩斯的礼物或餐桌之乐》（1739，下文简称《科摩斯的礼物》）以告读者书的形式在序言中表示：“法国的美味佳肴”从未如此“精致”“细腻”。[22]该书序出自两位耶稣会士笔下：皮埃尔·布吕穆瓦（Pierre Brumoy）和纪尧姆-亚森特·布让（Guillaume-Hyacinthe Bougeant）。从现代社会追溯到原始时期，他们从历史学角度审视烹饪艺术，指出启蒙运动时期的法国与意大利文艺复兴传播而来的古希腊、古罗马文化遗产之间一脉相承的联系。[23]烹饪被认为是文明社会的一种行为，甚至是自成一体的艺术门类。“正如所有为了满足人类需求或愉悦而发明的艺术门类一样，它通过人民的智慧不断被完善，逐渐被打磨得愈加高雅。”[24]某些作者更进一步。《膳食总管之道》（*La Science du maître d'hôtel cuisinier*，1749）的序言中写道，不知这样讲是否言过其实，“某些物质性的缘由能将我们从野蛮中唤醒，激发人内在的文明礼貌、精神才华和科学艺术天赋，现代烹饪实践便是其一”。[25]

在启蒙时代大量涌现的不只是科普书籍，还有各类烹饪著作。它们的广泛传播反映出人们对于烹饪这种一般性知识的兴趣日渐浓厚。[26]餐饮从业者以及“自炫享尽美酒佳肴之人”将现代烹饪与旧烹饪区分开来。《科摩斯的礼物》序言中写道，关于这种旧烹饪，“法国人曾将其推广到全欧洲，在各国掀起一阵热潮，距今不超过

二十年"。[27]新烹饪形成于旧烹饪基础之上，不过它"减少了装腔作势的派头，减少了器具数量，菜肴依然多样"。人们认为它"更干净，或许也更巧妙"。这是"一种化学"，烹饪的学问就在于分解、 146
加热浸提，"提取肉的精华"，提取出"富有营养且口味清淡的汁水，将它们全部混合，使得每种味道均衡呈现出来，没有任何一种独占鳌头"，最终达到"所有味道和谐统一"的目的。[28]

18世纪厨师孜孜以求的是更小、更纯、更微妙的"精华"（quintessence）。他们醉心于物的"精神"，或者说"食物的关键"精华，希望菜肴更健康、更易消化。经他们之手的食物无一例外地"经过小坩埚，达到最高纯度，连最粗鄙的肉都在火焰的作用下褪去世俗的气息"。新烹饪将食物中的"世俗成分"去除，在某种意义上将其"精神化"。这样做出的菜肴能向食客的血液[29]传输充足的"最纯净、最敏锐的精神，由此使得身体更加敏捷且健壮，想象力更加活泼且热烈，才华更加广博且强大，品位更加高雅且精致"。[30]以上便是《膳食总管之道》书中的解释。厨师必须成为作用于食客健康的真正医生。

尽管如此，烹饪也招致一些批评。有些人指责它"通过有害的手段缩短寿命"，尤其是酱汁，因为那是"闻所未闻的无尽疾病和衰弱"的毒源。另一些人则告诉他们，错的是那个世纪，"人们的口味已经堕落退化，艺术之手调配的正确且克制的汁液混合物，已 147
经无法让当代人的感官体验到愉悦和刺激"。[31]新烹饪不应受到指责，唯有"人们对它的滥用"才会招致麻烦。

因为烹饪不仅是一门简单"医学"，正如当时的文字记载所认可的，它是一门艺术。人们乐于将它与绘画相比，正如“色彩的结合与断裂构成了色调之美”，“厨师将构成荤杂烩的汁水和配料混合”。[32]灵敏的味蕾懂得欣赏一道菜肴的和谐味道。“酱汁味道”成为奠定“烹饪美学”[33]的话语主题。卓越的厨艺首先在于成功达成上述和谐，《膳食总管之道》的序言借助音乐解释：厨师的目标是找到“某种和谐比例，有点类似耳朵在声音中感知到的那种和谐”。[34]由此可见味道的重要性，它是一种近乎肉体的联系：一边是创造它的烹饪艺术家，另一边则是追寻味觉愉悦的食客。既然“肉体层面与精神层面的品位”平起平坐，餐桌之乐的罪恶感也就一笔勾销。《科摩斯的礼物》的告读者书描述了一种真正的“品位之学”：

> 我们法国有不少贵族老爷，出于消遣娱乐，不介意偶尔谈
> 论烹饪。他们出众的品位非常有利于培养出优秀的膳食官员。
> 148 身体与精神两个层面的品位，都依赖专为形成相应感觉而存在
> 的纤维和器官构造，这两种品位的敏锐度必然反映出各自专属
> 器官的敏锐度。由此我认为，从身体层面的口味出发，也可以
> 回溯到一种格外精妙的原则，某种意义上那是它与纯粹精神品
> 位共享的原则。[35]

新的古今之争

烹饪行为已然成为思考对象和哲学课题。对于研究它的博学者

而言，烹饪是一种艺术、一种科学，它对完美的追求与炼金术无异。这一观点将长期影响法式烹饪，尤其是在厨师们重拾艺术及科学概念的 19 世纪。

《科摩斯的礼物》的告读者书引起“食者论战”①。[36]首先发声的是匿名[37]小书《一名英国糕点师给法国新厨师的信》（*Lettre d'un pâtissier anglois au nouveau cuisinier françois*，1739）[38]，它用讽刺论调回应上述告读者书。作者抨击那些秉承方法论精神并将几何规定用于烹饪科学的“学究型厨师”（cuisinier savant），戏谑模仿试图将几何推理运用到人类活动所有方面的人：“荤杂烩多么适合精致享乐主义者，这道严格遵循化学计算的菜肴，只含有经过推理论证而得出的精华，精准摒除了任何世俗性。”[39]这种食物“高度提纯，极其烦琐，过分雕琢”，给大脑带来的“都是非常正确的主意，极其高 149
尚的想法”！这样的饮食模式通过食物将身与心结合，难道不能在儿童教育中发挥作用吗？毕竟我们总让孩子们浪费宝贵时间“学习没用的死语言，记住大量寓言和故事，阅读他们讨厌的书籍”。

> 依我看，青少年的教育必须全部通过食物完成，并且与他们各自注定的人生相对应。一名经验丰富、技术娴熟的厨师确定分量并佐以调料：一道讷韦尔浓汤、一份希拉克酱汁，以及更多类似食物。他精通每种食物消化之后会让灵魂产生怎样的

① querelle des bouffeurs，作者套用 querelle des Bouffons，即音乐界著名的“喜歌剧论战”。——译者注

> 思想。人们判断最适合每个青少年的思想、知识，甚至才华，然后通过上述方式润物细无声地灌输给他们；与此同时，根据他们各自的出身与家庭背景，培养其从事特定工作的能力。[40]

作者的讽刺尚未结束。人们应当“给注定生活在宫廷的未来老爷提供掼奶油和欧海芋”；给将来在外面世界闯荡的年轻人提供“朱顶雀头、金龟子精华、蝴蝶浓汁，以及其他清淡食物”①；为了让未来律师在法院里巧舌如簧、势不可挡，应当给他“酸味或辛辣的食物”，例如，芥末、酸葡萄汁、吉卜赛酱；至于将来进入教会
150 或经商的年轻人，伙食也完全不同。合理选择的食物将为“他们的灵魂注入各自地位与职业所必需的思想”。然而小书作者承认设想不出“怎样的荤杂烩和酱汁才能将孩童培养成体面人，才能使他们成为高尚、谦逊、活泼的公民，既通情达理又拥有美德”。

这番言论不仅充满讽刺意味，更发出了尖锐的批判。无论是新烹饪还是旧烹饪，食物并不能作用于精神。此外，作者批评新烹饪过度加工——“把鱼做成肉味，把肉做成鱼味，蔬菜的味道消失殆尽”，从中能感受到同时代人对味觉体验的忧虑。为何非要不断求变？厨师们“如同了不起的现代精神一样不断求新”，毫不留情地摒弃“任何已诞生一年以上的荤杂烩”。他们不断发明新酱汁以代替旧配方，采用原汁清汤、油、柠檬、“精华”等，新烹饪的大厨炮制出“无数种名称各异的酱汁和荤杂烩”。

---

① 上述三种动物在法语中均代表轻率的人或冒失鬼。——译者注

新旧两派烹饪的支持者争执不下，默尼耶·德·凯尔隆（Meusnier de Querlon）1740 年出版《为现代人辩护》（*Apologie des modernes*）[41]，“作为厨师和哲学家，他尽可能坦诚地”回应上述批评。[42]他认为“如今巴黎到处能享受到的美味应当归功于”现代人，因此作者愿为他们辩护。《科摩斯的礼物：续篇》两年后出版，凯尔隆应邀撰写书序。

新旧烹饪之间爆发论战时，古今之争早已在其他艺术领域出 151
现，尤其是戏剧和文学领域。然而这两种烹饪流派并没有真正决裂，原因很简单，旧烹饪是新烹饪的基础，就像各位作者明确表示的那样。“归根结底不过是简化一些内容，优化另一些内容，以迎合人们的新口味。”[43]1742 年，马兰在《科摩斯的礼物：续篇》中表示“旧烹饪并非被完全摒弃”，新烹饪的某些菜谱“可以被视为粗俗的旧烹饪的基础”，他举了一些例子，包括“牛羊肉汁”“蘑菇浓汁”“杏仁芡汁”“蘑菇芡汁”“面粉芡汁或浓汁”和在瓶中炖煮的“法式清汤”。[44]真正的变革首先体现在隐藏于论战之下的言语力量，它将法式烹饪置于艺术或科学之列：这已经超出日常范畴，达到了学术高度。

走向中产阶级饮食

烹饪著作不仅是论战的阵地，也见证了法国社会中资产阶级的兴起。资产阶级吸收学习宫廷习惯，贵族阶级逐渐向资产阶级靠拢。诺贝尔·埃利亚斯（Norbert Elias）写道，自 18 世纪起，“资产阶级群体与宫廷贵族之间［……］风俗习惯的区别不再明显”。[45]

152 1691 年，马西阿洛的《从宫廷御膳到中产阶级饮食》出版，书名反映了自 17 世纪以来中产阶级对宫廷饮食的兴趣。马西阿洛在序言中写道：“本书对资源有限的市民阶层家庭大有帮助。［……］不仅考虑到预算宽裕的情况，同时照顾到在有限预算下宴请宾客的情况。”他告诉读者，在书中能找到“千百种常见食材”，例如，鸡肉、鸽肉和在鲜肉店能买到的肉，这些都“能够在家常饭菜中很好地满足食客，尤其是在乡村和外省”。不过他并未将中产阶级菜谱区别于其他菜谱。

次年，奥迪热的专著《有序之宅》出版，其中明确区分两类情形：一是领主老爷宅邸，二是商人和中产阶级家宅，后者日常“保持必要的节俭”。[46]直到半个世纪后，第一部“中产阶级烹饪概论”才与读者见面。马兰将《科摩斯的礼物：续篇》的一个章节献给“经济条件普通”的中产阶级、手工业者，以及市民阶层的其他群体。他们生活简单，“出于节俭或条件限制，往往也不懂得如何烹饪，所以饮食毫不讲究”。[47]作者提供不少于 39 种菜谱或配方，帮助人们在勤俭持家的前提下，总能方便地吃到好东西，而且“花费低，只需适当的专注、细致和清洁”。

马兰首先介绍他认为的“中产阶级烹饪的基础”——原汁清
153 汤、肉汁和浓汁；接着推荐一系列用各种蔬菜制成的浓汤，包括绿叶菜、萝卜、白菜、洋葱、黄瓜、豌豆等；然后介绍“用水煮牛肉制成的各种前菜”。牛肉“无疑是家中最有用的食材”，可以做成

“欧芹蒜泥凉拌牛肉片”“洋葱牛肉”“洋葱回锅牛肉”“瓦罐碎牛肉”，以及“中产阶级式牛腰肉”（做法是将牛腰肉放在带盖炖锅里“用余烬小火慢炖八个小时”）。作者同样推荐了一些用小牛肉、羊肉、禽肉和野味制作的菜肴，但经常提示读者参阅该书其他章节介绍的菜谱。以动物下水、鱼肉、蔬菜和鸡蛋为例，如果适当删减“适合大厨房的做法的多余步骤”（配菜之类），只要拥有准备这些菜肴所必需的精力和专注度，“任何人都能完成”。举例来说，做一道葡萄酒奶油汤汁烧淡水鱼并不是难事——“只需要水、葡萄酒、调味品和几种草本香料”，如果是海鱼，则需“水、盐，想加点黄油也可以”。这种烹饪类型花费较少，包含许多折中方案，所谓的“回归我们祖辈的简朴”[48]其实是一种说辞，真实目的是减少餐饮开销：

> 我在此提倡简约的原因在于——希望这样说不会冒犯任何人——我注意到，如今为了效仿上流人士，市民阶层的许多人试图跳出阶级限制，摆上餐桌的菜肴虽然昂贵，却无法获得预期效果，因为缺少一双巧手。这些人的派头往往与他们的处境 154
> 和财富不相称，对他们而言，烹饪必须总体回归我们祖辈的简朴。如此一来，他们的钱包更自在，身体也更健康。[49]

上文提到，梅农的著作《中产阶级女厨师》于 1746 年出版，[50]它是第一本明确面向市民阶层的烹饪书。这本书在一个世纪内反复再版，此番成就表明中产阶级饮食受到认可。这种饮食迎合民众需求，“帮助培养中产阶级的品位”。[51]诚然，它的建立以贵族模式为参照，因为后者为其定下基调，但与此同时，它帮助将宫廷烹饪方式（简化版）传播到其他社会阶层。梅农在书序中表示，他写这本书是应多位“显赫人物”的要求，书中介绍的“中产阶级饮食深受许多领主老爷喜爱，主要是注重养生者”，由此可见，上流人士也对更简单、更健康的烹饪方式感兴趣。

该书首先“介绍大自然在一年四季为人类生存提供的宝贵资源”，提示读者最好的食材来自何处，不同时令最宜食用什么，接着是“汤类概论”和一系列按照食材分类而排列的章节。谈到牛肉
155 时，梅农表示，边角碎肉只有底层人民才食用，“他们烹饪时，依靠食盐、胡椒、食醋、大蒜、小洋葱头，为平淡的食材增加味道”；在中产阶级家庭和“餐食丰盛的人家”，更常见到牛脑髓、牛舌、上颚、牛腰、脂肪、牛尾等。该书还介绍了牛大腿部分，包括针扒、牛腿内侧肉、牛霖、牛腿心、牛臀、牛骨髓，以及大腿以外的部分，包括牛腰、牛腹、肋眼、前胸、牛腩、牛肩、牛胸。肉类讲解完毕，后面的章节依次介绍鱼类、蔬菜、“烹饪方式千变万化”的鸡蛋、乳制品（“黄油质量对于任何菜肴至关重要，如果能闻出黄油的味道，再好的菜肴也一文不值”）、糕点（以圆馅饼为主）、几种“中产阶级酱汁”，最后一部分介绍备膳室，即如何准备水果（果酱、果泥等）。上述分类方式方便读者使用，很可能也是该教程成功的原因之一。

梅农的著作于 1748 年再版，作者称参考了读者的反馈，人们觉得该书的初版中“某些文章过于简短，缺乏烹饪知识背景的人很

难轻松读懂”。因此第二版提供“更丰富翔实的细节”，以及大量“中产阶级的家常荤杂烩菜谱”。四年后，作者出版第二卷作为“第一卷的补编”，书中介绍了更多新菜谱，作者通过“简化烹饪方法”，将这些“似乎原本只属于富人厨房的菜肴调整到市民阶层 156
也能完成的标准”。[52]延续多年的中产阶级饮食从此起步。

第九章

从穷人饮食到土豆

157 人行道拐角处，顾客挤在卖菜汤的女商贩身边，围成一个大圈。镀锡白铁桶装满原汁清汤，在矮小的加热炉上冒着热气，火炭的微弱光亮从炉子的洞口映出来。摊主手执大汤勺，从垫布的篮子里掏出薄面包片，放进一只只黄色杯中，然后舀起热汤倒进杯子。

——爱弥尔·左拉，《巴黎之腹》

（Émile Zola，*Le ventre de Paris*）

18 世纪不仅确立并认可了中产阶级饮食，还见证了“穷人饮食”的诞生。启蒙时代确实多次出现小麦低产导致的粮食危机，因此法国民众经历了一个又一个艰难时期。普通民众的主要食物是面
158 包和粥。[1]肉类是稀有食品，乡村与城市相比更是如此。根据雷蒂夫·德·拉布勒托纳（Rétif de la Bretonne）对家常餐食的描述，勃艮第最穷困的农民只吃得到用大麦或黑麦做的面包、用坚果油甚至大麦籽油煮的汤。他们能喝到的饮料也十分糟糕：“或是饮用渣滓

泡过的水，或是直接饮用纯水。”条件最好的农民至多能吃到“腌猪肉清汤中加入白菜或圆粒豌豆煮成的菜汤，搭配一块咸肉和一盘豌豆或卷心菜，或是黄油洋葱汤，外加一份炒鸡蛋或几颗水煮蛋，也可能搭配蔬菜或优质白奶酪”。[2]

关注穷人的饮食问题并不是新鲜事。早在16世纪40年代，外号为“西尔维于斯”（Sylvius）的医生雅克·迪布瓦（Jacques Dubois）就该主题写了四本小册子：在他看来，“穷人拥有一种独特的饮食，他们吃的东西或许很油腻、难以消化，但与他们的体质完美契合。［……］所有难消化的食物都比易消化的食物更有营养——油腻粗劣的食物使人的体液更黏稠、血液增厚，众所周知，它们更实在，能为劳动者的身体提供丰富营养”。[3] 与此同时，“穷人饮食”概念也基于18世纪尝试为穷人提供食物援助的博爱主义言论。[4] 在博爱者的时代到来之前，根据菲勒蒂埃的《词典》的解释，穷人是指“没有用以维持生活或当前状况的财产和必需品”之人。

穷人饮食

面向精英阶层的作品有时也能反映出这种饮食，如樊尚·拉沙 159
佩勒的《现代厨师》（1742）。例如，“穷人可以用来代替肉汁清汤”的清汤菜谱：准备4盎司大麦（可用燕麦或脱粒稻米代替），在1盎司车前草中倒入4品脱水，“小火”加热使其“泡开”。用滤布过滤后，加入3盎司蜂蜜，仔细撇除泡沫。还可以加入一两打甜杏仁或苦杏仁，蜂蜜可用2盎司食糖代替，再加入2盎司新鲜黄油。同样可以添加一个蛋黄、少许肉豆蔻、适量胡椒、一撮草本香料（百里香、洋苏草、风轮菜）、几颗白洋葱、少许食盐。拉沙佩勒建议：“如果穷人实在缺乏食材，可往半品脱沸水中掺入一两个蛋黄、少许蜂蜜或食糖、两三勺葡萄酒，制成一锅简易清汤。”[5]

如此精确量化的菜谱在当时十分少见，它能帮助穷人精打细算地控制饮食开支。大户人家的厨房有时承担类似“慈善食堂”（potage de charité）的功能，下文是一种“为穷人制作低成本浓汤的方法”：

> 取两三斤咸黄油，油脂或猪膘也可以，放进炖锅加热。待
> 160 油脂或黄油融化后，大把大把地加入绿蔬和根茎，或者酢浆草、甜菜、莴苣、细叶芹、菊苣、甘蓝、韭葱、萝卜、黄瓜、南瓜等时令蔬菜，直至完全装满炖锅。上述食材的配比要均衡，择洗干净后切碎，炖煮过程中时常搅拌，确保全部煮熟。将24品脱的池水或河水倒入大锅中煮沸备用，至多加入半斤盐、半盎司胡椒粉。将煮熟的蔬菜倒进去，混合炖煮约一刻钟，这道汤便做好了。[6]

同样可以在汤里加入豌豆、蚕豆、扁豆、稻米、燕麦或去皮大麦，将这些配料磨碎之后水煮一刻钟，就像煮粥那样。主厨解释说，如果不将上述食材磨碎，就需要“很多时间和精力才能煮熟”。为了让浓汤味道更浓，可以往清汤中加入少许大蒜、大葱或小洋葱

头。如果希望汤的营养价值更高，“可以添加两只牛心或者一只切开剁碎的牛肝”。将面包切成“半个拇指大小的细长块状，而非切成片”，沸煮过程中加入锅里。

“吃下肚的汤越热，越能让人恢复精神和体力，”拉沙佩勒补充说，“因此如果条件允许，最好将面包倒入汤里沸煮，烹煮时间约为一首《求主垂怜》（*miserere*）的时长。”盛汤的时候，建议使用 161
“大约半塞蒂尔（septier）容量”的汤勺，午餐和晚餐分别给“每个 15 岁以上的穷人”盛 3 勺汤。

从土豆面包到经济型米饭

1772 年，论文集《穷人饮食》（*La Cuisine des pauvres*）[7] 在第戎出版。至于书中收录的文章，宗旨是应对“突如其来的粮食危机”，指导“经济拮据者在任何时候都能节俭开支”。编者在前言中解释，他手上有于苏黎世印刷的介绍土豆“经济实惠用途”的两本德语小册子，[8] 他阅读后决定将其译成法语。瑞士两年前遭遇粮食短缺，为了“减少面粉消耗”，国家推广土豆面粉。编者接着说明，近几年来已有法国农业公司论述过这一话题，因此他在论文集中收录了在鲁昂发表的两篇文章：《关于土豆和经济型面包的论文》（*Mémoire sur les pommes de terre & sur le pain économique*，1767）、《一个公民致全法同胞的公开信：关于土豆种植》（*Lettre d'un citoyen à ses compatriotes, au sujet de la culture des pommes de terre*，1770）。此外，论文集中还有《经济型米饭烹饪方法》（*Manière d'apprêter le riz*

économique），以及两幅版画，图中展示的机器能将煮熟的土豆制成面团，用来制作面包。书中的某位作者表示，土豆面包“能够取代
162 小麦面粉制成的普通面包”，由此弥补小麦短缺。将土豆转化为面包的主意似乎勾起了一些人的兴趣。它完美符合法国人爱吃面包的习惯，提供了“种植面包”[9]的独特方式。

根据书中介绍的一份菜谱，土豆和小麦面粉的比例建议为1∶2，将土豆块根水煮、去皮，做成“浆糊或面团”。随后加入酵母和水，分次加入面粉。另一种做法则是，先按照做普通面包的方式准备好面团，然后与土豆糊混合，但是“不再加水”。面包成形后，在酵母的作用下适当发酵（不要过度发酵），之后放进“高温”烤炉。面团中也可以加黑麦面粉或蚕豆面粉。建议在面包做好四天后食用，“因为它保持柔软的时间比小麦面包久很多”；建议在干燥环境中保存，“切勿堆放”。

作者表示：“许多人甚至多个村庄的全体居民证实，长期食用这种面包对他们的健康有益；无论在城市还是乡村，尝过的人都认为它的味道好极了。”[10]这种“经济型面包”的口味自然会随土豆用量而改变。面粉和土豆比例为1∶2时，“面包完全可以吃”；比例
163 为1∶1时，面包的口味就已经很好了；比例为2∶1时，“很难发觉与纯小麦面包有何不同”。[11]

在巴黎圣洛克教堂堂区（Paroisse de Saint-Roch）试验的“经济型米饭”同样包含土豆。下午6点开始煮米饭，保持小火微沸状态，让它煨一整夜。“长时间轻炖使得谷蛋白成分完全分解，食材因而变得更健康。”[12]第二天，往“米糊”里加入土豆泥（用量是米

的 3 倍）、“煮成糊状”的萝卜，以及胡萝卜。水煮笋瓜得到的汁水“清香微甜”，将煮熟的笋瓜去皮并放回汁水中搅碎，同样加到“米糊”里。将以上全部食材放进大锅，早上 6 点开火炖煮。还需加入“融化的优质黄油”和溶于热水的食盐，随后用一支“木铲”将食材全部搅匀。在 8 点半，加入切块的剩小麦面包，类似“做汤”那样。全部混合均匀，9 点开饭。这道菜非常省钱：444 斤原材料制成的 400 人份食物，仅需花费 20 利弗尔；如果发放面包和水，同等人数的食物需花费 70 利弗尔。此外，“不同年龄的 800 余名受试者为期 3 个月的试验”之后，“圣洛克教堂堂区穷人的内外科医生们”在 1769 年 2 月 2 日证实，上述食物“更健康、合适”。

土豆的命运

以上文献的核心主题就是推广当时在法国不受人待见的土豆， 164
但现如今它很可能是法国人最喜爱的蔬菜。上文引用的几篇论文阐述了这种植物块茎的优势，它“可以充当食物，在粮食短缺时期提供可靠的食物来源”。“热心为人类谋福祉的公民们致力于推广这种对穷苦人民有益的农作物。”此外，这种作物“十分经济实惠，因为它可以在休耕地种植”。[13]

土豆推广者们以多个邻国为例，包括爱尔兰、英格兰、德国、荷兰、弗兰德、瑞士等，因为土豆已迅速被这些国家“吸收引进”。其中一人表示：“我曾在德国亲王的餐桌上看到用各种方式烹饪的土豆，须知这样尊贵的人物并不屑于食用蚕豆或其他类似蔬菜。”[14]

他进一步解释："穷人吃土豆是为了填饱肚子，富人则是享受它的美味。"无法获得其他食物的人选择水煮土豆或将其埋入余烬烤熟；另外一些人用黄油或乳制品调味，或者搭配猪膘烹调。这种蔬菜"可以搭配肉类制作荤杂烩，甚至可以搭配多种鱼肉，如鲜鳕鱼和鳕鱼干，土豆比我们熟悉的萝卜更加精致健康。在吃土豆的国家，人们并不待见萝卜"。[15]不过，法国多个旧行省，包括洛林（Lorraine）、阿尔萨斯（Alsace）、里昂（Lyonnais）、博若莱（Beaujolais）、奥弗涅（Auvergne）已经在种植土豆。[16]根据安托万-奥古斯丁·帕尔芒捷（Antoine-Augustin Parmentier）1773年的记
165 载，近几年看到"首都周边地区整片整片的农田种植了土豆，如今这种食物在巴黎稀松平常，市场上随处可见，街角也有商贩售卖生的或煮熟的土豆，就像长期以来兜售板栗那样"。[17]

但是根据卡代·德·沃（Cadet de Vaux）在其著作《经济学家致信人道主义者：关于各类面包》（*L'Ami de l'économie aux amis de l'humanité, sur les pains divers*, 1816）[18]当中所写，法国人民最想要的依然是面包，尤其是在巴黎。历史学家史蒂文·L. 卡普兰（Steven L. Kaplan）认为，面包"在物质与象征的双重结构中处于日常生活的核心位置"。不仅可以认为旧制度时期的法国"符合时代特点'爱吃面包'，甚至可以说面包令其魂牵梦绕"。法国人无法"想象现在或将来离开面包有何幸福可言，他们依赖面包，同时被面包专横地控制着"。[19]在很长一段时间里，法国人仅将土豆视为小麦的替代品，试图将它制成面包，或许部分原因就在于此。帕尔芒捷甚至想将土豆的用途专门限定为制作面包，但未能成功。

后来，人们的想法发生改变，土豆回到菜肴制作中。[20]帕尔芒捷在其著作《土豆的化学研究》（*Examen chymique des pommes de terre*）的结尾给出一组菜谱，展示土豆“多种多样的烹饪方式”：

> 土豆的吃法很简单：可以埋在余烬里烤熟，或者加少许食盐和黄油水煮；适合做成沙拉、炖菜、白酱、黄油面糊，搭配鳕鱼干和无须鳕；可以制成油炸土豆、大管家风味土豆，以及垫在羊腿下面；可以作为填馅塞进公火鸡和烤鹅；可用于制作 166
> 炸糕、蔬菜馅饼、肉糜；还能做小肉饼、蛋糕或馅饼——它们与杏仁馅饼十分相似，甚至能在真正的内行面前以假乱真。总之，如今的烹饪艺术如此精致讲究且重要，厨师能通过土豆充分发挥自己的创造才能。[21]

为了展示土豆易于烹饪，我们的专家邀请“多名业余人士”赴宴。开场是两道浓汤，一道用土豆泥做成，另一道用原汁肉汤炖土豆面包做成。接着是一道水手鱼（matelote），之后的“三道菜分别使用白酱、大管家风味黄油、黄油面糊”。第二轮呈上五道菜，包含一块肉馅饼、一只油炸物、一份沙拉、一些炸糕和一块经济型蛋糕。在这之后是一块奶酪、一罐果酱、一盘饼干和一盘水果馅饼。最后是一个土豆布里欧修（brioche）作为餐后甜点。[22]土豆最初进入厨房是为了让物资匮乏的人也能填饱肚子，[23]但逐渐登上了上流人士的餐桌。勒格朗·德奥西在1782年写道，人们“甚至看到它在高档餐桌闪亮登场”。[24]然而土豆并未立即步入烹饪书籍，但梅农的著作

《宫廷晚餐》（*Les Soupers de la cour*, 1755）[25]倒是提供了一份有关它的菜谱。法国大革命期间，土豆才真正开始扮演重要角色。以共和三年
167 出版的《共和国女厨师》（*La Cuisinière républicaine*）[26]为例，这本小书专门讲解土豆的烹饪方法。次年，弗朗索瓦·关特洛（François Cointeraux）的著作《饮食革命或新型家庭》（*La Cuisine renversée ou le nouveau ménage*）在里昂出版。

> 如今所有人都知道土豆有许多烹饪方式，但大家不知道的是，又出现了很多家家户户都可以制作的新菜肴。很多能干的厨师只需看到我呈现给他们的概述，便会因为得知真相而深感震惊。[27]

至于专业大厨，他们终于在烹饪著作中引入土豆，并介绍了许多菜谱。例如，维亚尔（Viard）的《皇家御厨》（*Le Cuisinier impérial*, 1806）[28]中就有9种土豆菜谱。“土豆舒芙蕾”的配料为奶油、食糖、土豆淀粉、蛋黄、蛋白、少许柠檬皮；“土豆可内乐（quenelle）”的做法是，将土豆埋在煤炭中，用余烬烤熟后剥皮，加入黄油、肉豆蔻、欧芹、“碎切”大葱、蛋黄、蛋白，均匀混合后做成可内乐的形状，放进滚沸的原汁清汤里煮熟；大管家风味土豆的做法是，将土豆水煮后放进平底锅，加入“一大块黄油、欧芹、葱碎”，以及食盐和粗胡椒等翻炒，出锅时淋上柠檬汁；“里昂风味土豆”原则上要用到洋葱和原汁清汤。安托万·博维利耶尔的著作《厨师艺术》[29]（1814—1816）介绍的菜谱则是：将生土豆切片，放入热油

锅中煎，“直至色泽金黄，口感酥脆，倒入滤器，沥干，撒少许盐，上菜”。我们的油炸薯条，或者“美国人口中的 *french fries*，19 世纪末以来成为当之无愧的法国象征”，[30]而它的前身正是这道“里昂风味土豆”。不过，土豆早在 19 世纪初已经确立成功地位，奥诺雷·布朗（Honoré Blanc）的著作《就餐指南》（*Guide des dîneurs*，1815）展示了来自“巴黎主要餐厅”的 21 份菜单，当中多次出现百变的土豆。而且人们发现，上述餐厅中有 18 家将“牛排”（bifteck）[31]与土豆搭配，但未说明后者的烹饪方式。 168

牛排与土豆从此结下不解之缘，后来成为经典搭配。18 世纪末 19 世纪初，土豆便是这样完成了从必需品到美食的转型。令人赞叹的是，它依然稳居法国最受欢迎的蔬菜之位。无论是在家常餐桌上，还是在高档餐厅里，都能看到它的身影。

第十章

餐桌艺术的形成

169 餐桌礼仪并非“自然而然”形成的，其中没有任何元素源自天然的“拘束感”。无论是汤匙、餐刀，还是餐巾，它们都不像技术工具那样在某天被发明出来，目的确定且用途清晰。唯有历经岁月的洗礼，受到社交关系与习俗的直接影响，它们的功能才逐渐明确，在长久探索与尝试之后外形才固定下来。

——诺贝尔·埃利亚斯，《文明的进程》

（*La Civilisation des mœurs*）

最初的餐厅

17 世纪中叶，大户人家的宅邸开始出现专门用餐的场所。早在 1624 年出版的著作《私人住宅里的法式建筑》中，路易·萨沃
170 已经将这类房间分为两类：“第一种仅存在于亲王或者领主老爷的府邸，专用于举办婚礼、筵席、舞会、芭蕾演出等大型聚会；第二

种符合地位较低的人士，适合招待突然造访的客人，或者邀请朋友来用餐。”[1] 主人一家的日常用餐，经常是在候见室的可移动式轻便桌上完成，“访客进入卧室之前，在这间屋子等候接见”。[2] 亚伯拉罕·博塞的两幅版画作品向我们展示了人们在候见室用餐的场景，分别是 1636—1637 年创作的《丈夫缺席的女性聚餐》（*Femmes à table en l'absence de leurs maris*）、《四季》（*Quatre saisons*）。

同样在 17 世纪 30 年代，“餐厅”（salle à manger）一词首次出现在书面文件中：巴黎圣阿纳斯塔斯街（Rue Sainte-Anastase）一座房屋的卖契。[3] 十年后，皮埃尔·勒米埃的著作《为各类人士设计建筑》（*Manière de bien bastir pour toutes sortes de personnes*）再版，书中展示了多张带有“餐厅”标注的住宅建筑平面图，例如，巴黎的阿沃公馆（Hôtel d'Avaux）和杜博夫公馆（Hôtel Tubeuf）。[4] 丰特奈-马勒伊公馆（Hôtel de Fontenay-Mareuil）由安托万·勒波特（Antoine Le Pautre）建造，其平面图显示二层楼梯旁有一间餐厅。[5]1661 年 9 月，沃勒维孔特城堡（Château de Vaux-le-Vicomte）拟定一份财产清单，当中同样提到一间“餐厅”。[6]

1674 年，L. S. R. 在其著作《烹饪艺术》中用一个章节“描述餐厅”。但他描述的对象并非专门用餐的房间，确切地说是依据季节安排的不同场所。冬天，他建议选择“最窄小、最暖和的套房或小房间，尽量避免暴露在室外”，并且确保至少在入座“整整一个小时”前生好旺火，提高室内温度；夏天，建议在“最开阔、最凉 171
爽的地方用餐，窗外尽量有树荫遮阳”。[7]

专室专用的餐厅逐渐成为精英阶层住宅的标配。狄德罗和达朗贝尔编纂的《百科全书》将其定义为“地面一层的房间，位于大楼梯旁边，与套房分开”。在摄政王的影响之下，“私密晚餐”成为宫廷风尚。1735 年，路易十五在凡尔赛宫“小房间”（Petits Cabinets）布置两间餐厅。[8]18 世纪 50 年代开始，国王的套房所在楼层也设置餐厅，其中两间分别称为“狩猎归来”（salle à manger des retours de chasse）和“新室餐厅”（salle à manger aux salles neuves）。[9] 上述演变体现出君王希望抛开仪式，在更私密的环境下吃饭，避免公开用膳的繁文缛节。

同样出于私密性的考虑，人们减少用餐时仆人的数量，甚至不需要仆人，[10]如此便能更自在地与宴客交谈。圆形餐桌也更利于减少礼节规矩。让-弗朗索瓦·德·特鲁瓦（Jean-François de Troy）的画作《牡蛎午宴》（*Le Déjeuner d'huîtres*）完成于 1735 年，用于装饰凡尔赛宫小房间的首个餐厅，[11]其内容便能体现上述变化。该画作描绘了一群男性愉快地品尝牡蛎，搭配香槟酒。圆桌上铺着白色餐布，上面摆放了餐盘和餐具，高脚玻璃杯倒放在碗里（碗很可能充当私人使用的冷却器）。“法式服务”的精确和严格在此处并不适用，因此桌上破格出现了玻璃杯：在那个时代，玻璃杯不应摆在餐
172 桌上，主要因为法式用餐流程中菜盘很多。

餐厅逐渐成为配有固定家具的独立房间。[12]18 世纪，餐厅几乎均配有“平底锅、水池、顶面为大理石材质的家具、简单的椅子、服务桌和屏风”。[13]但在很长时间里，餐桌依然是活动的，做工不讲究，因为被桌布遮盖。与中世纪一样，需要用餐时，人们搭建桌子，用餐结束后拆卸开来。长期放在房间内的固定餐桌需要等到路

易十六（Louis XVI）时期才开始普及。[14]细木工打造出可伸展的圆桌，能够根据宾客人数调整大小。[15]

为追求舒适高雅，这一时期的宅邸普遍专室专用，家具功能也逐渐专门化，[16]上述餐厅变革便是例证。在18世纪的最后三十余年，大户人家的餐厅往往装修豪华，诸如拉赛宫（Hôtel de Lassay，1770年建成）、夏特莱宫（Hôtel du Châtelet，1776年建成）、克里永宫（Hôtel Crillon，1778年建成）、波特雷尔-坎坦宫（Hôtel Botterel-Quintin，1785年后建成）等。由此可见，餐厅在精英阶层社交生活中占有重要地位。[17]如此气派的布置反映出人们的用餐场所与美食学价值从此开始紧密结合，因为场地氛围对宴客心情影响很大。下文讨论餐馆装修时，我们将再次谈到这一点。

从布置餐桌到挑选葡萄酒

《牡蛎午宴》这幅画里描绘了一张“服务桌”，配有摆放餐盘的搁板。桌上有两个装满冰块的箱子，两瓶葡萄酒躺在冰里。为方便上菜，主桌旁边摆放了一张窄桌、一个冷餐台。 173

此处的冷餐台是一张盖有大桌布的长桌子，上面摆放着圆盆、椭圆盆、水壶、糖盅和醋瓶，桌子两端分别放有两摞餐盘。餐盘上有“两块整齐叠放的餐巾，供突然造访的宾客使用”，另有两块餐巾用于擦手。桌上数只盆内装有少许水，玻璃杯放在其中可保持清凉洁净。《烹饪艺术》认为“更有礼节的做法是将玻璃杯倒放在水晶或银质杯托上”。[18]

“放水或冰块的盆”摆在长桌旁边，用于为葡萄酒降温，在夏季，人们尤其爱喝“冰镇”葡萄酒。但是《完美膳食官学校》（*L’École parfaite des officiers de bouche*）第九版[19]提到，冷餐台上也要放几瓶酒，因为有些人爱喝常温的。L. S. R. 建议从酒窖取出来直接喝，千万不要“像某些放荡享乐的人那样装腔作势，用冰块糟蹋好酒，水只需自然清凉。冰块是最有害的发明，不仅毫无必要，更
174 是利口酒的宿敌，尤其对葡萄酒百害而无一利”。兰斯葡萄酒绝对不宜冰镇饮用，否则“具有穿透力的寒冷冰块不仅会蒸发掉锁在其中的酒精，而且会淡化口味、浆液与色泽”。[20]

关于葡萄酒最佳饮用温度的这番讨论，体现出作者的敏感味觉。目前尚不考虑菜与酒的搭配问题，因为那个时代的人选酒更多取决于个人喜好与酒本身的品质，以及需遵循的规则。据 L. S. R. 解释，“最柔和、最丝滑的葡萄酒被认为是最好的”。[21]雅士钟爱“沙布利（Chablis）、托内尔（Tonnerre）、库朗日（Coulanges）等葡萄酒，毕竟勃艮第产区很少令人失望；至于博讷（Beaune）产区，首推闻名全国的沃尔奈（Volnay）葡萄酒”。欧塞尔（Auxerre）、茹瓦尼（Joigny）、库朗日等葡萄酒“更适合经济条件良好的中产阶级和所有生活讲究的人”。L. S. R. 不推荐红酒，因为“经过长时间发酵，口味不够好，也不如其他酒容易消化，因而导致一系列消化问题和疾病”。“伟大世纪”的精英阶层偏爱白葡萄酒和淡红葡萄酒，钟情当时风靡的香槟酒。L. S. R. 写道，“世上没有比它更高贵、更美味的饮品”，它那“令人赞赏的浆液”散发出迷人的味道，它的扑鼻香气好似有起死回生的魔力。在一本主要探讨烹饪艺术的书里，作者离题去

评论葡萄酒，可见它在餐桌之乐当中占据的重要地位。与美味佳肴一 175
样，葡萄酒也是人们欢聚宴饮的必要元素。

冷餐台准备完毕，确保上菜流程顺利的必需品齐备，下一步应当摆放刀叉等餐具。为了隆重招待三十名“身份尊贵”的宾客，在《乡村美味》的“筵席指南”中，作者尼古拉·德·博纳丰建议：“布置一张餐桌，摆放三十套餐具，相邻座位间距等同于餐椅宽度，餐桌两条长边各十四席，上首一席，下首一二席。”[22]桌布平铺，四边垂落至“距离地面四指宽处”。餐盘间隔均匀，一律超出餐桌边缘；刻在盘中的纹章朝向餐桌中部。刀与勺摆放在餐盘右侧，注意不可交叉。餐刀的刀刃朝向餐盘，汤勺的凹面向下。餐叉位置暂未固定，各位作者通常不做明确规定。[23]面包放在餐盘上，用餐巾盖住。约六十年后，盘中只有折成方形或三角形的餐巾，不再像过去流行的那样叠成特定造型，根据1729年版《完美膳食官学校》解释，“人们对此失去兴致”。[24]1662年版《完美膳食官学校》确实用一个章节介绍餐巾的艺术折叠法，包括兔子和阉鸡等多种造型。[25]有些人非常擅长餐巾折叠，例如L. S. R. 十分推崇的沃捷（Vautier）。

如果是高规格宴席，餐桌中间应摆放一道造型引人瞩目的“中 176
间盘”（plat de milieu），它自17世纪末开始逐渐被另一种装饰取代：“中央摆件”（surtout），又称“固定盘”（dormant），“无论从体积来看，还是从审美价值和象征意义来看”，[26]它都是当时极为重要的餐桌装饰。《法国糖果商》（*Le Cannameliste français*, 1768）[27]的作者吉里耶（Gilliers）对“中央摆件”的定义如下：用餐全程摆放在桌面中间的银器，“通常备有佐料瓶架、糖盅、柠檬和酸橙”。其上可固定蜡烛，用于照亮晚餐，这些金银器增加了餐桌的戏剧性装饰效果。[28]“膳食官尽其所能装饰中央摆件，在它上面摆好无脚杯，用于盛放酸橙和柠檬。”

膳食总管：餐饮组织者

在大户人家，膳食总管负责管理各餐饮部门，统一领导相关人员。拉沙佩勒认为，其职能要求“格外认真专心”。[29]他首先要“根据领主老爷的命令”监管每日总支出。想成为出色的膳食总管，必须曾经是厨房或备膳室[30]的优秀员工，因为拥有相关经验者“更清楚工作内容，能够圆满履行职责”。

膳食总管负责挑选称职的员工，必要时更换人选。与供货商洽
177 谈也是他的职责，他的客户包括供应牛肉、小牛肉、羊肉的肉店老板，供应预处理禽肉和野味的烤肉商，供应猪膘、“美茵茨（Mayence）和巴约讷（Bayonne）等火腿、香肠、猪肚灌肠、肉皮口条”[31]的猪肉制品商，以及许多其他商人。他必须熟知不同鱼类，认识瓜果蔬菜和葡萄酒，尤其要关注“食盐、胡椒、丁香、肉豆蔻、肉豆蔻假种皮、桂皮、荜拨、黄芪胶、青柠檬皮、糖渍柠檬皮、食糖、食用松菌、块菌、鳀鱼、橄榄、食醋、各类鲜花与奶酪”，[32]以及每天供应给厨房和备膳室的其他食材。最后，府上任何餐具一旦有损坏，也是由他命人“修补”或更换。因此一座漂亮宅邸的良好运转离不开膳食总管的操劳。他是府上的主要人物之一，必须深得主人信赖。

除了上述职责，膳食总管还需负责“拟定菜单”，安排每一餐的服务工作。他必须明白“各种前菜、浓汤、烤肉和甜品的精巧，否则无法拟定出符合要求的完美菜单”。[33] 17世纪末，假设为六名食客提供三轮菜晚餐，“通常需要准备一大份浓汤和两份前菜”，接着是“一盘烤肉，搭配两份沙拉、两小份荤杂烩，或者两小份甜品，任选其一，但有时候三样都做”。最后再上“一盘水果和两份果泥”。[34]如果想准备“出乎寻常”的餐食，膳食总管必须向供货商打听最优等的食材，拿出最专业的水准组织好一切工作。瓦泰尔 178
（Vatel）的悲伤结局众所周知，他曾多次组织大型筵席，服务过包括富凯（Fouquet）和孔代亲王（Prince de Condé）[35]在内的王公贵族，最终因为“海鲜未能按时到货”在孔代亲王府自我了断。

开餐之前，膳食总管将一条沿长边折叠的餐巾搭在肩上。在某些宅邸，他服务时“腰间佩剑，肩披外套，头戴帽子”，但毛巾固定不变，它既是“象征权力”的符号，也是“显示其职务的独特标记”。[36]第一轮菜肴准备完毕，他站在列队最前面，带领端菜人员来到“用餐”房间，行摘帽礼。接着他便将“菜盘和餐盘”摆到桌上：从上首一端开始，他将第一道菜放在“餐具盒或餐具的右边，第二道菜放在左边，然后在两道菜之间、盐盅对面的盘托上放一只活动餐盘”，以此类推。

法餐服务：餐食排序

法餐服务的基础原则主要基于中世纪的上菜次序，即同一轮菜

同时端上餐桌。“法式服务”统领当时所有重要餐食，其内容也在发展。随着时间流逝，它变得更有条理、更复杂，菜肴次序经历了
179 调整变化。17 世纪，咸甜分离的趋势明显，甜味食物普遍被安排到一餐最后，成为餐后甜点。[37]据《烹饪艺术》记载，人们似乎习惯“在肉食之后不断端上水果和果酱之类的点心”。[38]甜点讨人欢心，因为它“新颖别致，制作精妙，令人赏心悦目、胃口大开”。当时十分流行将生食的水果装成果篮或搭建成金字塔状，“少则几只水果堆成小果盘，多则搭成高度令人赞叹的小山”。[39]水果制成的各类食物同样深受欢迎，例如，果泥、果冻、果酱、糖渍水果、糖浆、软糖等，当时它们统称为果酱。18 世纪初，端上餐桌的水果通常被称作甜点，可能是一篮橙子或其他水果，两篮“蜜饯、杏仁膏、对称摆放的软糖或饼干”，两大碗时令水果制成的果泥，装在瓷器皿里的糖渍樱桃或“酸葡萄酒”、“格鲁耶尔（gruyère）、帕尔马（parmesan）、罗克福（roquefort）等奶酪”、“梨子汁和李子汁”、醋栗、坚果、樱桃、醋栗果冻，以及糖渍栗子等。[40]上述糖果点心全部和谐恰当地摆放在一起，如同马西阿洛的《新编果酱指南》（*Nouvelle instruction pour les confitures*, 1715）中餐桌模板所展示的那样。

与中世纪末期的上菜次序相比，另一个重要变化在于，浓汤成为第一道菜，甚至在前菜之前。[41]“开胃菜”（hors-d'œuvre）同样在
180 “伟大世纪”末期出现，它盛放在比前菜更小的餐盘中。《特雷武词典》（*Dictionnaire de Trévoux*, 1704）将其定义为“筵席中可以预见的菜肴之外”的菜。根据 1729 年版《完美膳食官学校》的解释，

开胃菜“并非完整一餐必不可少的组成部分，只有在菜肴足够丰盛的情况下才会准备开胃菜，但很简单的一餐可用开胃菜代替前菜，以减少开销”。[42]开胃菜多为热食，可以安排在一餐的不同时刻。后来它逐渐成为法餐中不可或缺的元素，经过19世纪的演变，变成如今我们熟悉的式样。

大户人家的每一顿往往都是“规矩用餐”（repas réglé）[43]，这是许多专著中采用的表述。一切经过深思熟虑，形成体系。L. S. R. 认为，“精致、有序、整洁，是一顿餐食中最需要关注、最主要的三个条件”。“精致，指采用精巧细致的方法烹饪肉类；有序，指上餐服务必须遵循某种规范，避免许多东西杂乱混合，造成不便［……］；整洁，指必要的组成部分都布置得令人舒适惬意，优雅愉快地显示出风度与气派……”[44]

为了追求“令人舒适惬意的布置”，膳食总管或负责准备用餐服务的人员首先拟定座位图，以便更直观地想象对称摆放的菜肴：
“如今人们希望餐桌尽可能有品位，安排得令人赏心悦目。”[45]为此 181
尤其需要注意每道菜的大小、形状与内容。此外应避免将两道相似菜肴摆在一起，马西阿洛在书中解释：“否则既不雅观，又限制某些宾客的选择，毕竟众口难调”。[46]餐桌形状对于菜肴布置也很重要，需确保每位宾客能取到“符合口味”的食物，而且要保证仆人既方便服务，又不会妨碍用餐者。菜肴摆放同样遵循“令人愉快的对称原则，筵席的美感就在于此”，因为“如果先端上一大盆食物，接着是一份普通菜肴，随后又来一道大小不同的菜，会显得十分混乱”。[47]

开餐后，膳食总管在餐厅内稍作停留，靠近餐桌检查是否一切顺利。每一轮上菜后，他至多停留 1.5 刻钟[48]，然后回到厨房，命人整理好所有盘子。盘子“必须在另一张桌上仔细擦拭（并非先前使用的桌子）”，这张桌子上“铺着洁白的桌布，目的是擦干净盘子底部，确保主人的餐桌不会被弄脏”。马西阿洛写道，接着他让手下取走盘子，但在那之前，他需最后看一眼全部餐具，“留意大、中、小盘子的尺寸，想好该如何摆放，因为没有什么事情比看到一套错落不齐的餐具更令人不悦”。

182 17 世纪之后，餐桌的布置遵循美食学艺术的规则，如同舞台布景一般，合理安排用餐空间。与“法式”园林一样，“为了构成和谐的几何图形”，[49]一切经过调整、演变和反复推敲。身份尊贵的人士有其特殊的餐桌装饰、菜品安排和用餐礼仪，它们开始成为市民阶层模仿的典范。[50]与此同时，贵族精英却试图摆脱这些用餐礼仪，力图弱化安排，追求简单。

第三部分

巴黎餐饮业的繁荣

第十一章

餐馆：从出现到成功

我离开那里，前往普利街（Rue des Poulies）的餐馆吃晚 185
饭。那里的餐食很好，但价格较高。店主是位不折不扣的美人。她面容姣好，长相挺希腊的，不像罗马人。眼睛漂亮，嘴唇美丽，丰满得恰到好处。个子高，身材好，步伐优雅轻盈，但是两臂与双手粗糙丑陋。

——狄德罗致索菲·沃兰的信，摘自《书信集》

（Lettre de Diderot à Sophie Volland, *Correspondance*）

各司其职的餐饮从业者

自中世纪以来，食品从业者为市民与游客制作现成菜肴。后来，行业逐渐细分，各自确定主营产品，技能相近者便组成了行会。

举例来说，“巴黎市的贵族私厨、厨师、端盖人与熟食商”于 186

1663年8月公布行会章程，第一条款明确说明，其服务宗旨是“满足最挑剔的口味”。[1] 他们能够举办“各种婚礼、筵席、宴会，以及其他允许他们发挥才能的活动”，例如简餐。他们既可以经营“为此开办的门店”和餐馆，也能前往达官贵人府上，甚至普通人家中提供服务——作为临时佣工，他们自带必备用品。他们原则上从属于行会，而非某座宅邸。如果在国王的御厨或“巴黎高等法院院长及推事老爷们”的厨房工作过，述职通过后也有机会加入行会。

烤肉商行会章程允许会员在店里售卖烤熟的肉，经过加工、尚未烹煮的肉，以及“三道水煮肉和三道烩肉块”。然而，高等法院在1628年7月29日发布判决书，禁止他们送餐“至公共空间或个人住宅”以举办婚礼及筵席。当然，他们并未遵守。

因为不同行会之间的关系十分紧张，高等法院在1662年8月8日发布另一判决书，试图禁止“葡萄酒商以及小酒馆、小饭馆等场所经营者”从事“上文提到的贵族私厨、厨师、端盖人等职业的工作内容”，[2] 即为客户提供现成菜肴与用餐服务。但二十多年后，官
187 方颁布新法令，正式允许他们“为来到店里用餐的人提供餐桌、座椅、桌布、餐巾、食物等”。[3]18世纪，行会之间的关系愈加紧张，进一步证实餐饮市场的繁荣。“巴黎城内与市郊的餐饮行业老板们”在1759年10月25日聚集磋商，与会成员包括“普通饭店老板”“葡萄酒商”“糕点商”“烤肉商”等。[4] 根据饭店老板和猪肉食品商两个行会联合发布的规章推测，“猪肉商”可能也出席了此次会议。规章提到，上述两个团体可以“同时售卖圣梅内乌尔德

（Sainte-Menehould）风味猪蹄、文火猪肉什锦、（由禽肉和牛奶制成的）白香肠、香肠、猪肚灌肠、肉皮口条，以及其他优质肉类”。[5] 不久之后，他们被统称为“餐饮老板”。

饭店老板与葡萄酒商之间的纷争最为激烈。[6] 前者想在自己的酒窖中储存“各种必备葡萄酒，以便在店里或客户家中提供餐食，承办婚礼、筵席、宴会、简餐等”；后者希望能接待客户，经营装修过的餐馆，雇用厨师烹制荤杂烩，在店里举办各类节日聚餐和“婚礼翌日”等庆祝活动。事实上，双方的经营活动长期以来都超出行会规定的业务范围，即便各种规章条例三令五申，诉讼案件时有发生，越界经营的行为从未被成功制止。启蒙时代的首都巴黎，早在最初的餐馆出现前，始终有大量食品服务供应商可供选择。 188
翻开 1769 年出版的《六大行当从业人员地址簿》（*Almanach général d'indication d'adresse personnelle et domicile fixe, des six corps, arts et métiers*）[7]，可以查到许多从业人员的营业地址，包括 46 个烤肉商、55 个糕点商、88 个葡萄酒商：其中有不少人承办“婚礼与筵席”，例如，拉格朗德-特鲁安德里街（Rue de la Grande Truanderie）的艾尔米塔什（Hermitage）、圣马丁郊区（Faubourg Saint-Martin）的勃艮第公爵家（Au Duc de Bourgogne）、圣马丁街（Rue Saint-Martin）的小让家（Au petit Jean）、“房间非常漂亮”的莫迪（Mauduit）先生的店。同样在这本地址簿里，“熟食店、小旅馆、包含家具的旅馆”的名单更长，足有 590 位店主在册。仅需花费 26 苏便能享受丰盛一餐，包含汤、白煮肉、前菜、面包、葡萄酒、甜点等。《知名商铺……名录：增补篇》（*Supplément aux tablettes*

royales de renommée…）推荐了更多商家，以布吕纳（Brunat）为例，“少有旅馆像它一样拥有漂亮的包厢，提供得体讲究的服务”；再例如圣日耳曼郊区（Faubourg Saint-Germain）的勒特洛特（Letroteur），那里每天“宾客盈门”。[8]

“革命空间”

综上所述，餐馆并非凭空出现的。其诞生环境充满竞争，因为这座城市的烹饪与美食技艺可谓历史悠久。若想理解餐馆的成功，必须考虑到巴黎长期繁荣的餐饮行业，正如路易·塞巴斯蒂安·梅西耶（Louis Sébastien Mercier）在《巴黎图景》（*Tableau de Paris*，1783）中的描述：

> 在所有十字路口都能看到糕点商、猪肉商、烤肉商的店
> 189 铺。他们的商品便是最好的招牌，最前面摆放着肉皮口条、点缀着月桂的火腿、肥美的小母鸡、金黄的馅饼、甜蛋糕等，几乎伸手就能拿到。［……］1200 名厨师从早到晚为您服务，片刻便能上餐。［……］刚摆好桌子就能上菜，店家笑意盈盈，顾客胃口大开。[9]

长期以来，人们相信法国大革命促进了餐馆的诞生，因为贵族宅邸的私厨从此流落街头。[10]餐馆出现之前也存在社交性质的饮食场所，如小饭馆、小旅馆、旅店的公共餐桌，但它们只能提供的简陋

的饭菜根本称不上美食。梅西耶在书中描述了一家旅店的公共餐桌，菜品实在让人提不起胃口，在座的十余人还是争相抢夺。[11]但这不妨碍有人批评这些“餐馆”，它们提供的法式清汤再糟糕不过了：“大多数甚至连十滴肉汁清汤都没有，就是往热水里加一点牛腰肉汁增色而已。”[12]

然而，餐馆的兴起还是令许多同时代人感到耳目一新。1767 年 9 月，狄德罗在给索菲·沃兰的信中写道：“我是否开始喜欢餐馆了？确实如此，喜欢得很。在餐馆吃饭有点贵，但吃得很好，而且时间自由。［……］餐馆非常美妙，我感觉似乎所有人都对它感到满意。”[13]周报《先驱》（*Avantcoureur*）[14]总在预告“各种新鲜事物”，据其同年 3 月 9 日的报道，熟食商米内（Minet）先生在普利街开店，全时段售卖“水浴保温的美味法式清汤，或称‘补剂’”。顾 190
客能在他的店里找到精制黄油、新鲜鸡蛋、“加入油脂和牛奶的布列塔尼燕麦米糊”、巴勒迪克果酱（confiture de Bar-le-Duc），“以及其他健康美味的食物”。上菜所用的餐具是“饰有金网的白釉陶”罐子，器皿令人赏心悦目，里面的菜肴同样令味蕾感到满足。虽然这家店暂未被称作餐馆（restaurant），但它售卖的滋补清汤叫作“补剂”（restaurans）。

几个月后，《先驱》周报在 7 月 6 日刊登新消息，介绍另一位“餐饮商”：瓦科辛（Vacossin）先生在格勒内勒街（Rue de Grenelle）的“一楼开店，室内宽敞，装修漂亮”。除了“极好的补剂”和米内那些菜肴以外，他还提供粗面粉、粗盐阉鸡、皇家宫殿饼干、时令水果、奶油干酪、“香辛蔬菜调味午餐”等，[15]总之是些“能帮助保持或恢复身体健康”的菜肴。前面章节解释过，“补剂”是指烹煮的滋补汤剂，目的是让食用者恢复体力与健康。早有烹饪书籍介绍过此类菜谱，例如，皮埃尔·德·吕纳的《厨师》（1656）介绍，将山鹑、阉鸡、羊肉、圆形小牛腿肉片放入锅中，盖上盖子，隔水炖煮 12 小时，然后用细布滤出固状物；[16]《科摩斯的礼物》（1739）中，作者马兰介绍了另一种菜谱，标题为“精华或补剂”。

191 “新烹饪”被认为更健康轻盈，瓦科辛的餐馆紧跟潮流，改良一道传统旧菜。其目标客户包括：“身体孱弱的人”、“因饮食习惯不能吃两顿或不能吃晚餐”[17]的人、“暂时抱恙，或者连续从事高强度体力活动”的人、“要务”在身且无暇悠闲用餐的人。贵族妇女也是目标客户，餐馆二楼设有专用“套房”，避免“有失体面、有伤风化”。

与其他同行一样，瓦科辛迎合了精英人群对品质与舒适的需求。他们所做的一切努力都是为了让顾客感到舒适。在装修精致讲究的空间里，顾客可以阅读首都期刊，简单享用一顿便饭，恢复体力。简而言之，“身心均能得到放松”。人们随时可以来这里点一份法式清汤，“就像去咖啡馆品尝巴伐利亚慕斯蛋糕，享受社交娱乐一样”。[18]在这里，也能喝到“勃艮第天然陈酿葡萄酒”，或者国王喷泉（Fontaine du Roi）的水。店内服务无可挑剔，客人点的食物将会被“干净迅速地”送到桌上。夜幕降临，餐桌被蜡烛和“室内大量灯光”照亮。

《先驱》周报的报道有很强的广告性质，它所介绍的美好图景是否属实不得而知，但无论如何，餐馆获得了巨大成功，这一点不可否认。勒格朗·德奥西于1782年在《法兰西私人生活史：从民 192
族起源至今》中写道："餐馆出现的同时，一大批餐馆经营者应运而生。[……] 餐馆既新奇又时尚，加之价格比普通熟食店更昂贵，因此很快便获得了大家的信任。某些人不敢去旅店公共餐桌，却毫不介意到餐馆吃饭。"[19]经过漫长的诉讼斗争，餐馆终于在四年后获准营业至深夜：冬季营业至23点，夏季至24点。[20]至于熟食店、小酒馆、咖啡馆、酸醋店、啤酒店、"烧酒零售店"等，它们没有资格营业到那么晚："11月1日至次年4月1日，22点之后禁止接待顾客或提供酒水；4月1日至11月1日，时间延长至23点。"[21]在某位同时代人士看来，这种区别对待的原因在于"首都居民的生活方式数年来发生的、每天仍在继续发生的某种变革"。餐馆经营者变得不可或缺，"因此似乎必须给予适当优待，否则他们也无法存在"。[22]

最早一批餐馆经营者开展的广告宣传大获成功。越来越多的餐饮从业者开始经营餐馆，开办面向精英阶层的商业机构，探索全新烹饪方法。某种意义上，高级烹饪离开贵族的私人沙龙，从此走上街头。总而言之，一阵自由之风吹到了首都居民的餐桌上。 193

皇家宫殿与美食中心

餐馆的出现是餐饮历史上的重要转折点。这场真正的革命最早发生在巴黎，而且某些街区的贡献尤其重要。其中皇家宫殿

(Palais Royal) 最为突出，它成为巴黎的潮流场所、新美食的摇篮。维克多·路易 (Victor Louis) 的建筑代表作包括波尔多大剧院 (Grand-Théâtre de Bordeaux) 和位于巴黎的法国剧院 (Théâtre-Français)，他在 1781 年至 1784 年建造了巴黎的蒙庞西耶 (Montpensier)、博若莱 (Beaujolais)、瓦卢瓦 (Valois) 这三处拱廊街，它们通常营业到凌晨 1 点。1788 年，巴黎已有七家咖啡馆开在拱廊街，《新皇家宫殿图景》(*Tableau du nouveau Palais-Royal*) 描绘了它们装修精美的店内空间。富瓦咖啡馆 (Café de Foy) 称得上“最大、最美、最体面的咖啡馆之一”，墙面的“雕花护墙板做工细致考究”。[23]地窖咖啡馆 (Le Caveau) 的大厅“被不同类型的远景画装饰得很漂亮，并且巧妙地摆放多面镜子作为点缀”，最里面的镜子照映出外面的花园，柱子上摆放着“格鲁克 (Gluck)、萨基尼 (Sacchini)、皮奇尼 (Piccini)、格雷特里 (Grétry)”等知名作曲家的胸像。[24]机械咖啡馆 (Café mécanique) 的名字源自其独特的服务方式：饮料在地下准备好，通过空心柱子传送到对应客人的
194 大理石桌面上，每张桌子装有一扇“铁门”，需要上餐时便会打开。

除了上述提供咖啡、烧酒、冰淇淋等饮食的场所，皇家宫殿还有许多“所有追求品质的男人”乐于光顾的“餐馆”。房间宽敞且精致，“餐桌上盖着绿色油布，看上去干净整洁，也比普通桌布更耐脏”。但人们为何如此重视“餐馆一词”？

> 您走进店里，选好想要落座的餐桌，立即就有服务生递来装裱在相框里的一张纸，您能在上面找到能满足您口味的一

> 切。每样商品的最后都标明价格，您可以清楚知道开销，这或许很明智，因为这些餐馆的菜肴十分昂贵，6法郎都不够美餐一顿。无论食材价格怎样变化，餐馆的定价都维持不变。每日光临的常客包括圣路易骑士团成员（Chevalier de S. Louis）、年轻军官、财政部二把手、来到巴黎挥霍财产的外省人、沉迷赌博者、纵情声色者、年轻姑娘等。遵守礼仪的体面女性从不出入这些场所。客人可以邀请优雅的女伴前往餐馆的包厢，这样的双人或四人晚餐通常非常昂贵，敢于邀请女性到餐馆的客人必须承受高价。一层大厅只有男性顾客，十分安静，人们互相打量但不开口说话，看起来局促不安。吃浓汤的时候必须注意仪态。有些赌徒今天对侍者呈上来的食物不屑一顾，然而昨 195
> 天他们能吃上简陋的一餐都幸福不已。进入餐馆必须衣着光鲜，由此可以推测，整个房间也非常考究……[25]

最著名的是栅栏餐馆（La Barrière），顾客在那里“感到舒适惬意”。但是最优雅的当属博维利耶尔（Beauvilliers），这家餐馆位于拱廊街，与“皮影戏小演出”（petit spectable des Ombres Chinoises）同侧。位于二层的餐厅“用中国剪纸装饰得很漂亮”，[26]照明依靠多枝球形灯。餐桌以桃花心木制成，椅子“做工讲究”。但是，《新皇家宫殿图景》作者遗憾地表示，这里的消费比其他餐馆更高。

博维利耶尔成为首都最负盛名的餐馆之一。翻开某位英国旅行者的作品《往昔与今日的巴黎》（*Paris as it was and as it is*，1803）[27]，作者用一长段文字专门介绍这家餐馆，并附上它当时供应的菜单。超过 250 种菜品被分成几类：浓汤、开胃菜（切片香瓜、猪蹄、香肠白菜等）、牛肉前菜、糕点前菜（热馅饼、小圆馅饼、鱼肉香菇馅酥饼）、禽肉前菜、小牛肉前菜、羊肉前菜、鱼肉前菜、烤肉、甜品（香槟松露、白酱黄瓜、煎蛋卷等）、甜点（水果、果泥、奶
196 酪等）。菜单上的饮品分为三类：葡萄酒、利口酒（例如，马德拉葡萄酒和麝香葡萄酒）、烧酒。与初期餐馆经营者提供的寥寥几样“养生”菜肴相比，如今菜单确实大不相同。博维利耶尔餐馆的成功持续了数十年，直至餐馆主人去世。1814 年至 1816 年，博维利耶尔完成《厨师艺术》，该著作分上下两册。

皇家宫殿之所以成为当时巴黎餐饮行业的高地，其他餐馆也功不可没，试举几例：韦里（Véry）不仅在此开店，杜乐丽花园（Jardin des Tuileries）也有他的分店；“普罗旺斯三兄弟”（Trois frères provençaux）当时“因为蒜香荤杂烩和普罗旺斯奶油焗鳕鱼远近闻名”；餐厅维富（Véfour）的前身是沙特尔咖啡馆（Café de Chartres），后来也获得巨大成功。不同餐馆之间存在商业竞争关系，烹饪技艺水涨船高，首都其他街区也逐渐开办更多餐馆。不久之后，巴黎美食新版图浮现。[28]

众口难调， 各有所爱

成功不仅属于高规格的餐馆，生活不富裕的顾客也有平价之选。巴黎在同时代人眼中已成为美食之都。格里莫·德·拉雷尼埃

在《美食家年鉴》中写道："这里是无可争议的全宇宙最懂美食的地方。"[29]该书大部分篇幅都在讲解巴黎的这一特征。许多旅游指南将餐馆视为巴黎的一大特色，例如，雷查德（Reichard）的《法国旅行指南》（*Guide des voyageurs en France*, 1810）。[30]无论是从业者还 197
是消费者，整座城市都投身于餐馆的奇妙体验。在很多人看来，餐馆之所以在巴黎大获成功，与我们上文探讨的自中世纪以来餐饮服务业的悠久历史息息相关。

19 世纪60 年代的《巴黎外国人年鉴》（*Almanach de l'étranger à Paris*）断言："全世界所有城市中，巴黎人最常光顾餐馆。如果不考虑开销，这里的美食举世无双。不仅如此，涉及平价餐饮，没有哪个首都能与巴黎媲美。"[31]任何社会阶层都能找到合适的餐馆，"亲王、公爵、侯爵、伯爵、男爵、将军、议员、文人、法官、律师、银行家、投机商、赌徒、雇员、商人、学生、小食利者，一顿晚餐多则 40 法郎金币，少则 1 法郎 50 分"。[32]餐馆属于所有人，只要不是身无分文，每位顾客都能找到消费水平合适的地方。1846 年，欧仁·布里福（Eugène Briffault）称，在路易·菲利普（Louis-Philippe）统治期间，餐馆明显促进了"社会平等，因为仅凭理论永远不能使穷人和富人平起平坐，但通过餐馆这样的享乐空间，社会平等得以建立"。[33]

包括巴尔扎克、福楼拜和莫泊桑在内，许多作家注重餐馆在作品中扮演的角色，因为它是人物社会地位的象征。[34]例如，《幻灭》（*Illusions perdues*）的主人公吕西安·德·吕邦普雷（Lucien de Rubempré），他刚到皇家宫殿，走进韦里餐馆"初尝巴黎之乐"，消费了一瓶波尔多葡萄酒、几只奥斯坦德牡蛎（huître d'Ostende）、一份鱼肉、一份山鹑、一份通心粉、一些水果。但当他发现账单高
198 达 50 法郎，转眼被“拉回现实”，这顿饭钱足够“他在昂古莱姆生活一个月”。[35]后来一段时间里，他更乐意在索邦广场（Place de la Sorbonne）的餐馆弗里科特（Flicoteaux）吃饭，那里的顾客以学生为主，他只需花费 18 苏就能享用三道菜，搭配一壶葡萄酒或者一整瓶啤酒，如果搭配一整瓶葡萄酒则需要 22 苏。[36]

《餐桌上的巴黎》（*Paris à table*）这本书中，作者欧仁·布里福将巴黎餐馆分为三类。第一类是知名的昂贵餐馆，“气派十足，也有一些优点”，[37]然而盛名之下，其实难副。第二类餐馆数量更多，充斥在“任何有人气的街区”，尤其是皇家宫殿，它们“挨着三四家备受贵族追捧的顶级餐馆”。第二类当中某些餐馆比其他的更奢华，档次更高，“它们没有制作精美高级菜品的秘密”，但是“所有食物都很美味”。[38]第三类餐馆数量最多，“这些店值得推荐，但没有条件提高档次，服务也不太讲究”。再往下便是仅为填饱肚子的场所，在那种地方，吃饭俨然是件“毫无快感可言”的差事。

一本面向外国人的年鉴仔细解释了巴黎的两种餐馆：第一类“按菜单”（à la carte）点菜，客人选择“或多或少的菜肴酒水，每
199 项的价格单独显示在‘餐馆菜单’上面”；[39]第二类有固定价格（à prix fixe），每餐“丰简不一，天天更换，内容由餐馆老板自己决定”，套餐价格通常涵盖酒水。固定套餐是普通收入者的极佳选择：午餐时，以“80 分到 1 法郎 25 分的价格，通常能得到两道菜、一道甜点和一玻璃瓶葡萄酒；在晚餐，以 2 法郎到 2 法郎 50 分的价

格，通常能买到一道浓汤、自选三道菜、一道甜点和半瓶葡萄酒”。[40]某些餐馆非常不错，另外一些差强人意。“五拱廊”（Cinq-Arcades）在1823年创办于皇家宫殿的蒙庞西耶拱廊街，众所周知，它是这类型餐馆中的佼佼者。

19世纪中叶出现一种名为“平价食堂”（bouillon）的新型餐馆。据称，首创者是猪肉商杜瓦尔（Duval），他为了不浪费肉铺卖不出去的碎肉，开店售卖牛肉和肉汤。[41]这段故事与餐馆起源相似，但杜瓦尔的目标客户与18世纪的不同，他的餐馆主要面向低收入人群和工人等。新模式备受欢迎，菜肴种类逐渐丰富，成功随之而来。“平价食堂”的兴起有多方面的原因，欧仁·沙维特（Eugène Chavette）在《餐饮从业者与消费者》（*Restaurateurs et restaurés*，1867）当中解释：“原创性的场所、女性服务员、非常干净和优质的食物，这些因素吸引大量客流，因此老板在巴黎不同街区开设更多分店。”[42]顾客走进一家“杜瓦尔食堂”，站在门旁边的调度员（contrôleur）会递给他一张菜单，上面写着当天日期、“可供堂食” 200
的食物、酒水清单[43]，以及每一项的价格。顾客走向为其安排的座位时，已经大致知道想吃什么。餐桌的白色大理石桌面便于“保持绝对清洁”。普通菜单提前印好，补充信息则以“今日菜单”的形式提供给有需求的客人。服务员用铅笔画线标记客人点的菜，然后将菜单交给女收银员，稍后由她负责结账。1867年，杜瓦尔餐饮股份有限公司（Compagnie anonyme des établissements Duval）创立，成为真正的餐饮连锁企业，其组织结构合理，拥有自己的购物中心、猪肉食品店（既对外营业，也为企业旗下的餐馆供应肉品），以及工业面包房等。它甚至自己生产“塞尔特斯气泡水”（eau de Seltz），自己焙炒咖啡，因此“杜瓦尔平价食堂的咖啡名声在外，备受食客追捧”。[44]

杜瓦尔连锁店的成功促使其他餐馆纷纷效仿，竞争变得更激烈。首先是布朗（Boulant），他们开设各种门店，包括几处平价食堂、一间小酒馆和一家高级餐馆，拿下布洛涅森林（Bois de Boulogne）的皇家圣廷苑（Pavillon royal）；接着是沙尔捷（Chartier），在1895年开设第一家店，[45]其宗旨依然是平价消费，但顾客类型愈加丰富。一段19世纪80年代的文本这样解释杜瓦尔平价食堂的创新之处：“消费者想要牡蛎、新鲜蔬果、野味、禽肉、鱼肉，而且要最优质、
201 最昂贵的。一流餐馆提供的所有菜肴，如今都能在杜瓦尔平价食堂找到，两类餐馆的食材以及其采购条件完全一致，价格均高昂。对于消费者而言，唯一的区别就在于单份的分量减少、价格降低了。”[46]

这些餐饮机构迅速冲破等级限制，与高级餐馆一争高下。例如，孟德斯鸠街（Rue Montesquieu）的杜瓦尔平价食堂，其大厅是座巨大的金属建筑；打开“布朗大餐馆”1912年2月的菜单，便能看到卡普西纳大道（Boulevard des Capucines）和杜埃街（Rue de Douai）两处门店的豪华大厅的图片，以及女服务员们忙于接待落座客人的场景。

从18世纪末的养生餐馆到19世纪下半叶的平价食堂和餐饮场所，餐馆历经演变，已经成为一种社会现象。无论收入高低，食客总能找到适合自己的价位。法国人养成在餐馆吃饭的习惯，而这一

习惯逐渐变成代表国家的文化习俗：从此，整个法兰西民族经常外出用餐。安托万·卡约（Antoine Caillot）将他所观察到的写进《回忆录：法国人的习俗风尚史》（*Mémoires pour servir à l'histoire des mœurs et usages des Français*, 1827）：

> 各位餐馆老板，你们没有完全意识到自己的价值。请正确认识你们对社会的重大贡献。你们供应午餐，成为舆论的调节
> 者、经济的晴雨表、家庭的社交场、选举的讨论区。你们促成 202
> 作家的胜利，通过影响戏剧艺术而增加看戏的乐趣。我们美丽的法兰西境内，一切都在你们的餐桌上进行，在那觥筹交错间发生。[47]

第十二章

美食学著作登场

203 美食科学成为潮流风尚，每个人都跃跃欲试。它以厨房和商店为起点，经过会客室、书房，一直来到剧场。相信在不久的将来我们会看到，中学课堂里也有美食学的一席之地……

——格里莫·德·拉雷尼埃，《宴客之道》

（*Manuel des amphitryons*）

19 世纪烹饪的现代性不仅得益于餐馆的兴起，而且与美食学著作的诞生不无关联。除了为大众提供了一种崭新的社交空间，餐馆经营者还在厨师与食客之间建立起一种新型关系，因为从现在起，食客成为厨师的顾客。厨师的声誉不再取决于富裕的保护人，
204 而是依靠逐渐建立起的大众口碑。[1] 长期以来，人们通过各种书面形式，如菜谱书、营养书、诗集、食物词典、报纸、年鉴等传递信息。我们当然记得 18 世纪围绕“新烹饪”展开的论辩，然而在 19 世纪，关于食物的现代形式文本真正形成，并拥有一个新名字：美

食学。执政府时期，约瑟夫·贝尔舒于 1801 年出版的一部著作提到该词，此后它便广为人知。根据《利特雷法语词典》（*Le Littré*）的解释，美食学是指“美味佳肴的艺术”，更确切地讲，是将这门艺术系统化地编纂成书。翻开格里莫·德·拉雷尼埃的《美食家年鉴》，看到这样的画面也就不足为怪：一名男子坐在桌前，手执羽毛笔，房间的书柜架子上摆满各式各样的食品和菜肴，野味悬挂在天花板上。餐饮从业者带着各自的产品来请他评判，这便是“美食家庭审”（audience d'un gourmand）[2]。帕斯卡尔·奥里写道：“最完美的美食家不是专业厨师，而是文人，至少是文学爱好者。真正属于他的桌子不是餐桌，而是书桌……”[3]

新专著

亚历山大·巴尔塔扎尔·洛朗·格里莫·德·拉雷尼埃（Alexandre Balthazar Laurent Grimod de la Reynière，1758—1837），是上述新专著的奠基人之一，早在法国大革命之前就引起了舆论关注。1783 年 2 月，他发起一场“著名晚餐”，宾客收到与讣告相似 205
的邀请函。[4] 作为包税人的儿子，他乐于吸引媒体关注，1803 年，他的《美食家年鉴》大获成功：1803 年至 1808 年，该书每年至少更新一版；1810 年和 1812 年分别再出一版。格里莫认为，关于食物的信息过于碎片化，没有在报纸上占据它应有的位置，而是夹杂在“各种类型的观点”之中。正因如此，大量读者没有“给予它应得的关注和重视”。[5] 他的补救方案是，向读者提供“经过认真推敲的指导，尽可能帮助他们在美食上获得感官享受”。[6]

他用几年时间确立美食学出版物的三大板块：美食指南、美食专栏、美食期刊。他创办了《美食家与美人日报》（*Journal des gourmands et des belles*），两年后，也就是1808年，该日报更名为《法国享乐主义者或酒窖协会晚宴》（*L'Épicurien français ou Les Dîners du Caveau moderne*）。这种方式不但使得信息更新迅速，同时也拉近了师父与弟子的距离。[7]《美食家年鉴》第一册开篇解释道，大革命使法国社会重新洗牌，财富转移到“新主人手中”。他的著作正是面向这些新贵，为他们提供一本能够“在最珍贵乐趣打造的迷宫中为美食家照亮前路”的指南。想做好东道主，光有钱可不够，“设宴款待客人的艺术远比凡夫俗子设想的更难得，也更困难”。[8]法国大革命对多数艺术门类造成重创，但是“烹饪艺术”除
206 外。恰恰相反，正是因为这场革命，它才能得以“迅速进步，灵活开展”。《美食家年鉴》首先列出一份“营养日历”，每个月份对应一个探讨食品的章节。1月“最宜享用美食”，因为“美味的一年总是从1月开始”。接着，作者带领读者在巴黎街头“漫步寻味”，在那里能找到价格合理的“各色菜肴和令人胃口大开的店铺”，以及“最知名的食品制作艺术家”。[9]这是帮助消费者寻找好店的美食指南的雏形。

《美食家年鉴》更新到第二年时，格里莫在某种意义上发明了美食评论。他提议组建一个品鉴委员会，负责测评专业食品商提供的菜肴。“如此一来，诸如鲁热先生（M. Rouget）这样的知名糕点商、韦里先生（M. Véry）这样的杰出餐饮商，以及科尔斯莱先生

（M. Corcellet）这样的著名食品商［……］准备几样自己的产品送给格里莫，这一流程被称为‘认证’（légitimation）。如同外交官通过国书自证身份，商人如果想获得某种认可，需通过品鉴委员会认证，后者［……］每周就他们各自的才能发表意见。”[10]“认证”一词被收入“美食词典”，指的是根据擅长的技艺或者从事的行业，“美食艺术家”提供样品给“美食品鉴专家”品尝。获得他们的认可后，出色的从业者将获得真正的认证标签。[11]如果评判结果“对 207
艺术家”不利，品鉴委员会将建议其整改，希望“同一产品再次接受认证时”，[12]商家能够证明已经采纳先前的意见。如果商家拒绝改正，原始评判结果将会刊登在下一期《美食家年鉴》中。拉雷尼埃明确将自己的作品与探讨烹饪技术的著作划清界限，他在写给屈西侯爵（Marquis de Cussy）的信中解释：“《美食家年鉴》之所以大获成功，原因在于其写作风格看起来与其他著作不同。读者见惯了菜谱和配方，但这本书却包含其他内容……”[13]

格里莫宣称，他单纯从享乐主义角度探讨烹饪，并不了解烹饪操作。我们可以想象，他的言论必然引起大厨们的不满。安托南·卡雷姆在其著作《巴黎厨师》（*Le Cuisinier parisien*，1828）中气恼地表示，即便格里莫“或许对烹饪科学有一定贡献，［……］但是烹饪艺术复兴以来，现代烹饪的迅速进步与他毫不相干”。[14]

完美东道主

鉴于《美食家年鉴》大受欢迎，格里莫于 1808 年出版《宴客之道》，目标读者是法国大革命之后的“新兴东道主与宾客”。作为“基本入门书”，该作品初步介绍“如何享受生活，如何招待好客人”。[15]全书分为三部分，无疑以教学为目的。

208 第一部分探讨肉类分割，包括猪肉、禽肉、野味和鱼肉。切肉这项任务过去由司肉官专门负责，如今成为“宅邸主人的特权”。在格里莫看来，不会切肉也不会分肉的东道主，如同拥有漂亮书房的文盲，“二者几乎同等羞耻”。[16]为了依照规定操作，主人必须根据肉块大小决定使用何种刀叉。当着宾客之面切肉时，主人将肉或鱼摆放在身旁的“桃花心木餐具橱上”，用餐巾围住“上半身”，确保“无需担心肉汁溅开，可以从容操作”。他的双手敏捷沉稳，“两臂灵活舒展”。他一边切下肉排或肉块，一边将其对称摆放在菜盘上。切肉完成后，主人解开餐巾，放下刀具。接下来他有几种选择：轮流给每位宾客上菜；装好许多餐盘，让宾客依次传递下去；把菜盘交给大家传递，每位宾客根据口味和喜好自取。主人的良好声誉来自对上述仪式的尊重。通过为宾客切肉，主人展示自己的能力，证明他掌握一项提高身份的技能。

书中第二部分探讨餐食组成。格里莫介绍一批菜单，按照季节
209 分类，并匹配“晚宴的常见规模”：15 人、25 人、40 人或 60 人。[17]在“井然有序”的人家，如果由主人决定每一餐的内容，膳食总管或厨师每天早晨会请示主人，询问当天菜单，必要时做出调整。格里莫提倡这样的交流，但他要求双方“对烹饪有深刻且丰富的认识，了解大量菜品搭配”，并且长期接触“高雅品位”，因为许多

知名的富人宅邸仅满足于固定的常规菜单。针对“缺乏经验”的情况，格里莫提供了一些菜单模式。

书中第三部分标题为“餐饮礼仪须知”，这是作为一家之主的必学内容。作者安排十个小章节，指导主人与宾客“奉行社交礼仪艺术”。[18]从邀请到接待、安排座位，这一流程须符合一整套规则。“真正的美食家长久以来遵循一项原则，即请人赴宴必须明确日期，甚至发出书面邀请，因为无论何时何地，请柬即凭证。”[19]请柬按规定格式拟定，至少比宴会日期提前三天交到宾客本人手中。宾客必须在24小时内答复，逾期则默认接受。如果在约定之日未能准时赴宴，他必须接受惩罚：轻则罚款，重则“剥夺任何宴请资格三年”，类似于被判处法律死亡（mort civile）。至于东道主，他不能以任何理由推延日期。格里莫认为，正是如此严格的宴请礼仪，才 210
能体现出“真正的美食家”对一场晚宴的重视。

晚宴绝不允许迟到，所有客人比预定时刻提前5分钟聚齐，一起入座。主人在会客室接待他们，命人为每位宾客呈上一杯苦艾酒，这又称“前酒”（coup d'avant）。接着主人带领客人来到餐厅，他的位置在餐桌正中央，其他人应立即根据座位上的卡片对号入座。主人安排座位时需考虑周全，因为它对于这一餐的“道德旨趣”十分重要。主人站在自己的餐具前面，命人端上浓汤；但在部分私人宅邸中，浓汤已经提前盛放在每位客人的餐盘里。客人将餐巾展开，铺在膝盖上：不建议为了避免弄脏衣服，将餐巾穿过纽扣孔。浓汤享用完毕，应当把汤勺放在餐盘里，而非桌布上。用餐刀切面包非常失礼，手指掰开即可。在浓汤之后，每人喝一杯纯葡萄酒，这又称“后酒”（coup d’après）。整场晚宴中，客人只有在这个时候“能喝到不掺水的普通葡萄酒”。酒、杯、水都放在桌上，每人酌情自取。格里莫指出，这是 19 世纪的创新：在旧制度下，杯子和酒由仆人保管，如今客人不再依赖仆人倒酒。然而上菜方式
211 依然以“法式”为主：客人既可以从桌上的菜盘中自助取餐，也可以寻求“仆人协助”。每道菜享用完毕，客人都更换新餐盘；每一轮上菜结束时，刀、叉、勺也会更换。甜点则交给女士们负责，因为“这能让人们欣赏其灵巧敏捷、美丽白皙的手指”。[20]人们用勺子吃果泥、奶油奶酪、果酱、青核桃肉等，用手拿取水果，捏起“烤栗子或煮栗子”。用餐完毕，主人示意大家离开餐桌。客人们来到会客室，咖啡和利口酒已在那里等候。

关于如何侍酒、餐桌谈话的内容、用餐过程中仆人是否在场等问题，格里莫在《宴客之道》中未明确规定。他将旧制度下与后革命时期的法国社会相联结，确保餐桌文明礼仪的传统价值观得以延续。他重新“发扬旧制度贵族的行为准则，后革命新贵们必须一边遵守旧准则”，[21]一边融入新时代的创新。这些新贵诞生于变革之中，这部作品让他们受益匪浅，因为他们想按照过去的精英阶层那样生活。但与此同时，正如格里莫经常指出的，他的著作不能完全取代上流人士的出身、教育和习惯，因为正是这些造就了餐饮礼仪的正确实践。“不可否认，法国大革命让所有理论领域出现一段空白，尤其是在礼仪习俗方面。”[22]他认为美食爱好者之间的情谊最为重要，只有主人与宾客和谐相处，“筵席才能一
212 直在融洽的氛围中进行”。美食爱好者由此得到社会承认，人们认

可在遵守规定和原则的基础上享受共同进餐的乐趣，这是法国餐桌的魅力所在。

《味觉生理学》：走向一门美食科学

“综合考量餐桌之乐，我早已发现，这个主题绝非几本烹饪书概括得了的。美食的功能一直如此关键，直接影响着人们的健康和幸福，甚至各种事务，因此值得深入探讨。”基于上述想法，让·安泰尔姆·布里亚-萨瓦兰（Jean Anthelme Brillat-Savarin，1755—1826）写成《味觉生理学》[23]一书。这部作品随后获得巨大成功，影响深远，甚至掩盖了格里莫·德·拉雷尼埃著作的光辉。该书不断再版，时至今日依然如此。全书分为三十篇“沉思”，每一篇对应一个章节；书的结尾部分为“杂谈”，内容包括菜谱、奇闻趣事、个人回忆等。

《味觉生理学》将美食学定位成社会中一门新的科学：“它探讨人类的食物摄取，涵盖这一领域中经过理性思考的全部知识。”从食物分类的角度，它与自然科学有关；从检验产品成分与品质的角度，它与物理学有关；从“以各种方式分析和分解产品的角度”，它与化学有关；从准备菜肴的角度，它与烹饪技艺有关；从追求性价比的角度，它与商业有关；最后，“从提供税收，为国家之间达 213
成贸易的角度”，[24]它与政治经济学有关。从寻求奶妈乳汁的新生儿，到接受“临终药水”的垂死者（即便已无法消化），人的一生都受其支配。它为每种食物确定最佳食用期：刺山柑花蕾和芦笋应在发育完全之前食用，乳猪等动物满六个月即可，多数水果需完全成熟才食用，山鹬与野鸡则要贮藏到略微变质的状态。

布里亚-萨瓦兰提出“味觉”（goût）这一概念，这是美食学最为关键的元素之一，它是指通过实践经验寻求特定味道。在品尝菜肴时，嗅觉也积极发挥作用：“嗅觉与味觉组成同一个感官，如果说口腔是食品工坊，那么鼻腔就是烟囱。”[25]美食学知识对所有人都有益，因为“它能让知识拥有者享受到更多的乐趣”。社会地位越高的人越受用，对于高收入人群，它是不可或缺的知识。

“餐桌之乐是一种自发的感受，在多种情境下形成，与事件、地点，以及伴随用餐的人与物有关。”它区别于吃的乐趣，后者仅仅是“需求得到满足后的一种即时、直接的感觉”。吃的乐趣为所有动物共有，餐桌之乐却是人类特有的，因为它涉及准备餐食的完
214 整组织安排。并非所有食客都有能力品鉴正在享用的美食。布里亚-萨瓦兰哀叹道，至少，某些人的脸庞没有显露出面对美食应有的喜悦。他向“值得尊敬的东道主们”提出一种检验食客反应的方法——“美食试样”，其目的不是证明食物本身的味道，而是验证它作用在品尝者身上的效果。这些菜肴试样的“味道受到认可，精巧程度毋庸置疑”，只看一眼，有品位的食客的“所有品鉴感官”足以被其打动。[26]然而面对美味佳肴却不为所动的人无福消受！他们被认为没有资格“受邀赴宴，分享餐桌之乐”。

布里亚-萨瓦兰的评判对象是美食享用者，为此他设计了一张菜单，按照他们的社会阶层分为“逐步递增”的三个档次：第一组面向中等收入者，菜品包括“里昂栗子填馅农场火鸡”“薄片肥肉

卷肥鸽肉”“香肠和斯特拉斯堡熏猪肉佐酸菜”等；第二组面向经
济宽裕者，菜品包括“调味原汁牛里脊”“清炖大菱鲆”“松露火
鸡”等；第三组面向富人阶层，菜肴选择更为丰富，包括“佩里戈
尔松露填馅禽肉”“堡垒造型的大份斯特拉斯堡鹅肝酱”“香博风
味莱茵河肥鲤鱼配什锦”“奶油鳌虾煮填馅淡水梭鱼”等。[27]得益于
这种方法，布里亚-萨瓦兰与格里莫渐行渐远，因为他想要奠定美 215
食学的理论基础，“使其在众多科学门类中占有其应得的一席之
地”，美食学便由此参与塑造了该世纪的现代性。[28]就像同时代人所
认同的，19 世纪是进步的世纪，而美食学著作的贡献在于重新定
义了烹饪知识，为将来法国美食学的胜利奠定基础。[29]

第十三章

烹饪艺术，艺术烹饪

217 > 我希望，在我们美丽的法兰西，所有公民都能吃到美味的菜肴。这并不难，因为现实情况便是如此：感谢上天，我们可以随心所欲地享受大餐，一切美味佳肴触手可及。
>
> ——安托南·卡雷姆，《19 世纪法国烹饪艺术》
>
> （*L'Art de la cuisine française au dix-neuvième siècle*）

当美食学著作初获成功之时，烹饪书籍也在与时俱进。第一步创新之举：摒弃荤日与斋日的菜谱分类方式。第二步则是在菜谱中明确食材重量和烹饪时长。朱尔·古费（Jules Gouffé）在《烹饪之书》（*Le Livre de cuisine*，1867）中严格运用上述方法：

218 > 我在编写每一条基础指导时，眼前总有时钟，手头常备天平。我必须补充说明：一旦成为手艺娴熟的匠人，实践中并无必要持续借助此类工具以验证绝对数据。但是，如果教授缺乏必要知识的人士，我认为方法越严格越好。时至今日，即便是

> 最简单的菜肴，其做法都模棱两可、充满不确定性，严格撰写菜谱是彻底解决问题的唯一途径。[1]

第三步创举在于为书籍附插图。图像的运用举足轻重，因为它凸显出烹饪是一门完全独立的艺术。部分著作中穿插运用版画，将最重要的菜谱用图像形式呈现在纸页上。高级法餐必须用眼睛欣赏，因为它造型华丽，注重摆盘。不同菜肴制作过程的呈现的确证实了厨师的艺术家身份。这一时期的烹饪成为艺术行为：《艺术烹饪》（*Cuisine artistique*，1882）[2] 是大厨于尔班·迪布瓦（Urbain Dubois）的一部著作，书中的核心元素便是版画。

服务于烹饪艺术的图像

安托南·卡雷姆（1783—1833）起初是糕点师，后来成为享誉世界的大厨。他是建筑学的忠实爱好者，在 19 世纪最初几十年间曾担任欧洲不同国家的王室御厨。他也是最早在著作中添加版画的 219
作者之一，这些插图往往依据他本人的素描完成。诚然，在他之前早有烹饪书籍包含插图，但它们大多是用插图来解释切肉或切鱼的方法和餐桌布置、展示银器等，例如，吉里耶的《法国糖果商》。[3] 卡雷姆的创新之处在于，《装饰糕点》（*Le Pâtissier pittoresque*，1815）的版画插图展示了多层装置蛋糕（pièce montée）的诸多细节，作者认为这些作品“今后应当成为巴黎奢华餐桌的装饰品”，与此同时“能被轻松制作成可食用的糕点”。[4] 专业厨师能在书中找到“各类模式，学会制作楼阁、圆亭、寺庙、遗迹、塔楼、观景台、堡垒、瀑布、喷泉、别墅、茅屋、磨坊和隐居小屋”。为了将建筑艺术与烹饪艺术联系起来，作者在书中引用“维尼奥拉（Vignola）的五种柱式规范”，将其放在版画之前。

除了上述装置蛋糕以外，菜肴摆盘的插图也反映出当时的习俗。
新烹饪美学的标志之一在于美化菜肴，将食材安置在基座上。约瑟
夫·法夫尔（Joseph Favre）在《烹饪和食品卫生通用词典》
（*Dictionnaire universel de cuisine et d'hygiène alimentaire*, 1891）[5] 中写道：
“摆盘之于烹饪，如同画作的点睛之笔、画布上的清漆和装裱作品的
画框。”烹饪艺术家不应满足于制作可口的食物，而是要追求菜肴色
香味俱全，令人胃口大开。在他看来，摆盘是“体现厨师艺术个性的
美学组成”。图像的主要功能就在于此，因为它能展示“装饰性料
220 理”的菜肴。安托南·卡雷姆在《巴黎厨师》[6] 中素描展示的菜肴
“属于高级烹饪范畴，能够反映当下流行品位”。例如，花色肉冻仅
有两种颜色，但是“庸俗的厨子”会堆砌“无数毫无意义的细节”。
他解释道：“这种烹饪方式最糟糕、最可笑之处在于，厨师们用五六种
颜色混杂组成一个装饰，实在让人无法忍受。”卡雷姆制作花色肉冻时，
在边上加一圈烤面包丁，并且装点顶部，凸显视觉效果。菜肴的精致装
饰是高级烹饪与众不同之处，体现出艺术家的高审美敏感度。

一种装饰性料理

19 世纪之初的装饰性料理大量运用基座。《巴黎厨师》插图展

示的许多冷盘，如“松露塔”和“火鸡肉冻”，都放在杯状基座
上。此类基座由猪油或其他白色无味的固性油脂制作而成。其做法
是，先将硬脂精、石蜡、蜡和鲸蜡混合，全部冷却后，用刀抹在湿
布上，反复捏揉，加工成形。成品具有弹性，可加入各种成分。[7]这
项工作要求操作娴熟，卡雷姆认为“许多厨师会制作基座，技艺精
湛者却很少”，因为必须精心装饰这些油脂部件。用来盛放“上等 221
松露塔或塞纳河大虾”的花饰圆杯相当轻盈纤巧；至于“火鸡肉
冻”的基座，它包含一条由棕叶饰组成的宽檐壁，以及由一圈凹槽
装饰的基座底部，卡雷姆认为“其造型更有力量感”。

书中的基座插图细致地向我们展示了装饰所用的各种颜色。其
中一张图片描绘的是“野猪头肉冻”，它是“高级料理中备受推
崇”[8]的一道菜，盛放它的杯托底部带有用春绿色“死面”[9]制成的
花环装饰。花环中部缠绕的环饰和将花环与基座连接的花结均为浅
黄色。四个花环上方分别有猪油制成的大朵玫瑰，颜色是“漂亮的
玫瑰红”。杯托上的浅口盆用紫杉针叶和浅色小玫瑰装饰，边缘饰
有些许浅绿色小常春藤叶（死面制成），颜色与基座底部的叶子相
同。杯脚的线脚用黄色小珍珠点缀，卡雷姆在野猪头的脖子上套了
一只猪油制成的“淡玫瑰色”项圈，中部饰有橡树叶造型的花冠，
猪头上摆放一些猪油制作的玫瑰。[10]

装饰物也包含“小烤肉扦”（hâtelet），其目的是让菜肴看起来
更高大。小烤肉扦用于“美化它们所装饰的肉块或菜肴，铁扦上的
装饰品通常可以食用，而且如果可食用，必须采用最高级的食
材”。[11]火鸡肉冻顶上插着五支烤肉扦。“中间那支配有两大颗松露 222

和一顶肉冠，其余四支配有事先用蒙彼利埃黄油祛除异味的猩红牛舌和小牛胸腺，搭配［……］松露、蛋白和鳀鱼排。”[12]野猪头的烤肉扦装有松露和切成薄片的大肉冠，搭配猩红牛舌。

约瑟夫·法夫尔将烤肉扦分为三类——“前菜烤肉扦，替换菜（relevé）烤肉扦，花色肉冻烤肉扦”，并且强调必须“确保烤肉扦上面的所有食材与它们所装饰的食物呼应”。他举了多例：“一道鱼的烤肉扦通常配有螯虾、大虾、柠檬和蔬菜；反之，如果是家禽或家畜的肉制作的前菜或替换菜，且配菜不含鱼类或甲壳类，则对应的烤肉扦应配有公鸡肉冠、松露、可内乐和蘑菇。至于野鸟，可使用鸟头、松露、蘑菇、食用花等。总而言之，为了呈现完美菜肴，必须规避无意义的组合。”餐桌上各式菜肴应有尽有，色彩与大小各不相同，装饰菜肴必须和谐地融入整体。例如，卡雷姆著作中展示的金字塔阶梯造型冷餐台，请参阅《法国膳食总管：论巴黎、圣彼得堡、伦敦、维也纳宴会菜单》（*Le Maître d'hôtel français, traité des menus à servir à Paris, à Saint-Pétersbourg, à Londres et à Vienne*, 1842）。

服务于男女厨师的图像教学法

223 朱尔·古费的《烹饪之书》率先使用彩色插图。[13]卷首插图和未着色的素描画除外，全书总计 24 幅彩图。它们是荣加（Ronjat）用彩色石印术创作的静物画。这些版画是名副其实的革新创意，用许多实际例子向我们展示了那个时代的艺术烹饪。以“贝壳塔”为例，这道菜装饰简单，螯虾、龙虾和小虾上撒着绿色的欧芹尖，更凸显虾壳的色彩。

作者表示，书中的版画“不仅起到装饰的视觉效果，也是为了直接呈现我在写书时看到的烹饪教学作品”。[14]这非常接近图像教学法。每当他觉得图像可以帮助解释一道工序或一个操作细节，古费便会使用插图。关于摆盘，“往往有必要在这一部分提供直观可见的解释”。他毫不犹豫地“借助分解图，将替换菜和前菜中最重要的大块肉拆分成许多小块”，将它们展示出来，以便让厨师在摆放饰边和配菜之前，对完成效果能有整体把握。烹饪全过程通过一幅幅画描绘出来了。在古费之前，“烹饪插图局限于大而化之地画出肉块外观，往 224
往没有任何说明，［……］这似乎是为了赢得读者的惊叹，但很容易让新手望而却步，而不能指引他们前行”。[15]相比之下，古费书中的插图有用得多。利用“从厨师职业角度出发而创作”的插图，他希望年轻厨师读到这本书，能找到帮助他们进步的必要内容。

朱尔·古费的目标读者不仅是厨师，同样包括“家庭主妇”。他将著作分为两部分：一是“家常烹饪”（cuisine de ménage），二是“高级烹饪”（cuisine d’extra），因为不容置疑的是，中产阶级女厨师的任务和高级餐厅主厨的任务并不相同。专业人士早已对家庭主妇表现出关注，卡雷姆鼓励她们阅读自己的著作《19 世纪法国烹饪艺术》（1833），在那本书里能“发现数不尽的简单易做的食物”，培养自己的味觉品鉴力，学会“亲手制作美味菜肴，赢得宾客们最美妙的赞美”。[16]卡雷姆的书中只提供建议，没有给出具体菜谱，“中产阶级蔬菜牛肉浓汤”除外。在这一点上，古费也有所创新，他遗憾地指出，现有的烹饪著作频频混淆“高级烹饪与家常烹饪，将最简单与最复杂的菜肴并置，导致内容杂乱，实在令人烦恼”。必须将它们区分开，“比斯开虾酱汤、阿涅斯鸡胸、浓汁精华，这些食物何等精细，如果把它们和最基础的家常菜混在一起，例如，白豆炖羊肉、嫩煎兔肉、白汁块肉、家庭风味炖小牛”，[17]还有比这更不合理的事情吗？《乡村与城市的女厨师》（*La Cuisinière*
225 *de la campagne et de la ville*）于 1818 年出版，之后多次再版，直至 20 世纪。这类关注家庭女厨师的著作能够出版并获得成功，正是 19 世纪烹饪书籍最根本的变化之一。

在古费的著作中，与“高级烹饪”的彩色版画不同，八张“家常烹饪”的插图展示的主要内容是尚未烹煮的食材，例如，下文即将谈论的生肉。至于入画的成品菜肴，唯有中产阶级饮食中寻常可见的一系列冷吃开胃菜，如小红萝卜、橄榄、小虾，以及海鲜料汤“轻炖小牛头肉”，这道菜装在椭圆盘里，上面盖着折叠好的白色餐巾，耳朵摆放在盘子两端，舌头在小牛头肉的前面，上面放着脑子，盘子上各处撒上欧芹。整道菜造型简单，小牛头的每样构成元素都得以凸显。书中“高级烹饪”部分的“小牛头肉佐托图酱汁（sauce tortue）”摆盘风格完全相反：整体呈金字塔造型，摆在大银盘上，周围是一圈面包心，肉块上覆盖的配菜包括小牛胸腺、螯虾、橄榄、酸黄瓜球、硬蛋黄、松露、蘑菇，最后用五支配有松露、螯虾和肉冠的小烤肉扦衬托菜肴。上菜时搭配托图酱汁，其配料为火腿浓汁、松露、蘑菇、马德拉葡萄酒、肉釉，以及“褐酱”（espagnole，当时的一种“母酱”）。这道菜已经达到极其专

业的烹饪水准。相比之下，“轻炖小牛头肉”端上餐桌时仅仅搭配 226
油和醋，以及单独装盘的欧芹、洋葱碎、刺山柑花蕾而已。

中产阶级家庭主妇拥有买菜的权力，因此她们必须学会精挑细选，购买品质好的产品。这门学问首先基于“长期实践经验”，古费建议在买任何东西之前，先了解清楚食品价格行情，不要相信主动找上门来的商贩，避免只信任一个卖家，如果卖家极力推荐某种鱼、野味或肉，但不确定是否新鲜，必须保持警惕。[18]

为了帮助家庭主妇，大厨借助插图描绘优质肉类的特征，用色彩的细微区别来表现不同储存阶段的肉。优质牛肉呈“苋菜的鲜艳红色”，脂肪呈“极浅的黄色，近似高品质黄油”；如果瘦肉呈褐色，脂肪松软、量少，这种牛肉品质较差。同理，小牛肉的脂肪必须洁白，而非“淡红色”。书中版画插图的作用是将基础技能教授给家庭主妇。大厨向读者展示如何切肉、捆肉，如何将一只家禽穿到铁扦上，它烤完应当变成什么颜色：“一只火鸡烤熟后，肉应当下陷，表皮微皱［……］通体色泽金黄。”[19]他解释羊排是否剔除筋
头有何区别，展示小铁扦串羊腰子、夹塞猪膘的小牛肉片、铁扦串 227
牛排等。烹饪书籍的插画不仅具有艺术价值，它们最重要的功能是作为教学载体，用图像形式呈现大厨们的操作。它们能证明，大厨们当下最关心的是烹饪工作的教学与合理化安排。

新的用餐服务

卡雷姆认识到 19 世纪的现代性，认为彼时的法餐是“未来数

个世纪的典范：不仅因为其各组成部分已经趋于完美，其优雅的用餐服务也是一大优势”。[20]这里的用餐服务是指法式服务，或许它已经简化，但仍然牢牢占据当时上流社会的餐桌。

然而，在19世纪，一种新的上菜方式逐渐普及，最终取代旧方法。新式服务的原则是将预先切好的菜肴逐一端上餐桌，而非将一整套菜肴全部摆在桌上，接着再端走，拿去切肉。餐厅对这个新习惯十分受用，因为上菜的效率相应提高。法式服务显然没有迅速消失，而是延续到19世纪下半叶。新旧上餐方式并行，主厨们煞费苦心地思考如何开展工作。古费在《烹饪之书》中写道：“过去几年来，关于两种不同服务方式的质疑声不绝于耳，人们分别将它
228 们称为［……］‘法式服务’和‘俄式服务’。”二者孰优孰劣？“在我看来，这个争论如今基本尘埃落定，结果就是［……］握手言和。”与过去的法式服务相比，俄式服务更加迅速，细节相对简单。“过去就有人指出，法式服务过于麻烦，上菜速度太慢，他们的批评不无道理；但不可否认的是，法国最知名的大厨们精通装饰和摆盘的艺术，上菜前预先切好，就意味着毁掉这门艺术。”[21]

新的服务方式确实与装饰性料理相悖，古费自问：“我们伟大的法餐在众多烹饪流派中独树一帜，很大程度上归功于它注重展示食物的味道与光彩，如今的新转变难道不是让法餐的外在面貌瞬间失去光辉了吗？”两种服务理念互相碰撞，传统法式服务注重菜肴在品尝之前的艺术呈现，俄式服务对它的整个装饰体系提出质疑。但习俗在演变，人们不能再让食物长时间晾在桌上，否则品质会下降。很多菜肴“必须趁着刚出炉，状态最好的时候食用”，所以法

式服务并不适用。这种情况下，“美观必须彻底让位给美味”。[22]

很多人倾向于采取折中方案，将两种服务体系相结合，“让厨
师心满意足”。古费建议，出于装饰目的，在餐桌上摆放冷食肉块
和大份替换菜，热食前菜用暖炉保温，避免放凉后失去风味。按照 229
他的设想，宾客不会再看到餐桌像过去那样，“仅有水果、果泥等
装饰物，以及镀金铜器、花瓶等不可食用的物品，无法提供丰盛大
餐开场时所必需的开胃效果”。[23]然后端上必须现做现吃的菜肴，用
“活动餐盘”盛放即可，不追求精美外观。这样可以即时满足宾客
的胃口，厨师也有足够时间不紧不慢地切肉。上述方式能够兼顾烹
饪艺术的两个关键：装饰与口味。

一套系统，一门烹饪科学

《19 世纪法国烹饪艺术》是卡雷姆毕生心血的结晶，他非常清
楚自己所做贡献的重要性：“我的同行们现在能看到我促成 19 世纪
法国烹饪进步的明确证据。”[24]在他的影响下，一套基于专业技能和
烹饪方法论的体系在 19 世纪的法国烹饪界得到普遍认可。第一册
开篇分析“中产阶级蔬菜牛肉浓汤”，并且从奠定法餐基石的最基
础菜谱讲起：“大炖锅”（水煮牛肉）；禽肉法式清汤；用野鸡或鹧
鸪等制作的调味肉汁；法式清汤经过收汁得到的肉釉，用于各类荤
杂烩及酱汁，或者给前菜覆盖肉冻；肉或蔬菜制成的各类原汁清 230
汤，以及鱼汁；“锅底菜”，即用“平底锅”煮禽肉之前在锅底铺
上的一层配菜；米雷普瓦（mirepoix），与“锅底菜”相似，唯一

区别在于前者中加了蘑菇和白葡萄酒；“煨肉”，做法是取一只平底锅，将薄片肥肉和圆形小牛腿肉片铺在锅底，加入一只鹅或公火鸡、一只羊后腿、一块牛肉或“类似材料”，接着再加入“小牛肉片和薄片肥肉、切段削圆的胡萝卜、六颗中等大小的洋葱，以及一捆香料束，香料包括一片月桂叶、少许百里香、罗勒、肉豆蔻、木犀草和非常少量的大蒜，再加入半杯陈化白兰地、两大匙法式清汤或原汁肉汤”，取一片涂黄油的圆纸盖住。[25]书中同样介绍了用于煮鱼的海鲜料汤、生熟腌肉、用于勾芡酱汁的白色或金色黄油面糊、准备油炸的面团（“正确油炸必须知道的全部原理”），以及制作可内乐的各类馅料。接下来，作者开始讲解浓汤，它们“在现在和将来永远都是一顿美妙晚餐的诱发因素”。这部分的菜谱数量令人惊叹，总计 196 道法式浓汤、103 道外国浓汤[26]，由此可见，人们多么喜爱将浓汤作为每一餐的开场。

卡雷姆并不是条理清晰地介绍烹饪工作的第一人。[27]但是与 17 世纪和 18 世纪的专著相比，卡雷姆的作品也有新变化，他书中的每个技艺都有名称，每个术语对应一个系统化的操作。法式烹饪愈
231 加复杂讲究，对专业化的要求越来越高。法国厨师的优势在于，他们既能合理安排各项步骤，同时又保持足够的灵活性，必要时推陈出新。流程系统化有助于简化烹饪操作，将烹饪技艺分门别类整理为条目是形成法式烹饪体系的关键因素。随着时间的推移，数代厨师定下烹饪的基本原则，为后来的新人提供必要的培训，帮助其成长。法式烹饪的现代性也体现在，通过著作和教学的双重途径，厨师们能将积累下来的技能传授给年轻人。

19世纪，人们乐于将烹饪视为科学，“鲜味”（osmazone / osmazôme）理论是极佳例证。该术语由化学家路易·雅克·泰纳尔（Louis Jacques Thénard）提出，它取自希腊词根：osmé表示“气味”，zomos表示“汤”。[28]布里亚-萨瓦兰写道：“鲜味是指肉中极有滋味的部分，能溶于冷水，这一点与肉的可萃取成分不同，后者只溶于沸水。好的浓汤多亏鲜味加持，鲜味物质通过焦化反应形成肉汁，烤肉表面的金黄色就是出自它，野味和野禽的肉香同样源自它。”[29]在卡雷姆看来，全部奥义在于如何煮一锅原汁清汤：“炖锅缓慢加热，水温逐渐上升，牛肉肌纤维膨胀，附着的胶状物质溶解。通过温和加热的方式，蔬菜牛肉浓汤缓慢起沫，肉里最有滋味 232
的成分‘鲜味’逐渐溶解，为清汤增加芳香油脂。作为肌肉中产生泡沫的成分，蛋白质大量膨胀，上浮到清汤表面，在炖锅中形成轻盈的泡沫。”[30]这样便可获得一锅“美味营养的原汁清汤，以及口感细嫩、滋味极佳的煮牛肉”。这番描述让人不禁想到18世纪厨师孜孜以求的“精华”。

卡雷姆著作的第二册以鱼为主题。第三册是“母酱与子酱专论”，作者展示了一套庞大体系，酱汁后来成为法餐的基石。酱汁是采用芳香物质调制出来的，呈现出不同的稀稠度，因此芡汁的浓稠度也不同。它们用于给菜肴调味，或上菜时作为搭配。因为配料包括黄油、食用油、奶油等油脂成分，酱汁的口感十分顺滑。用它们给肉或鱼调味，能增添食物的风味。酱汁源自精心混合的配料，根据期望搭配的菜肴和希望达到的细腻口味调整。[31]卡雷姆提出四大酱汁体系：“褐酱”，用黄油面糊勾芡的褐色高汤，色泽略红；“天鹅绒酱”(velouté)，用黄油面糊勾芡的白色高汤；“阿勒曼德酱”(allemande)，用天鹅绒酱加蛋黄；“白酱”(béchamel)，用天鹅绒酱加奶油。准备重大晚宴时，提前一天做好足量的四种母酱，用于制作种类繁多的“子酱”；宴会当天只需“再制作一些食物浓汁，以及用蘑菇、松露、肉汁制成的酱汁，便能获得各种调味料”。[32]只需在基础酱汁中加入一种或多种配料，就能创造出一种新酱汁：上菜
233 时如果需要“至尊酱”(sauce au suprême)，就在阿勒曼德酱中加入“两匙禽肉法式清汤和两小块伊斯尼黄油面包”；“佩里格酱”(sauce à la Périgueux)则是褐酱加上松露和马德拉葡萄酒。卡雷姆认为，因为母酱可以衍生出种类繁多的酱汁，“现代烹饪才得以显著成长”。上述操作不适用于黄油酱汁，它们的制作方式比较特殊。作者写道：“对于本章节所有酱汁而言，黄油、盐、胡椒、肉豆蔻、柠檬等配料必须高度和谐，以期得到甘甜、顺滑、味道完美的黄油酱汁。”[33]卡雷姆在书中介绍了近200种酱汁的配方。酱汁成为法餐的一大特征，而且促成了它的成功。奥古斯特·埃斯科菲耶(Auguste Escoffier)认为，它们“代表烹饪最重要的部分，打造并维持了［……］法餐举世无双的优越身份，所以应当极尽可能地用心调配酱汁”。[34]

第十四章

烹饪空间：意料之中的改革

烹饪，你为我艰苦的工作和生活带来阳光，从事餐饮严重 235
损害我的身体健康，但你造成的肉体伤痛无法阻止我继续爱你，直到生命最后一刻，我仍将轻唤你的名字。

——爱德华·尼农，《法餐颂》

（Édouard Nignon, *Éloges de la cuisine française*）

1882年，于尔班·迪布瓦提出疑问：“即便是在最大、最漂亮的宅邸，为何厨房通常布置杂乱且功能不全，既不方便又不卫生？”[1] 作为普鲁士国王的御厨，他指责建在地下的厨房通风不畅，照明不足，潮湿且不卫生，“往往给厨师埋下健康隐患，使他们未来体弱多病”。主要责任在于建筑师，他没有询问厨师的需求，
以及厨房实现功能所必需的配置。朱尔·古费指出，最理想的做 236
法是让建筑师与厨师对接，“关于修建炉灶、安装通风和照明系统、引水，以及确定备膳室的位置等问题，厨师能提供说明指示”。[2]

功能有缺陷的厨房

“真正的美食学”很大程度上依赖于一间布置完备的厨房。布局不合理的厨房将增加任务难度，在此空间内活动的人员的健康也会受影响。一切工作安排与厨房息息相关。如果它太大，厨师走动过多易疲劳，也需要更多人手；如果天花板太低，散热困难，室内闷热难耐；反之如果太高，厨房将变得嘈杂，“噪声出现回声，人声被淹没，人员互相听不清讲话”。[3]

多数情况下，厨师必须适应他人提供的场地。于尔班·迪布瓦因此建议他们学会“实践哲学”。厨师的工作条件十分艰苦，甚至令人生厌，知名大厨安托南·卡雷姆公开抱怨：

> 厨师艰辛工作的时光总是在地下厨房度过的，因为斜照进来的日光和火焰的光亮，他的视力日渐衰退，墙体湿气和穿堂风使他备受风湿病困扰。如果厨房位于地上一层，厨师的工作
> 237 环境相对健康，但墙面依然覆满紫铜锅具，金属反射出的光严重损害视力。繁重艰辛的工作使人心情躁动，烧红的木炭释放出致命气体，他每时每刻都在呼吸毒气。这就是厨师的生存处境。[4]

19世纪80年代，在另一位主厨古斯塔夫·加兰（Gustave Garlin）笔下，厨师成为工作的奴隶。“哪一种行当，尤其在艺术领

域，像厨师这样缺少空气和自由？厨师非常需要休息，但我们在任何节日都无法休假，即便在礼拜天也得工作。”[5] 然而“富人”明白，才华横溢的大厨能让他的餐桌增色不少。“厨师通常在地下厨房工作，就着木炭燃烧发出的光亮，忍受着炭坑的滚烫热气，如果没有厨师的艰辛劳作”，雇主就会失去东道主的美名。加兰强调，唯有对烹饪科学的荣誉感和热爱支撑着厨师忍受煎熬。

面对行业困境，自 19 世纪 40 年代开始，厨师们决定创建互助协会，例如巴黎厨师互助会（Société de secours mutuels des cuisiniers de Paris）。该机构向成员提供医疗护理、失业津贴、退休金、丧葬费、遗孀和孤儿补助等。[6] 部分厨师也组建了行会，他们这样做更多是出于行会精神，目的是维持烹饪艺术的卓越水平，提高厨师行业的社会地位，而非建立无产阶级工会。[7] 而且厨师们分散在无数餐馆里，向工会请愿本身就很难。他们忠于时代，相信进步，尤其相信 238
烹饪艺术的进步：“我们的愿望是，我们巴黎厨师，在全世界同人和伙伴的帮助下，将我们的经验、劳作成果和发明创造献给公众……”[8]

井井有条的洁净厨房

厨师们的另一个愿望是改革厨房，优化工作环境，希望人们终于能考虑到他们的工作体验，尽可能合理地布置厨房，毕竟他们的一大部分时间都在那里度过。在《艺术烹饪》中，于尔班·迪布瓦设想了一种分为四个区域的“烹饪工坊”：首先是厨房，也是主区域；接着是烤肉区，用于制作烤箱烤肉、明火烤肉，将蔬菜焯水，烹制鱼肉等；还有糕点区，厨师在这里用糖制作“精致装饰”，做饼干、牛轧糖、焦糖泡芙塔，以及“人人喜爱或赞赏”的小蛋糕等；最后是食物储藏区，用于准备前菜和冷盘，如肉片卷、馅饼、肉冻等。迪布瓦的描写配有精美版画，展示了上述工坊每一分区的“主要工作用具”。

厨房与餐厅的距离逐渐缩短，但人们注意避免气味、烟雾、噪声传到“楼上套房”。20 世纪初，为莫伊兹·德·卡蒙多伯爵（Comte Moïse de Camondo）修建巴黎公馆时，建筑师勒内·塞尔让
239 （René Sergent）将厨房高度增加一倍，连同旁边的洗涤间一起，关进“类似密封藻井”[9]的结构中。设计者巧妙利用地形，经过深思熟虑，将厨房安排得很隐蔽：厨房位于建筑立面的东北侧的一层，靠近花园的一侧“一半至三分之二的空间掩于地下”，[10]餐厅位于花园，菜肴通过升降装置传递，将厨房与用餐场所相连，同时也将仆人与主人的活动空间明确区分开。

于尔班·迪布瓦笔下的专业厨房位于一层，地面可以铺石板、瓷砖或“木板”，前两种材料更考究，第三种对厨师而言更方便工作。房间中心有一张“厨房工作台”，它是一张结实的桌子，桌上盖有台布，一端摆放砧板，毕竟厨师不能直接在木桌面上做饭。人们从此在“移动板”上准备食材，使桌面免受刀刃伤害。这些切菜板翻过来可以另作他用，比桌子更方便清洗，用旧之后也容易替换。厨房最深处的墙上挂着一只摆钟和一块石板：为了掌握时间，摆钟是不可或缺的工具；石板则用于记录主人的点菜内容。

大厨房中当然必须有一整套厨具。那是最醒目的装饰，用迪布瓦的话说，“是目光首先停留之处”。全套厨具按系列分类，依据外形分行陈列，“令人赏心悦目，尤其在精心维护的情况下，每一件都熠熠生辉”。全套厨具（具体数量难以确定）是主人和厨师的骄傲，体现出烹饪空间的条理性，每件器具各归其位，状态良好，随 240
时可用。古费推荐铜质厨具。镀锡铁的使用寿命相对较短，而且如果用到带柄平底锅，例如，制作“炒菜”和“覆以糖霜或肉冻的菜肴”，应避免镀锡铁厨具；但是炖锅、煨肉锅、菱形烧鱼锅、长方形鱼锅，完全可以使用该材质。平底锅应当时常镀锡，否则会出现众所周知的糟糕后果：用它制作的法式清汤、酱汁、胶冻等将会变浑并发黑。[11]

清洗工作至关重要：“部分厨房在清洗多种炊具时并不换水，我们可以猛烈批评这种不卫生、不健康的操作习惯。它导致的结果是，水变得混浊油腻，在容器内壁形成一层黑色覆盖物，这种黑色物质几乎不可能被清洗干净。”[12]烹饪场所及器具严格保持卫生，这是“19 世纪烹饪现代性”[13]的主要原则之一。在《烹饪之书》当中，朱尔·古费大声疾呼：“洁净！洁净！所有厨房，无论大小，都应当将这个单词［……］用醒目的大写字母标在门上。”洁净并非新理念，但如今专家给出的建议更加细致明确。厨房地面每周至少用大量清水冲洗一次，平常铺撒一层木屑并每天更换，水槽每天用“黑肥皂”和热水清洗，炉灶每天晚上用相同方式洗净。[14]许多厨房的墙面上铺有一层白色方瓷砖，既增强洁净效果，也便于清洗。

从驯化之火到多头灶具

241 没有炉膛的厨房称不上厨房。19 世纪，壁炉消失，砖砌灶台逐步被现代炉灶取代；火焰失去自由，受到禁锢和控制，从而在节约燃料的同时增加热量。同时代的专业书籍经常谈到木柴的稀少和昂贵：

> 中产阶级厨房里，从一大早开始，就能看到炉膛中有一根木柴摆在后面，还有末端相靠的两根粗木，通常有一根木柴横在中间，所有这些被柴捆围住，以便“开始炖蔬菜牛肉浓汤”。在泛起泡沫之前，浓汤需靠近大火炖一个钟头。上午的一部分时间里，炉火上只有它，仅仅这锅蔬菜牛肉浓汤便要消耗 15 苏的木柴。[15]

以炉灶为主题的论著应运而生，发明家和制造商纷纷在书中展示各自的款式。19 世纪初，卡代-德-沃（Cadet-de-Vaux）“经济型炉灶”问世，作者称该发明能节约家庭开销，为家人提供“多一道出色的菜肴，如‘圆馅饼、切片火腿’”。[16]经济条件一般的家庭，可以选择基础款陶土炉灶，搭配一口带盖炖锅。“中产阶级家庭”的炉灶额外配有白铁材质的厨房用具：“隔层蒸屉”类似扎孔的平底锅，可以“利用蔬菜牛肉浓汤小火慢炖的水蒸气”蒸蔬菜；带柄
242 平底锅；“咖啡壶”可以吸收炉灶辐射出的热量，维持咖啡的温度；

水浴锅中盛有若干品脱的水，它既可以用于做家务，也可用于制作奶油、蛋奶布丁等食物；最后是排骨烤架，作为卡代-德-沃炉灶的制造商兼销售商，阿雷尔（Harel）[17]建议将排骨烤架垂直放置，以便让油脂落在滴油盘中，而不是木炭上。[18]

19 世纪，炉灶不断演变，专业厨师更青睐铸铁灶，炉膛火焰从底部加热金属（烹饪铁盘），烤箱设在下方，可制作焗菜、舒芙蕾、糕点等。[19]阿尔芒·勒伯（Armand Lebault）在 1910 年给出解释，这些器具“使数量众多的格子和容器都能共用同一个炉膛，厨师能同时准备筵席的不同菜肴：浓汤、鱼肉、烤肉、酱汁、蔬菜；不仅如此，炉火还能加热菜盘和餐盘，方便上菜，同时提供沸水，满足多种烹饪需求”。[20]最好的炉灶由砖头和生铁制成，避免全部用生铁而导致太烫。木炭被广泛使用，直到 20 世纪中叶仍是厨师们的首选燃料。[21]

煤气出现在 19 世纪 30—40 年代，[22]尽管它作为照明燃料迅速推广开来，走进厨房却十分艰难。煤气的优势不容忽视：一点即燃，节省时间，易于调节，火焰稳定连续。某些大厨已经认识到这些优点，例如朱尔·古费，他惋惜人们没意识到煤气可以在厨房“大显 243
身手”。[23]二十多年后，于尔班·迪布瓦同样对煤气灶不吝赞美之词：

> 如今在大厨房里，父辈惯用的开放式炉膛已经消失，炭坑也越来越少见，如果烹煮时间久，需要保持持续稳定的微沸状态，厨师必须转而依靠煤气灶。母酱需在煤气灶上熬煮，厨师

> 需不断撇除泡沫，完成去除油脂及杂质的操作。如今在大小厨房都能见到法国传统名菜蔬菜牛肉浓汤，它也要用煤气灶完成，这样做出的浓汤比放在开放式炉膛上的更好，比放在炭坑角落里的更强，因为在煤气的帮助下，我们能得到咕嘟冒泡的稳定微沸状态，这正是所有操作的关键。[24]

从驯化之火逐步衍生出多头灶台，即厨师口中的“炉灶”。例如，将平底锅“放在炉灶角落里”，意味着文火慢炖。容器内唯有一侧沸腾，如果是制作酱汁，“只有靠在火上的那部分冒泡”。[25]控制平底锅远离或靠近炉火，便能控制热度，达到微妙细腻的烹饪效果。古费将“烹煮”（cuisson）与“收汁”（réduction）区别开来，
244 前者需要持续慢火，后者则靠“猛火迅速蒸发水分”。他列出三种主要火型：炖锅之火，尤其温和持续，它形成的稳定沸腾状态是蔬菜牛肉浓汤成功的关键因素；炙烤之火，始终均衡，也就是说每处燃烧程度相同；炉烤之火，烤肉时全程保持猛烈的火势。掌控火焰是厨师不可或缺的能力，尤其每到餐馆的用餐高峰时段，厨房里忙得不可开交之时。后来，当炉灶安装了喷火头，火焰恢复稍许自由。

各司其职、有条不紊的厨房

19 世纪 80 年代，古斯塔夫·加兰写道：“在一户管理得当的人家，如果主厨（chef）承担采买任务，他就要对进入厨房的所有商品负责，对离开厨房的任何物品负责，对厨房里发生的一切负

责。主厨在厨房里拥有绝对权威。部门厨师、助理、杂务工必须非常尊敬他，听从他的指令。人们服从主厨，应当出于礼貌和客气，而非被动或不情愿地顺从。”[26]

对于大厨房而言，主厨是整个厨房团队的领导，团队成员根据各自的技能和分工准备菜肴。每个部门都由一名专门的厨师领导。酱汁厨师是主厨的左膀右臂，如果主厨不在，就由他来 245
代班。

“每天早晨，［酱汁厨师］清点并记录他的煨肉锅、母酱以及做好的酱汁。”[27]他的第一助理在火上搅拌酱汁，其他人负责将蘑菇、土豆等削皮或划槽（用特殊刀具在食物表皮划出小沟槽以起到装饰作用）：将土豆削成匀称的椭圆形，不但造型美观，也便于控制烹煮时间；至于蘑菇，须从最顶端出发，用小刀划出一道道匀称的圆弧槽。酱汁厨师还要确保厨房有足够的黄油面糊和包纸（裹排骨的小纸，裹羊后腿的大纸，俗称“准备排骨包纸”）。他随时可能用到以下物品：面包屑，擦丝奶酪，面包心，焗菜浇头（将面包心过筛，欧芹切碎，奶酪擦丝，拌匀，得到的混合物用于需要焗的食物，如曼特农羊排、填馅的番茄或蘑菇等），装有欧芹碎、大蒜、小洋葱头、洋葱等配菜的餐盘，鳀鱼黄油、龙虾黄油、蒙彼利埃黄油等油类。别忘了还有各类胡椒、藏红花、肉豆蔻、白葡萄酒、红葡萄酒、马德拉葡萄酒、干邑，以及所有“他通常使用的浓汁与罐头”。酱汁厨师的责任并不仅仅是制作酱汁，他同时须负责：所有水煮、煨煮、戳孔调味、填馅的鱼，用于主菜或前菜；其他各式普通前菜和烤串类前菜的配菜；部分开胃菜，“如猪血香肠、家禽脯 246

肉、野味或鱼、油炸肉丸（cromesquis，将禽肉、野味、松露卷在小牛脯肉里，裹上面糊油炸[28]）”，或者炸丸子的材料，以及样式繁多的此类小前菜……

厨房团队中虽然有任务分工，但部门厨师的职能范围时有交叉，可能给工作带来不便。甜食厨师（entremétier）的任务是准备所有浓汤，“乌龟和鱼类的浓汤除外，这些由酱汁厨师完成”。他还负责蔬菜甜食，“但炸土豆除外，它由烤肉厨师（rôtisseur）完成”。用鸡蛋或面团制成的甜味食品，都是由甜食厨师准备，“但需要油炸的甜食除外，他只是预处理，之后交给烤肉厨师完成。如果没有冰淇淋厨师或糕点厨师，需要冷冻的甜食由冷房厨师（chef du garde-manger）制作。果冻、杏仁奶冻、蜜饯布丁同样不在甜食厨师职责范围内”。[29]甜食厨师还需关注式样繁多的各色小配菜、装饰、果泥、圆馅饼、油炸吐司、脆皮馅饼、利口酒、牛奶、奶油等，确保上餐时万无一失。

烤肉厨师负责烤肉扦和各类油炸食品。他的工作很辛苦，需要高度专注，因为肉块大小各异，烹饪时间长短不一。他必须精准判断“每块肉的柔软度和熟度”。如果肉汁太多，他可以把汁水“熬
247 成糖浆状”[30]，用来涂抹烤肉，使其表面亮泽。烤肉厨师手边时刻备有三样东西：澄清黄油，用于“浸湿”裹面包粉的烤肉；欧芹，用于油炸；柠檬，用于搭配鱼肉和野味。他也负责准备大管家风味黄油和鳀鱼黄油，用于搭配“牛排”[31]、猪排、科尔贝煎鳎鱼（sole Colbert）、鲭鱼……他还负责准备于克塞莱风味蘑菇泥（duxelles de champignons）[32]、面包心、面包屑（裹在烤肉表面），“用于摆放食

物的吐司、不同大小的脆皮馅饼”，以及许多其他材料……

冷房厨师是“井井有条的厨房的灵魂人物”，[33]为烤肉厨师提供肉或鱼。他和酱汁厨师都是“主厨的左膀右臂”，来自菜场或供应商的所有货物都要经过他的查验，只有“十分新鲜，品质上乘”，他才会同意收进食品储藏室。加兰认为食品储藏室是厨房的圣所，冷房厨师负责所有家畜、鱼类、家禽、野味的肉，他必须确保交给他保存的任何食物都不变质。为保存食材，他需要用水泥或木材制成的小桶，桶内装满冰块。[34]压平的冰面上铺着一层白布，食材不会直接接触冰块。小桶原则上分为若干格，避免不同食材混合。鱼和肉类放进小桶之前，已经预先处理过：剔除鱼刺等边角料，掏出动物内脏，火烧褪毛，去骨切块等。桶上摆放几块大理石搁板，用于在不接触冰块的前提下存放烹熟或准备好的食物（肉冻、蛋黄酱、 248
馅料、鹅肝酱等），以备使用。

根据不同的团队规模，厨房也可能配有一名糕点厨师（pâtissier）。他负责“准备糕点类甜食，为其他部门厨师提供制作热馅饼、鱼肉香菇馅酥饼、圆馅饼、圆模烤馅饼、一口酥等所需的面皮，有时甚至根据甜食厨师的需要，为其提供各种馅饼皮”。如果甜食厨师任务太多，糕点厨师须分担制作糕点类甜食的任务，“如梅子布丁等各类布丁、米糕，以及其他类似糕点；圆模烤馅饼、各类面皮、蜜饯布丁、果冻蛋糕、果冻等；总而言之，味甘的各类甜食，包括果泥、舒芙蕾和慕斯”。[35]如果没有专职冷饮师，冰淇淋和水果冰糕也由糕点厨师准备；如果厨房没有备膳师（officier），餐后点心也是糕点厨师的职责。备膳师掌管备膳室，独立于厨房。[36]

他的任务同样繁杂，根据加兰记载，备膳师负责“餐后甜点，分为以下几种：奶酪、果泥、果酱、蜜饯、罐头、水果果冻、焦糖裹水果、水果软糖、小舒芙蕾、仿制水果、吹糖蛋糕、冰糖、硬糖、所有糖果、精致糕点、搭配茶或酒的花色小蛋糕，以及各类蛋白糖”。备膳师必须熟悉糖的不同煮法、利口酒的蒸馏法和各类糖浆，同时负责准备茶、咖啡和热巧克力……

249 整套系统的正常运转离不开“小帮手”，也就是助理，他们的任务是根据部门厨师的要求准备食材。[37]他们从早晨开始择菜，将需要在阴凉处存放的食物送去储藏室，同时取来当天要用的食材，捣碎研磨；将菜汤和菜泥研磨过后，用筛子过滤；保持“最大限度的清洁，包括每天使用的桌子和用具，以及所属部门的地面”。他们听令于部门厨师，建立厨房各部门之间的联系，将学徒期间的所学内容付诸实践。与此同时，他们也有自己的帮手，而且在部门厨师的指导下培训这些新学徒。如果厨房助理不知如何完成某项工作，他们会“礼貌”请求部门厨师教会自己“不同的解决办法”。古斯塔夫·加兰建议他们，闲暇时间“在最好的烹饪书籍中学习理论，将来迟早付诸实践；记笔记，写菜单，总之努力自学，深入理解”。加兰也建议他们学习“主厨如何管理整个厨房，部门厨师如何管理各自部门，因为一旦晋升为部门厨师，这将是他们最大的难题”。[38]一整套专业技艺、一整套规则和等级制度，就这样代代相传。古斯塔夫·加兰解释：“团队内部注重礼貌，工作场合必须使用敬称，也就是说每位成员必须虚心保持各自职级。”[39]

第四部分

烹饪艺术的现代性

第十五章

迈向烹饪进步

每一餐既是仪式也是欢宴的旧时光，叫人如何不怀念？曾 253
经我们的法式旧烹饪大放异彩，令美食家喜笑颜开。科摩斯是佳肴与筵席之神，怎能不愉快地抓住每次机会向他献祭？

——奥古斯特·埃斯科菲耶，《烹饪指南》（*Le Guide culinaire*）

适应现代世界

于尔班·迪布瓦在《艺术烹饪》中写道：“在这风云变幻的世纪，人们纷纷追求舒适安逸，烹饪科学必将更受重视，也将日趋完善。［……］不仅如此，一切都在加快它的发展进程：我们这个时
代的科学发现和珍贵食材的充足供应，在为烹饪带来新资源的同 254
时，也赋予了它前所未有的新方法。”[1]

19 世纪最后几十年里，法式烹饪确实处于一个历史转折点。

世界节奏越来越快，它必须适应新的生活方式。奥古斯特·埃斯科菲耶在《烹饪指南》第二版（1907）中表达惋惜：“人的头脑被工业与商业的万千烦恼占据，只能分配有限的精力给美食。”[2] 人们被各种事务缠身，吃饭不再是享受，反而是件苦差事。他们认为坐在餐桌旁边是浪费时间，只求迅速上菜。生活在这个世纪的人，正如保罗·莫朗（Paul Morand）笔下的《匆忙之人》（*L'homme pressé*），“烹饪科学”别无选择，只能通过改变工作方法来满足他们的期待。埃斯科菲耶大厨也很清楚：“如果我们的服务方式不能适应新要求，那我们必须坚决改革。”保持不变的只有产品的完美和菜肴的高品质。来自顾客的压力无可抵挡，厨师们起初也尝试过：“我们寸土必争，但决不轻易让步。”[3] 然而摆盘方式亟待改变，以卡雷姆为首的装饰性料理大师们，曾追求为食客提供视觉享受，但如今不能再像他们构想的那样摆盘。

面对现代社会的迅速演变，一种烹饪艺术新理念开始出现。旧
255 的摆盘太复杂，操作太耗时，但如今“在不降低菜肴质量的前提下”实现它的机会日渐稀少。时间、金钱、布置合理的宽敞空间，谁能同时具备这些条件呢？采用旧方法摆盘，菜肴总会或多或少地冷却，而且和谐的造型仅仅局限于展示时段。埃斯科菲耶写道：“一旦餐厅领班的勺子碰到菜肴，在宾客担忧的目光下，它们便呈现出最糟糕的样貌。”[4] 为避免这样的情况，他建议简化菜肴装饰。首先取消基座，但保留复杂的配菜，即便大量配菜“从美食学角度来看依然是个错误”。[5] 现代社会迫使烹饪经历不可避免的演变，保留配菜算是拒绝彻底让步的一种方式。尽管如此，厨师必须将配菜

元素控制在四种以内。这样一来，无论是实行分餐制，还是互相传递菜盘，上菜都更加容易。但如果采用互相传递的方案，带有配菜的大尺寸菜盘会给宾客和侍者都造成困扰。此外，某些主厨浪费大量时间准备小烤肉扦，在菜肴周围布置配菜，在埃斯科菲耶看来，他们坚持这些旧习惯纯粹是例行公事。

主要的改变思路是，装饰菜肴时舍弃所有不可食用的成分。埃斯科菲耶建议同行们使用一种方形深盘：它在巴黎里兹酒店（Hôtel Ritz）经过试验，后来成为伦敦卡尔顿酒店（Carlton Hotel）长期使用的餐具。它不占地方，里面盛放的食物不易冷却，因为“被盖子紧紧罩住”。盘中的鱼块或肉块靠近它们的配菜互相挨着摆放，因此不会堆叠，“这样一来，菜肴来到最后一位食客眼前时， 256
依然与第一位食客看到的同样诱人。最后，他彻底取消烤面包丁、油纸、盘底装饰配菜、饰边、小烤肉扦，以及旧时上菜所用的笨重罩子”。[6] 方形深盘同样能盛放冷菜，既可以在它周围堆些碎冰，也可以将它摆在冰块上。

新的上菜方法难以推广。由于摆盘极端简化，许多专业人士担心法式烹饪会失去艺术“地位”，沦为一个普普通通的行当。对此，埃斯科菲耶反驳道：“简单与美并不冲突。”厨师仍有许多发挥空间，仅用可食用的材料也能装扮美化菜肴，松露、蘑菇、蛋白、蔬菜、舌头等，它们“可以组合出无数种令人赞叹的摆盘装饰”。[7] 例如，1921 年版的《烹饪指南》介绍了一道“家禽肉冻”：将一只肥小母鸡用清水煮熟后放凉，均匀切块，去皮，浸入“肉冻”酱汁，等待酱汁裹满肉块。取出肉块，放到烤架上静置，接着在每块肉上装点一片漂亮的松露薄片，刷上一层胶冻，令其表面焕发光泽。埃斯科菲耶表示，这种操作方法符合新惯例：

> 过去，厨师们将家禽肉冻摆放在用面包或米饭制作的基座上，并在周围摆放一圈胶冻，穿插一些同样制成肉冻的或者用
> 257 胶冻包裹的肉冠与蘑菇块，用硬脂制成的杯子作为容器。但与旧烹饪的摆盘方法相比，如今人们更喜欢伦敦萨沃伊酒店（Savoy Hotel）在1894年新创的摆盘方式：在方形深盘底部铺上胶冻薄层，等待凝固；将制成肉冻的食物一块一块地摆在胶冻薄层上，加上装饰；将菜肴整体覆盖一层相同的胶冻，等待凝固。上菜时，将盘子嵌在凿好的透明冰块上，或者放在一堆碎冰中间。此番操作可以减少制作胶冻时所需的胶质成分，使得胶冻更加细腻柔软。[8]

豪华酒店，一种新组织的传播媒介

在“美好年代”，高级法餐在“豪华酒店”（palace）大放异彩。从19世纪下半叶开始，这类奢华酒店在欧美各地蓬勃发展起来。得益于新修建的铁路，富人们方便地前往多维尔（Deauville）、卡堡（Cabourg）、勒图凯（Le Touquet）、阿卡雄（Arcachon）、比亚里茨（Biarritz）、戛纳、尼斯（Nice）等地，这些城市从此变成热门度假胜地。另一原因是温泉疗法和海水浴盛行，精英阶层纷纷来

到风景优美的地方养生。旅馆业全体动员起来，为法式生活艺术服务。在地中海沿岸，每年 10 月至次年 5 月为旅游旺季，顾客以来自英国、俄国、美国等国家的外国人为主。有些顾客被称为“冬燕”，每年都会前来居住几个月；有些被称为“过客”，仅停留一到两个 258
季度，接着去往别处度假，消失几年之后，或许会再次出现。[9]

奥古斯特·埃斯科菲耶在此类酒店工作多年，为它们的成功做出了不少贡献。[10]他与豪华酒店的另一位推广者凯撒·里兹（César Ritz）联手。里兹担任蒙特卡洛大酒店（Grand-hôtel de Monte-Carlo）经理期间，二人在那里相遇，从此开启了似乎顺风顺水的长期合作。在他们的管理之下，大量酒店成为代表优雅与美食的胜地，例如，1890 年请埃斯科菲耶担任后厨经理的伦敦萨沃伊酒店。1898 年，两人在巴黎创办里兹酒店，次年在伦敦创办卡尔顿酒店：埃斯科菲耶在那里工作二十余年，直至 20 世纪 20 年代初。埃斯科菲耶从此举世闻名，一时间，全球各地开办的酒店纷纷邀请他和里兹担任顾问，尤其是纽约、费城、匹兹堡、蒙特利尔、布达佩斯、马德里等地的酒店。[11]由此，他成为名副其实的法国烹饪文化大使。

豪华酒店的运营需要大量员工，而且很多时候，员工人数取决于顾客的季节性迁徙。例如，1920 年至 1930 年的夏季，位于勒图凯的艾尔米塔什酒店（Hôtel Ermitage）面临持续两个星期的旺季，为此雇用了从巴黎搭乘火车前来的 300 名服务人员，以及由厨师、伙计、小学徒组成 80 人厨房团队。[12]在萨沃伊和卡尔顿，厨房员工总数在 60 人到 80 人。[13]19 世纪末的豪华酒店里，通常有五个相互

259 独立的部门，分别对应酒店的五处场所：前台、包厢、楼层、餐厅、厨房。[14]每个部门都有各自的主管，负责招聘符合要求的员工。这是一个纪律性强、等级分明的工作系统，服务对象也是高标准、严要求的客户群体。员工分为两类：第一类是“挣小费”的服务人员，他们没有其他报酬，工作中的绝大部分时间与顾客直接接触；第二类是酒店支付固定工资的服务人员，工资或是按月定时发放，或是按季统包价格，他们在幕后工作。两类员工形成互相鄙夷的两个团体，其中抱有最大敌意的当数厨师，服务生在他们眼中只是“奴才”或者“下人”。不仅如此，厨师认为只有自己配得上“手艺人”这一称号，不愿与其他任何人分享。另外，“固定工资”雇员非常骄傲，不但拒绝接受小费，而且会因收到小费而感到冒犯，但他们接受顾客表达谢意的“礼物”。[15]顾客可以通过带有记号的衣服或制服识别“挣小费”的员工，因为其他员工均身着商务装或晚礼服，当然厨师例外。

豪华酒店的运转独具特色，其中之一便是，顾客的晚餐菜单要在当天早晨或白天的某个时间拟定，顾客既可以从推荐菜品中选择，也可以提出特定要求。每当客人点菜完毕，订单被送到厨房并汇总到“总表格”，表上每一项按照类型分栏罗列：浓汤、鱼类、
260 酱汁、甜食、烤肉、糕点、开胃菜、沙拉等，每道菜都标注有用餐的桌号、人数和时间。全部内容汇总完毕后，相关人员制定出厨房各部门的“分表格”。17 点，负责通知的人再次就已经送到厨房的订单做出提醒，同时分表格被转交给各部门，总表格被转交给能看到已经宣读的全部订单的冷房厨师。[16]冷房厨师这时便可以准备好食

材，送给各位部门厨师，以便后者做好准备工作。17 点之后送到厨房的订单会被直接宣读，各部门负责记下与自己相关的内容。开始上菜时，工作人员再次提醒“已经开动”的菜单。一道菜出餐的同时，负责通知的人喊出下一道菜的名字，提醒厨师尽快准备好，确保当客人需要时随时能上菜。埃斯科菲耶写道：“就这样，一支 60 人的厨房团队能为 400 位到 500 位客人提供自由点单服务，在 1—1.5 小时的用餐时间内，他们从容不迫地顺利完成所有菜品，一样不落。”[17]合理的工作安排是快速出餐的保障，它建立在厨房成员相互理解的基础之上。声音扮演极为重要的角色：反复宣读菜名是一种时间管理方法，便于大家调整菜肴的准备时长。初到萨沃伊酒店，埃斯科菲耶立即采用泰勒的科学管理法（Taylorism），将厨房工作体系合理化。在那之后，每位厨师只负责某类操作，而不是一道菜的完整准备过程。以梅耶贝尔荷包蛋（œuf au plat Meyerbeer）为例，按照旧体系的工作方式，厨师单独操作需耗时 15 分钟。[18] 261
1921 年版的《烹饪指南》介绍了这道菜的做法：“用普通方法煮鸡蛋，煮好之后，取一枚绵羊或羔羊的腰子切开烤熟，不裹面包粉，放在蛋黄之间，周围抹一圈细带状的佩里格酱。”如果采用新模式，甜食厨师煮鸡蛋，烤肉厨师烤腰子，酱汁厨师准备松露酱汁，几分钟即可组合得到成品。

烹饪工作的高度合理化，与上菜速度的加快有关。对于主厨而言，食客的满意高于一切，因此必须尽可能减少食客的等待时间，确保菜肴在最佳温度下被享用。这是与卡雷姆完全不同的烹饪艺术新理念，主厨们别无选择，必须向社会发展妥协。可以确定的是，他们并不情愿做出这样的改变，但现实要求他们重新思考自己的职业，以及自己制作的美食。装饰性料理非常耗时，新烹饪更符合消费者的期望，尽管明显能感受到两边阵营的支持者之间关系紧张，法式烹饪仍成功地在提升国际声誉的同时完成现代化。

烹饪进步

19 世纪最后几十年间，为了推进烹饪艺术演变，鼓励厨师之间交流思想，面向专业厨师的期刊陆续问世。其中《烹调艺术》（*L'Art culinaire*）发行量最大，创刊号于 1883 年 1 月与读者见面。
262 该刊的自我定位是“法国厨师学会”（Société des cuisiniers français）[19]机关刊物，“唯一目标是推动烹饪、艺术与科学进步”。阐明办刊宗旨的文章明确表示，他们对于烹饪艺术所取得的特色鲜明的进步深信不疑：[20]

“年复一年，随着时间的推移，一切都在改变，在转化，在提升；我们的味蕾，以及我们为了满足味蕾而采取的方法，同样也在发展。如今，无论是吃还是烹饪，都与过去大相径庭，全新的食材和制作设备已经改变了烹饪艺术的面貌。新烹饪离不开——如果套用人们熟知的表述——新人类和新‘烹饪规则’。”[21]这正是埃斯科菲耶在用餐服务及厨房工作现代化当中致力达成的目标。他确实活跃在大众视野中，尤其是他与《烹调艺术》的合作关系。但是包括该刊创办者在内，众多顶级大厨都参与到这场广泛运动中，埃斯科菲耶只是其中一员。

《烹调艺术》认为，法式烹饪必须进步，但不能将过去全盘推翻。不仅如此，过去应该成为烹饪艺术现代性的驱动力。作为一门永远精益求精的技艺，烹饪的往昔也是它的骄傲，因为前辈们总能在必要时做出变革，有他们作为榜样，今天的厨师将会拥有改变所需的动力。撰稿人写道："在此，我们不想掀起炉灶世界的革命。[……] 对进步和得到真正改善的深切渴望促使我们努力，我们坚信，公众将来会感激我们的付出。"[22] 1907 年，埃斯科菲耶写道： 263
"从烹饪角度来看，我们正处于转型时期，旧方法依然拥有忠实信徒，我们不仅深表理解，内心也赞成他们的想法。"[23]

旧烹饪是厨师前辈代代相传的技艺，人们希望在保留它的前提下，重新构建法式烹饪。1903 年初版的《烹饪指南》全名为《烹饪指南：实用烹饪备忘录》（*Le Guide culinaire aide-mémoire de cuisine pratique*），它便是例证。奥古斯特·埃斯科菲耶写道："我想提供的，与其说是一本书，不如说是一件工具，每位读者可以根据个人观点，建立自己的操作方法。在留给读者自由选择的前提下，我希望确定烹饪工作原则中的传统基础。"《烹饪指南》是他和几位同事合作编纂的成果，他的合作者为菲莱亚斯·吉贝尔（Philéas Gilbert）、E. 费蒂（E. Fétu）、A. 苏桑（A. Suzanne）、B. 勒布尔（B. Reboul）、Ch. 迪耶特里克（Ch. Dietrich）、A. 卡亚（A. Caillat）。该作问世以来获得了巨大成功，不断再版，时至今日依然是厨师圣经。书中囊括"大量被现代菜单淘汰，但名副其实的厨师必须知道的菜肴"。《烹饪指南》面向所有读者，正如书名强调的那样，它是一套可遵循的准则，是一本备忘录。"所以人们不能指责我们先入为主地偏向新方法，我们仅仅是想跟随烹饪艺术的前进步伐，追上我们所处的时代。”[24]该书先从浓汤讲起，分为“清汤、勾芡、蔬菜、外国菜”等类别；接着是冷热开胃菜、酱汁、配菜、蛋、鱼、替换菜和前菜、什锦前菜、冷菜、烤肉、蔬菜、甜食、冰淇淋；再是用餐结束时端上来的“可口小吃”（savourie）或“美味
264 小食”（bonne-bouche），它们必须添加许多卡宴辣椒调味；最后是果泥和果酱。第三版（1912）包含大量增补内容，目录也重新修订过，正文先从酱汁讲起，接着是配菜、浓汤和开胃菜。这并不是无足轻重的改变：它显示出酱汁在法餐中占据着极其重要的位置。

酱汁与配菜

法餐围绕酱汁展开，它的基础和真正重点在于“高汤”（fond de cuisine）。高汤代表法餐的基底，如果离开它，“做不出任何像样的食物，因此［……］对于想要出色完成任务的工匠而言，它是重中之重”。[25]高汤源自一项历史悠久的传统，即17世纪以来不断被改良优化的原汁清汤。但是褐酱被过度使用，导致食物口味趋于一致，再也凸显不出其他香味，“如同味觉的乐谱上所有音符相互叠加，只得到一个平淡乏味的音调”。换言之，卡雷姆定义的“母酱”导致所有菜肴的味道相似。早该采取对策：首先要简化制作流程，其次是根据烹饪的菜肴选择更契合的高汤。“现代烹饪正式定下这条合理的规则，即必须确保肉与酱汁和谐搭配，因此野味必须搭配由野味制成的酱汁和高汤，或者味道中性的高汤，而不能采用

由家畜肉类制作的高汤。”[26]如此一来，高汤口味更淡，菜肴中主要 265
食材的原味得以保留。鱼类同理：先取出鱼肉部分，在剩下的鱼刺和边角料中加入香料配菜（洋葱、欧芹茎干、蘑菇皮、柠檬汁）、适量的水和白葡萄酒，制成鱼高汤，用于调配鱼肉的酱汁。

肉高汤（fond）和鱼高汤（fumet）都是无芡汁的液体，加入其他成分稠化之后，变成“基础母酱”。最常用的增稠手段是添加黄油面糊，它由几乎等比例的澄清黄油和面粉制成。黄油面糊分为三种颜色：褐色、金黄、白色。然而矛盾的是，高汤的演变增加了“母酱”类型，制作酱汁的基底更加多样，于是发展出新的“子酱”，接着以它们为起点，进一步产生更多酱汁。[27]在此过程中，酱汁的种类继续增加，已经超出卡雷姆当初推广的体系。

为了理解这一过程，我们试举一例——以鱼类天鹅绒酱为基底的“诺曼底酱”（sauce normande）[28]，其做法是用白色黄油面糊将鳎鱼高汤稠化，加入蘑菇浓汁和牡蛎汁，接着用蛋黄和奶油勾芡，再加入黄油。鳎鱼天鹅绒酱可以转化为至少六种新酱汁：加入龙虾浓汁，配上松露丁和龙虾，得到外交官酱（Diplomate）；配上胡萝卜丁、松露和芹菜，得到苏格兰酱（Écossaise）；加入浓缩后的白
葡萄酒、蘑菇皮、松露皮，以及适量松露浓汁，得到摄政酱 266
（Régence）；用鳀鱼黄油打发，配上鳀鱼丁，得到鳀鱼酱（Anchois）；加入牡蛎浓汁，配上清理干净、沸水煮过的牡蛎，得到牡蛎酱（Huître）；加入蒂罗尔酱（Tyrolienne），即食用油打发的修隆酱（Choron）——加了番茄的伯那西酱（Béarnaise），以及“金黄肉釉”和鳀鱼浓汁，得到韦龙酱（Véron）。

现代烹饪打着简化的旗号，反而变得比旧烹饪更复杂。这一现象尤其体现在配菜上，因为“配菜内容必须始终与它搭配的元素或菜品直接相关”。[29]根据 1921 年版《烹饪指南》，配菜“美食家”（gastronome）做法如下：20 颗漂亮的栗子去壳，在法式清汤中煮熟，接着裹上糖面，变得像小洋葱一样；10 粒中等大小的松露，放入香槟中煮熟；20 颗漂亮的公鸡睾丸，涂上金黄肉釉；10 枚大羊肚菌，沿长边对半切开，用黄油煎。“美食家”配菜可以搭配“家畜和家禽的肉块”，佐以“松露浓汁多蜜酱”。配菜名称取决于内容，因此厨师能够做出叫法相似的多种菜肴，例如，他可以为宴客带来一系列搭配“美食家”配菜的肉食：“美食家”阉鸡、“美食家”鸭肉、“美食家”野鸡、“美食家”火鸡、“美食家”菲力牛
267 排、“美食家”小牛腿肉等。[30]这种操作看似留给厨师一定自由度，但配菜成分自规定之后不可变更。名称中带有城市、大区或地方名字的菜式也固定不变，如“普罗旺斯”配菜（à la provençale）包含去皮小番茄、于克塞莱风味蘑菇泥、少量大蒜或蒜香番茄酱，以及去核橄榄。[31]

这套烹饪语言体系在 17 世纪初现雏形，于 19 世纪开始确立。它将厨师的技艺与手法梳理清晰，也是法式烹饪演变的表现之一。它为初学者提供必要的方位标，既方便他们学习，又不妨碍他们创造新方法。然而随着菜式名称的膨胀式加长，人们不免感到困惑，因此美食学作家 T. H. 格兰瓜尔（T. H. Gringoire）和大厨路易·索尼耶（Louis Saulnier）决定出版《料理汇编》（*Le Répertoire de la cuisine*, 1914）。这是一本非常实用的口袋小书，直到今天仍被广泛

使用，它包含约7000份菜谱，每一份精简到寥寥数语或几行字。它的主要目标读者是厨师，因为他们记不住所有菜式名称。作者也希望借此保留现存的菜式。

“事实上，每天都有厨师创造新菜名，虽然是出于好意，但他们的‘新菜’早已存在，徒增一个名称而已。同样，每天都有厨师使用已经‘注册’的菜名，但做出的菜肴不符合名称代表的内容。这些是很严重的错误，所有认识到自身使命的厨师都应当和我们一
起反对这些行为，因为这类错误必将导致烹饪艺术走向衰落，厨艺 268
大师们辛苦创建的科学将毁于一旦，他们的努力也将功亏一篑。”[32]
烹饪语言得到保护，烹饪也是。但与此同时建立起的一种正统观念，逐渐阻碍任何演变的发生。

第十六章

地方美食收获认可与成功

269 [……] 洛林咸挞、佩里戈尔鹅肝、马赛鱼汤、昂热小牛腿肉、萨瓦红酒炖野味、多菲内奶油焗土豆，这些美食当中蕴藏着法兰西全部的精致与丰富、全部的精神、全部的欢乐、掩藏在魅力之下的全部的严谨、对自在亲密的全部的喜好、全部的狡黠与沉稳、全部的节俭与惬意、全部的富饶资源、肥沃土壤上的全部灵魂。经过人们的耕作，法兰西大地物产丰富：芳香的奶油，雪白的家禽，纤嫩的蔬菜，多汁的水果，美味的家畜，纯净、柔和、热烈的葡萄酒，处处体现着神灵的眷顾。

——马塞尔·鲁夫，《美食家多丹-布方的人生和嗜好》

何为地方美食？

270 近几十年来，“乡土”美食倍受推崇。法国各地乐于宣扬当地特色菜肴，推举其作为各自的文化遗产和身份标志。地方旅游局将当地美食资源作为宣传重点，食品加工业也将其作为营销对象，超市货架上摆满当地产品及特色菜，让担心“餐盘工业化”[1] 的消费者放心采购。一项针对“明日餐饮业”的研究显示，在参与调查的所有主厨当中，63% 的受访者相信地方烹饪或许才是法国美食的未来。[2]

地方美食取得的成功无可争议，这使烹饪这项一直以来被认为是古老遗产的实践变得和人们设想的那般美好，“地方美食”这一新概念得以永存。究竟该如何定义“地方美食”？它只表示当地的特色菜，抑或是当地的饮食习惯，还是表示“用以同周边地区区分开来的、当地特有的烹饪方式与饮食口味体系”[3]？

谈起地方美食，就是有意或无意地指向地区——凭借自然、人文、历史等特征与其他任何实体地域相区分的占据一定面积的特定空间。“地区”（région）在不同时代的词义也不尽相同。18 世纪下半叶，狄德罗和达朗贝尔主编的《百科全书》将其定义为“拥有边界的广大土地［……］同一国家（nation）[4] 的多个民族毗邻而居”。与之相呼应的是构成一个国家的有界疆域（territoire），它由 271
“依据族群划分的更小地区”组成。因此，“由于存在勃艮第人、香槟人、皮卡第人等称呼，出现了勃艮第、香槟、皮卡第等地区”。《百科全书》进一步指出，面积较小的地区继续细分为更小一级的“地方”（pays），例如，位于诺曼底的科地区。旧制度下的行省（province）与如今的省（département）并不对应，在 20 世纪的最后几十年里，后者基于一定的相关性组成不同的行政大区（région

administrative）。这些次级地域在时间和空间中相互交错，体现了地理、文化、政治等层面的边界变动，因此一道特色菜肴或某种特定饮食习惯没有明确的空间界线。面对复杂多变的行政区划，人们更倾向使用“乡土”（terroir）这一概念，它是内涵更精简的实体，“与土地有关，关注土地与农业之间关系”，[5] 代指被一个村庄或农村群体开垦的地域，强调人类与其栖居的土地之间的关系。一种产品可以成为某一地域的代表，酒便是一个很好的例子。那么，地方美食也具有这一代表性吗？1926 年出版的《拉鲁斯家庭词典》（*Larousse Ménager*）指出，“人类族群的美食资源直接取决于土壤的产能”。但如果土壤贫瘠，当地美食也不会丰富。

> 在美食方面，佩里戈尔与布列塔尼有可比性吗？一边是丰富的禽类、蔬菜、松露、菌菇、葡萄酒，另一边则是绿植稀少的花岗岩地质，无法为人或动物提供食物。一边的居民品尝着
> 272 鹅肝、无骨烤鸡、野味馅饼，开怀畅饮葡萄酒，另一边的餐食却是简单粗糙的荞麦粥和几块可丽饼，饮料只有寡淡的苹果酒。佩里戈尔土壤肥沃，布列塔尼土地贫瘠。[6]

地方食物或许也取决于当地居民能接触到的食材。科西嘉岛（Corse）的居民可以利用丛林里的百里香和迷迭香等香料植物、猪肉和奶酪等畜牧业产品、野味和鱼类等自然资源。[7] 栗子是当地农民的主要口粮。冬天，人们将栗子晒干，在来年春天把它们磨成粉，制成多种多样的菜肴：“波伦塔”（polenta）；“布里欧利”

(brilloli)，一种用羊奶和栗子制成的很软的糊状食物；“圆馅饼”，一种用浸泡过橄榄油的栗子粉制成的烤馅饼。[8] 栗子粉也用于制作每周的面包，栗子树堪称科西嘉岛的“面包树”。[9]

上述饮食习惯源自“对于果腹的追求，符合平民阶层的口味”，与之相反的是追求“自由”的中产阶级口味。[10] 我们是否能得出结论，认为地区美食最初仅仅为了果腹？这种观点忽视了烹饪实践的文化意义，烹饪活动历经岁月洗礼，形成固定不变的步骤，烹饪者能从中辨识出自己所属群体的特征。地区身份不仅指向一方水土，它之所以能被构建，同样基于差异，基于对饮食特征的意识，基于他者对一种美食学地方主义的认可。除此之外，将本地的产品和菜谱与其他文化相比较，此类交流也是构建地区身份的基础。“博洛尼亚（Bologna）的意式肉肠（mortadelle）唯有离开原本生产范围时才获得身份认可”，[11] 它也反过来成为博洛尼亚地区身份的组成元素。 273

形成一种认可

将菜谱编纂成书，也有助于烹饪地方意识的觉醒。中世纪已有菜谱合集介绍“地方”特色菜，如“萨瓦羹”与“普瓦捷酱”。[12] 农学专著也提到一些名声在外的土特产，例如，皮埃尔·贝隆在 16 世纪中叶这样写道，“油脂丰富的勒芒肥阉鸡备受追捧，其肉质细嫩，深受法兰西王国各地民众喜爱”。[13] 但直到 18 世纪末 19 世纪初，才出现最早的归纳梳理属于同一群体的菜谱合集。[14] 1798 年，《日内瓦女厨师》（*La Cuisinière de Genève*）在当时属于法国的日内瓦市出版；1811 年，《上莱茵省女厨师》（*La Cuisinière du Haut-Rhin*）在米卢斯（Mulhouse）出版，后被译为法文。上述两地均为特征鲜明的边境地区。19 世纪 30 年代，法国南部也拥有两部菜谱合集，首先是在尼姆（Nîmes）出版的《厨师迪朗》（*Le Cuisinier Durand*，1830），书中写道："我们法国有南北两大菜系，迄今为止的书籍几乎仅讨论北方菜系，南法一直在期盼属于它的著作，如今终于出现。"其次是在阿维尼翁出版的《南法厨师：普罗旺斯与朗格多克烹饪法》（*Le Cuisinier méridional d'après la méthode provençale et languedocienne*，
274 1835）。[15]19 世纪，几乎所有法国大区都撰写了专属于当地的菜谱文献，"此处仅列举最早几部作品"：《加斯科涅厨师》（*Le Cuisinier gascon*，1858）、阿尔弗雷德·孔图尔（Alfred Contour）的《勃艮第厨师》（*Le Cuisinier bourguignon*，1891）、《朗德厨师》（*Le Cuisinier landais*，1893）。[16]与此同时，某些以地区命名的菜谱成为全国通行的标准，以红酒炖野兔为例："普罗旺斯风味"用到橄榄油和大蒜，以及欧百里香、罗勒、墨角兰等香料；"里昂风味"则要搭配"法式清汤中焖煮之后裹上糖"[17]的栗子。

人们很快得出结论：各大区的烹饪特色向来存在。但这其实抹杀了烹饪实践在时间和空间中的变化性，忽视了其他因素的影响，例如，美国蔬菜的引进。没有土豆还怎么做多菲内奶油焗土豆？没有番茄还怎么做普罗旺斯菜肴？人们经常因为一道菜肴的起源争论不休，声称它来自自己的家乡。卡斯泰尔诺达里（Castelnaudary）、卡尔卡松（Carcassonne）、图卢兹都自称是法国什锦砂锅

（cassoulet）的发源地，对于一部分人而言，唯有卡斯泰尔诺达里的什锦砂锅最“正宗”。[18]但另一部分人，包括约瑟夫·法夫尔在内，则认可三地起源说。在19世纪末争论最激烈时，他们试图平息人们的论战。1938年版《拉鲁斯美食词典》（*Larousse gastronomique*）确认这道精美菜肴有三种制作方式，并且三份菜谱使用的基础肉类一致（新鲜猪肉、火腿、猪腿肉、腊肠、新鲜猪肉皮）[19]，区别在于采用的其他肉类：卡尔卡松版本使用羊后腿和当季山鹑；图卢兹版本使用“猪胸口油”、图卢兹香肠、羊肉（颈或胸）、油封鹅或油封鸭。这些 275
无用的争论催生出各地的沙文主义敏感心态，由此可见，地方美食身份能在彼此对立的同时得以确立。

20世纪初，大量“盛赞法国各大区烹饪财富”的著作在巴黎出版：庞比勒（Pampille）的《法国佳肴》（*Les Bons plats de France*，1913）、奥斯汀·德·克罗兹（Austin de Croze）的《法国大区特色菜》（*Les Plats régionaux de France*，1928），以及科农斯基（Curnonsky）与克罗兹合著的《法国美食宝典》（*Le Trésor gastronomique de France*，1933）。[20]最后一书介绍了32个省份的特色美食，两位作者尤其推崇文化特征鲜明的旧省。[21]科农斯基认为，每个省的“烹饪才华几乎总是集中体现在一道经过数年甚至数个世纪反复试验才最终形成的地方特色菜上”。[22]1923年和1924年的巴黎秋季艺术沙龙（Salon d'automne de Paris）期间，外省大厨们“备受推崇，被誉为美好传统的守护者”。[23]借此契机，人们在1923年成立地方美食家协会（Association des gastronomes régionalistes），发起一场支持“餐桌地方主义”的运动，因为地方美食象征着“我们祖国令人赞叹的多样性”，[24]是法国烹饪价值观的捍卫者。人们对“地方美食复兴”[25]津津乐道，认为地方美食与巴黎或上流社会度假村的那些豪华酒店和时髦餐馆提供的食物完全不同，那里的菜肴已经“退化、工业化、面目全非”。如今的烹饪越来越没有国家特色，如同化学实验一般，缺
276 少个性和原创性，奥斯汀·德·克罗兹在其著作《餐桌心理学》（*La Psychologie de la table*）中表达了此种遗憾，[26]称“真令人惋惜，［……］上流人士来到蓝色海岸（Côte d'Azur）的豪华酒店过冬，对于近在咫尺且味道绝佳的［普罗旺斯］菜肴却毫不知情”。[27]

地区美食支持者认为，全球各地的豪华酒店制作的高级料理已经无法代表法国美食。他们甚至建议“我们美丽外省的厨师、餐馆经营者和旅馆老板”别再复制高级料理，而是更多使用当地食材，以及主妇和奶奶们的“老菜谱”，当中没有“褐酱、阿勒曼德酱、天鹅绒酱、多蜜酱，也没有煨肉锅，或者一年到头腻在火上的烤肉汁”，却能呈现出可口的美食。[28]高级法餐令食客的胃感到疲惫，巴黎不再是美食创造中心，烹饪雅各宾主义走到尽头。“某某煎蛋卷或者某某炒鸡蛋配上本地蘑菇，足以媲美巴黎高级餐馆菜单上的一道奢侈前菜，后者往往价格昂贵，制作过程复杂。”[29]从此以后，烹饪灵感来自法兰西的深厚土壤，来自多姿多彩的各大区。这是一场实实在在的复兴运动，是20世纪70—80年代烹饪新“革命”的前奏。

里昂“大妈”的成功

如果没有“大妈”们，我们今天还能谈论里昂烹饪的美名吗？

显而易见，这些女厨师对里昂市及其所属大区的卓越烹饪水准做出 277
了贡献。然而令她们与众不同的是，她们的影响力不局限于当地，她们的烹饪水平之高以至获得了国际声誉。女厨师们首次将法餐推上荣耀巅峰。“大妈”这个称呼很有来头，这些精力充沛的厨娘最初的顾客主要是经济条件一般的独居男性，因为里昂居住着大量丝绸工人，他们在厨娘身上看到了保护、喂养他们的母亲形象；“大妈”这一外号也让人想起法国手工业行会（Tour de France du compagnonnage）和那时的小旅馆：会员们称小旅馆为“家”，在那里给大伙做饭的女厨师被亲切地唤作“会员妈妈”。

里昂“大妈”不再是中产阶级家庭的用人，而是经营着自己的餐馆。[30]1938 年版《拉鲁斯美食词典》并未提到她们，然而当时正是“大妈”的黄金时代。1996 年版《拉鲁斯美食词典》对里昂“大妈”的解释为“女厨师，待客时往往有真性情，不刻意迎合客人，提供的菜品有限，但每一样都做到极致。她们使得里昂美食声名远扬，为该地区最杰出的厨师开辟先路，例如，费尔南·普安（Fernand Point）、保罗·博古斯（Paul Bocuse）、阿兰·沙佩尔（Alain Chapel），这几位名厨都曾在她们手下学过一段时间”。

名声最大的当属菲尤大妈（Mère Fillioux）和布拉齐耶大妈（Mère Brazier）。20 世纪初，菲尤大妈名声远扬，吸引美食界众多名流来到她那不起眼的餐馆。开胃菜主要有火腿、腊肠、肉冻，顾
客还能吃到“干酪丝焗可内乐佐螯虾黄油”、“洋蓟芯佐松露鹅肝 278
酱”、“美式龙虾”、狩猎季节捕获的野味和甜点“杏仁巧克力冰淇淋”。不过菲尤大妈的招牌菜其实是“肥小母鸡嵌松露”。首先

“选择一只品相好的小母鸡，最好产自卢昂（Louhans），肥美鲜嫩，重约1800克，将松露切成薄片塞进皮下”。[31]将整只鸡用细布裹好，用绳子轻轻捆住，准备一锅韭葱胡萝卜炖小牛腿肉汤，将小母鸡放进去煮15分钟，随后让它在汤中静置20分钟焖熟，出锅时加一撮粗盐调味。这道菜成功的关键在于，15来只家禽放在一起煮，每只都能有无与伦比的美味。菲尤大妈会亲自到餐桌旁切肉，仪式感十足。据传，她曾经言辞激烈地反驳《晨报》（*Le Matin*）的经理，因为后者“竟敢指责店主大妈的绝妙天赋：您切肉时就跟泥瓦匠似的”。[32]

起初，布拉齐耶大妈在菲尤大妈的餐馆工作过一段时间，20世纪20年代初期，她自己在里昂皇家路（Rue Royale）开店，很快获得众人赞誉。科农斯基和马塞尔·鲁夫在他们编写的《美味法国》（*France gastronomique*，1925）当中推荐布拉齐耶大妈的餐馆：可内乐“多么轻盈，难以捉摸，细腻甘美”。“还有一件出人意料的杰作等着我们：沙拉。我们的菜单并不常给这些简单低调的菜叶子留出一席之地，但这回不同！布拉齐耶大妈的一双巧手将它变成
279 一道菜肴，一道名副其实的菜肴，而且美味至极。家禽的肉汁和肝脏与洋葱、小洋葱头等其他清淡作料的味道叠加。”[33]爱德华·埃里奥（Édouard Herriot）是她的忠实顾客之一。

从玛琳·黛德丽（Marlene Dietrich）到夏尔·戴高乐，布拉齐耶大妈的店铺常有名人光顾，[34]尤其是她把皇家路的餐馆留给儿子后，自己又在距离里昂约20公里的卢埃山口（Col de la Luère）开的新店。自1946年起，保罗·博古斯在她的店里做了三年学徒，

自称学到了“简单却不容易完成的菜肴”，[35]养成了严格要求食材品质的习惯。他认为虽然店里的菜品种类少，但每道菜都做到了极致。布拉齐耶大妈传承并改良了菲尤大妈的许多菜品，布拉齐耶大妈说道：“她（菲尤大妈）的拿手好菜是肥小母鸡嵌松露，而且她做得十分用心。但是她简化了奶油酱仔鸡的烹饪步骤，首先将鸡煮熟，像制作可内乐酱汁那样往白酱里加入奶油和蘑菇，浇在煮熟的整鸡上，放进烤箱烤，随即端上餐桌。[……] 她做的洋蓟芯佐松露鹅肝酱是热菜，我虽然保留了这道菜，但总是把它做成冷盘。我认为高温会破坏鹅肝酱的风味。”[36]布拉齐耶大妈店里最简单的平价套餐包含佩里戈尔洋蓟芯、干酪丝焗可内乐、肥小母鸡嵌松露、奶酪、香草冰淇淋配热巧克力和布雷斯饼。另一套价格不同的套餐包括洋蓟芯佐鹅肝酱、龙虾佐白兰地奶油酱、肥小母鸡嵌松露、奶酪拼盘和各色甜点。在其他套餐里面还能找到香贝丹红酒风味大菱鲆、鲑鱼舒芙蕾、夏洛莱罗西尼牛排等。博古斯认为，这是“一种 280
简单质朴的烹饪方式，精确但毫不做作”。1933 年，成功如约而至，布拉齐耶大妈的烹饪技艺获得《米其林指南》（*Guide Michelin*）评定的最高荣誉：米其林三星。

温柔法兰西

地方美食能够飞速发展，离不开“旅游与美食的神圣联盟”。[37]两次世界大战期间，汽车问世，公路与铁路交通形成竞争，人们可以通过公路探索全国。加斯东·德里斯（Gaston Derys）在《法国优秀餐厅便览》（*Indicateur des bons restaurants de France*，1932）中表示，法国“值得一看的不仅有博物馆、宫殿、城堡、教堂，对于有品位的人而言，法国之旅也可以是不断令人耳目一新的精品美食探索之旅”。[38]人们不再局限于游览名胜古迹，欣赏自然美景，也会探寻法兰西的美食珍宝。自驾旅行的美食家随身携带的手册，为其提供相关信息和游览建议，推荐特色美食和餐饮住宿场所。从20世纪30年代开始，[39]特色美食成为《蓝色旅游指南》（*Guide bleu*）整个系列的重点。1926年，著名的《米其林指南》向46家地方餐厅授予第一批“优秀餐厅”星级称号。[40]星级评定体系形成于前一
281 年：[41]一星代表“当地优秀餐厅”；二星代表“杰出餐厅，值得绕路前往”；三星代表“法国最好的餐厅之一，值得专程前往”。[42]《米其林指南》的美食部分促成了地方菜肴的成功，“巴黎—里昂—地中海”[43]轴线上的某些餐厅成为美食新圣地。

1936年，拥有三星的外省餐厅如下：费尔南·普安的位于维埃纳（Vienne）的餐馆，招牌菜有干酪丝焗螯虾尾、填馅罗讷河鳟鱼、膀胱鸡等；亚历山大·杜迈纳（Alexandre Dumaine）的位于索略（Saulieu）的餐馆，招牌菜有奶油莫尔旺火腿、红烧鳟鱼[44]、勃艮第公爵小母鸡等；安德烈·皮克（André Pic）的位于圣佩雷（Saint-Péray）的餐馆，招牌菜是黎塞留猪血肠佐螯虾酱；布拉齐耶大妈的分别位于卢埃山口和里昂的两家餐馆；居伊大妈（Mère Guy）的餐馆；弗朗科特餐馆（Francotte）。此外，还有位于比尔坦（Burtin）的马孔餐馆（Mâcon）、位于罗阿讷（Roanne）附近布瓦西（Boisy）的雅克·科尔堡餐馆（Château Jacques Cœur）、位于拉

马斯特尔（Lamastre）的南方宾馆餐厅（Midi）、位于安省（Ain）普里艾（Priay）的布尔乔亚餐馆（Bourgeois）、位于安纳西（Annecy）附近的隐居餐馆（Ermitage），以及位于波尔多的极味鸡餐馆（Chapon fin）。首都也不逊色，7 家巴黎餐馆同样享此最高荣誉。[45]

这便是餐桌上的法国，它是夏尔·特雷内（Charles Trenet）珍视的“温柔法兰西”，是我们的美食“文化遗产”。它在餐桌文化多样性的基础上形成国家统一性，巴黎厨师互助会会刊《美食评论》（*La Revue culinaire*）自 1928 年 5 月起刊登的“法国美食地图”[46]也是它的象征。作为法餐的组成部分，1938 年版《拉鲁斯美 282
食词典》表示，“以地方命名的菜肴并不总是当地正宗或独有的”，尽管如此，每一名法国人仍然能在地方烹饪环境中找到自己的归属感。

第十七章

“新浪潮”

283 无论在法国还是在其他国家，有餐厅新获米其林三星是举国关注的大事件。作为社会习俗的观察者，我必须指出这一现象。但它仅仅是泡沫，与浪潮的汹涌澎湃毫不相干，而且浪潮之下所隐藏的远非泡沫那么简单。浪潮，就是将完整的美食呈现打碎。

——让-保罗·阿龙，《论结冰：文化领域的一般探讨与烹饪领域的个别探讨》

(Jean-Paul Aron, *De la Glaciation dans la culture en général et dans la cuisine en particulier*)

初见端倪

奥古斯特·埃斯科菲耶“定下永久法则，后人只是盲目遵从，偶有人显露才华，但更多的是彻底的平庸者”。[1]1976 年，两位记者

无意中写下这些文字，他们便是亨利·戈（Henri Gault）和克里斯 284
蒂安·米约（Christian Millau）。19 世纪末 20 世纪初得以发展的法式餐饮在后续很长时间里影响着法国的烹饪实践及思想。久而久之，知识与术语通过专著固定下来，反过来禁锢专业厨师。在传统的束缚下，他们因循守旧，再也无法突破。

数代厨师将《烹饪指南》奉为圭臬，法国烹饪界陷入舒适圈，麻木迟钝，革新成了禁忌。20 世纪 20—30 年代，地方美食的成功对退化落后的国际酒店美食形成冲击，后者不再被视为法国烹饪价值观的代表，然而随后的动荡时局与战争使这一趋势戛然而止。尽管如此，法国解放后，几位业界先驱展示出不同于前人的远见。根据大厨安德烈·吉约（André Guillot）本人的说法，1947 年后，他不再使用黄油面糊勾芡酱汁，而是完成一系列收汁操作。他放弃其他厨师仍长期使用的褐酱，推出新式套餐。该套餐只包含一道主菜，“主菜前是一道美味可口、别出心裁的小菜，主菜后是一道易消化的甜点”。[2]雷蒙·奥利弗（Raymond Oliver）从 1948 年开始在大维富餐厅（Le Grand Véfour）工作，他认为战后时期“根本无需绞尽脑汁就能满足顾客，高级法餐对大多数人而言可以简单概括为三道珍馐：阿尔摩里克风味龙虾、螯虾佐蛋黄酱，以及……夏多布
里昂牛排！［……］令人垂涎欲滴的除了昂贵食材，还有长时间未 285
能吃到的肉类”。[3]此外，在开店之初，他就采用“大尺寸”菜单。但是奥利弗的策略仅获得短暂成功，因为巴黎的顾客们开始追求其他东西。这促使他思考一种烹饪新理念。

1955 年，雷蒙·奥利弗的专著《烹饪的艺术与魔法》（*Art et*

magie de la cuisine）出版，他在书中解释了自己的烹饪艺术观点。他认为自己并非先驱，而是一名不务正业、愿意思考新时代和新口味的“解放者”。“我从传统烹饪出发，试图将烹饪变成一项个人艺术，也就是说将专属于我的东西带到烹饪当中。”[4] 有些厨师指责他是法国烹饪界的异端分子，是传统的掘墓人，他则劝说这些人挣脱“刻板规定，以免被它抑制灵感、扼杀想象，进而失去创造的可能性”。因为烹饪艺术并非静止的，必须不断对其加以完善。

烹饪的确未曾停止演变。奥利弗认为，人工制冷技术的发明是一场重大变革，带来了“烹饪艺术的了不起的转折点”。20 世纪上半叶，人工制冷开始在厨房里普及。从那之后，大厨们能够使用品质得以完全保留下来的新鲜食材，逐渐放弃腌货和醋渍食物，毕竟它们严重掩盖了食材的本味。这项科技创新催生出更健康、更尊重食材的烹饪方式。

奥利弗推崇的那种朴实无华的烹饪艺术，围绕唯一主菜展开：被德国占领期间，因为形势所迫，已经发展出一餐只含一道主菜的原则。[5] 他在主菜之前准备一道“开胃菜”，如螯虾沙拉、海螯虾烩
286 肉块、炸蛤蜊，目的是唤醒食客的味蕾，让其耐心等待主菜。制作唯一主菜成为厨师的新挑战，从那以后，人们不再基于一整套菜评价厨师，而是依据那道主菜的出色程度。奥利弗不但于 1953 年成为米其林三星厨师，还因为一档电视节目家喻户晓：十四年间，在主持人卡特琳·朗热（Catherine Langeais）的陪同下，他每周都在电视上介绍一道菜。他简化高级法餐，将以往只在厨房中传授的操作技能呈现在节目里，常令观众惊叹不已。人们指责他“使法式烹

饪平庸化”，对此他用另一种说法来回应：他试图将高贵的法式烹饪平民化。[6] 奥利弗开启了大厨成为电视明星的潮流，通过这种新兴媒介，他们走进千家万户的厨房。

烹饪艺术必须独立存在

20 世纪 60 年代，法国烹饪界仍然保持因循守旧的风气。《米其林指南》扮演“美食文化要塞”的角色。[7] 大量法国人查阅这本年刊，当中有餐厅介绍、联络地址、休息日、几样菜名，以及米其林星级（如有）。在戈和米约看来，米其林投射出一个“极端中产阶级的、非常过时的传统美食学形象”，星级标准反映的不是“真实的法国，而是一个官方、传统、固化的法国”。三星餐厅是“美 287
食的圣殿，门口站着穿制服的服务员，室内按照路易十五时期的风格装饰，那里既有统筹全场的餐厅领班，也有装置蛋糕之类的复杂菜肴”；二星餐厅是“显贵的王国，属于庄重的中产阶级，这些人不喜欢豪华，锻铁材质更让他们心安，享用甜点时会解开腰带”；一星餐厅是“小小的出色店铺，各方面都像模像样，做事方式不流于庸俗［……］属于行为得体、体面、有身份的法国人，他们在周日会全家外出用餐，尽管价格略高”。[8] 戈和米约写道，从这一角度来看，“烹饪水准是必要条件，而非充分条件”。表面上讲，星级是对烹饪技艺本身的嘉奖，然而事实上，与食物不相干的因素也会影响星级评定：“餐厅装饰、舒适程度、整体风格，以及顾客的财富水平。”

戈和米约在1960年供职于《巴黎通讯报》（*Paris-Presse*），随后创办了自己的杂志，以及用两人名字命名的美食指南。他们敢说敢写，毫不客气，招来一些人的反感。起初，厨师们对两人提出的批评感到抵触。接着，所谓的“美食”刊物也难逃他们的毒舌。两人无情嘲笑它们的“如同奶油酱汁一般拖泥带水的文风”，讥讽那些专栏记者“不由自主地用滑稽语气”讲述“肥胖的、易患卒中的先生们的盛宴”。他们声称，当下的美食学界只会“拉帮结派，商业互捧，博人眼球”，“美食家是装模作样的学究们捏造出来的概念”。[9]

288 传奇二人组另辟蹊径，提出一种全新的“美食学”：美食并非教条，而是“一种理应正常探讨的享受”。他们认为，德尼（Denis）这样名不见经传的餐厅，完全有资格与大名鼎鼎的拉塞尔餐厅（Lasserre）相提并论；一位老奶奶开在圣马丁门（Porte Saint-Martin）附近的小餐馆，也不见得逊色于一家满是丝绒与铜器的大餐厅。凭什么一份兔背脊肉“因为在油布桌面上食用，味道就会逊色？凭什么小餐馆的厨艺才能一定比不上高档餐厅?”展现烹饪艺术并不需要夸张的排场。

1973年3月，为了继续去除高档餐厅的光环，戈和米约在自己的杂志上刊登了一篇关于郊区餐厅的文章，标题为《新城以西》（À l'ouest du nouveau）。[10]他们的研究范围并非塞纳河畔讷伊（Neuilly-sur-Seine），而是克利希（Clichy）、库尔贝瓦（Courbevoie）、拉加雷讷-科隆布（La Garenne-Colombes）、勒瓦卢瓦-佩雷（Levallois-Perret）、皮托（Puteaux）、阿涅尔（Asnières）……“令我们震惊的是［……］在这片郊区涌现出一大批小餐馆，其中多数不为巴黎人所知。我们感觉在最不起眼的地方，或许就有身份低调、才华横溢的厨师，一旦将他们发掘出来，巴黎的美食地图将会焕然一新。”米歇尔·盖拉尔（Michel Guérard）的店就开在阿涅尔，它被称为“全世界最好的郊区餐厅”。主厨为客人提供“令人惊叹的菜肴，他富于创造，推陈出新，做出的美食精致考究”，有“新鲜四季豆鹅肝酱沙拉”“青胡椒乳鸭肉片”“禽肉配黄瓜”“干草火腿”“梨子千层酥”，以及主厨的拿手菜“蔬菜牛肉浓汤”。在 289
克利希门（Porte Clichy），克洛德·韦尔热（Claude Verger）同样吸引巴黎名流前来品尝“兔肉炖萝卜”“虾仁沙拉”“红鲻鱼慕斯配螯虾酱”等。菜品成功与否并不取决于食客所处的环境，而是要看准备它的大厨有多少才华。烹饪艺术必须独立存在，这与传统观点彻底决裂。

烹饪艺术之殇

戈和米约继续致力于褪去高档餐厅的神圣光环。1973 年 11 月，他们刊登了“真诚烹饪的伟大艺术家”安德烈·吉约的访谈录，主题是“法餐中最糟糕的菜”。如今的法餐“充斥着指鹿为马、肆意发挥、以次充好的行为，如果不加小心，很容易落入以下陷阱：某些菜肴难以制作，只有技艺精湛的大厨才能完成；一些菜肴已经无法呈现，因为如今根本找不到必需的原材料；还有些菜肴在现代人看来十分烦琐，已经过时”。[11]至于保留下来的菜肴，多为经典中产阶级料理的降级版本。例如，“红酒炖公鸡”采用的是养殖场的母鸡，搭配的是普通葡萄酒，而非勃艮第的好酒；最差劲的“皇后酥”的面皮不是现做的，酱汁是“寡淡无味的汤汁浸湿面粉得到的糊状物”；“罗西尼牛排”堪称雷区，失败案例屡见不鲜；“热月龙
290 虾”的制作工序复杂烦琐，将“添加芥末的白酱、添加白葡萄酒煮熟的龙虾肉片和切成扇形的松露等，放回虾壳中，借助火蜥蜴炉烤至表面变色”；有些人制作假蜗牛，将小牛肺切成小螺旋形，再塞进壳里（添加蒜香欧芹黄油起到润滑作用）；还有“杏仁鳟鱼”，吉约大厨认为这道菜荒诞不经，“只是低档小餐馆推出的一道所谓美味佳肴，是个时兴产品，因为工业化养殖的鳟鱼即便加了杏仁也寡淡无味，至于在湍流中偷捕的野生鳟鱼，或者为数不多的高档养殖场出产的优质鳟鱼，杏仁反而会破坏它们的鲜美味道”；罐头包装或者速冻的可内乐“口感僵硬，味道寡淡”，天知道原材料是什么；当然别忘了“肥小母鸡嵌松露”，松露少得可怜，价格却高得离谱。虽然吉约指责的是令人不悦的食物，但真正的批评对象，其实是不断发展壮大的食品加工业。

对于点燃菜肴营造氛围，吉约也无法认同。这种操作的首要目的是奉上一场“餐桌表演”，人们称之为“火焰料理”，几乎什么都能被点燃。不过，点火毕竟是技术活，受制于酒精的选择和精准的剂量。戈和米约曾在卢卡-卡尔东餐厅（Lucas-Carton）尝试火焰山鹬，这道菜呈上餐桌时还是半生不熟的状态。餐厅领班“将鹅肝酱、山鹬内脏、野味肉汁混合在一起，加入少量干邑，将这一团搅拌均匀，然后点火”。[12]在安德烈·吉约看来，在顾客面前点火是马

戏团的把戏，尽管人们称之为餐厅领班烹饪。真正的燃烧应当发生 291
在“厨房之中，灶台之上”，菜肴不能含有酒精的味道，但如果在上菜时点燃它，无论是狼鱼、腰子，还是苏塞特可丽饼（crêpe Suzette），总会有酒精残留的味道。“更别提火焰龙虾了，点燃十五年酒龄的干邑，或是陈年苹果烧酒，可是火苗根本接触不到虾肉，至多在外壳上燎30秒。”[13]

另外一个糟糕潮流是过度使用普罗旺斯香草，加了这些香料的户外烧烤让食客回想起阳光明媚的假期，但它却与普罗旺斯美食相距甚远。不仅如此，如今很多厨师不再自制酱汁，而是采用罐装成品，用淀粉制作伯那西酱，做菜时加太多面粉，过量使用合成色素。除此之外，回收利用餐桌剩菜也很成问题，食物品质堪忧，冰柜的使用不符合规范。消费社会正在向娱乐性社会转型，“餐桌之乐”如今在很多人的生活中扮演重要角色，但似乎对法餐演变起到了负面作用。

作为法餐曾经的制胜法宝，调制酱汁的高汤也难逃指责。戈和米约表示，许多餐厅的所谓高汤，充其量是水煮边角料而已：“这些令人生畏的万能高汤含有哪些成分，谁都说不清道不明，堪称批
量生产的餐饮行业之耻，各种食材在一口锅中乱炖，在‘多头灶 292
台’的角落里一煮就是一星期。最好的情况下，餐厅顶多准备一口大煨肉锅，加入调味料、餐酒、不一定新鲜的奶油，不断添水、反复烧热，锅里的食材或多或少地煮出些香味，用来搭配各种菜肴。”[14]最糟糕的情况下，高汤基本等于肉汤培养液。虽然大厨们言辞激烈，但他们的愤怒心情能够理解。皮埃尔·特鲁瓦格罗

(Pierre Troisgros) 认为："不用心准备的高汤，就会成为高级烹饪的敌人。其实它并不复杂，准备上等牛骨、胡萝卜、洋葱、香料，别放月桂［……］文火慢煮，重点是不断撇除泡沫，否则脂肪下沉，高汤就会浑浊。"[15]最关键的还是专业素养。然而，戈和米约写道："糟糕的菜肴归根结底只是寄生虫，高档或低调的优秀餐馆不仅存在，甚至欣欣向荣，感谢上帝。"[16]

何为"新烹饪"？

所有因素汇集起来，共同造就"新烹饪"的成功：旧烹饪走向没落，因为它"过于讲究排场，程序烦琐固化，充满规矩和限制"，[17]无法适应现代生活方式，毕竟消费者追求新鲜事物。1972 年 4 月 24 日，安德烈·费米吉耶（André Fermigier）在杂志《新观察家》（*Le Nouvel observateur*）发文表示："我们想要简单、健康、美
293 味的饮食，一种所有人都享受得起的生态烹饪——即便在都市生产方式的影响下，它必须做出某些调整，但仍具有真实的乡村特质。"[18]主厨们希望让人耳目一新，希望更适应社会的演变，他们的话语经过媒体放大之后更加响亮。20 世纪 80 年代末，让-保罗·阿龙表示，"新烹饪"属于"一种话语美食学，它是关于产品的话语，关于事物的话语，关于烹饪的话语，关于节制的话语，关于简洁、轻盈、精华的话语……食物最终与美食学话语相混淆"。[19]

20 世纪 70 年代，话语权主要在亨利·戈和克里斯蒂安·米约手中。似乎在不经意间，他们为"新烹饪"这个并不新鲜的概念赋

予了新的时代内涵：“法式新烹饪并非我们的发明创造，如果想发明一种料理，必须亲自实践，但我们不是厨师。几乎不知不觉地，我们找到了它的实现方式。与很多法国人一样，我们感受到对简单的需求。最初走上美食批评这条道路时，它就是我们近乎本能的追求。”[20]当时正是这场变革的绝佳时机，因为“黄金三十年”接近尾声，法国处于二战结束后经济迅速发展的鼎盛时期。[21]

究竟何为“新烹饪”？戈和米约认为，它首先是“主厨自己也想吃的食物”。厨师们则提出“真实烹饪”（vraie cuisine）理念。保罗·博古斯将其总结为“对食材品质的重视”，“希望保留食材 294
真味，突出菜肴原本的味道，为此必然要求简化烹饪工序和菜单，取消无用的配菜，缩短制作时长”。[22]安德烈·吉约在其著作《轻盈的真实烹饪》（*La Vraie cuisine légère*，1981）当中解释，轻食让饮食“回归简单和轻盈，它突出食材的真实味道，确保其易于消化”。简单、尊重食材本味、遵循营养学原则，这些是“真实烹饪”的关键词，然而美味丝毫未减：“没有油脂（或很少），没有面粉，没有黄油面糊，没有难以消化的混合物。这些菜肴构思简单，味道精美，不给身体造成负担。”[23]

“新烹饪”追求“轻盈”，这一点符合时代风气与身体至上理念。米歇尔·盖拉尔的《轻食全书》（*La Grande Cuisine minceur*）于 1976 年出版，在世界各国大受欢迎。为了减掉几公斤体重，作者尝试过严苛的节食方案，但是无法坚持下去。“成堆的胡萝卜丝，以及其他类似的‘美味’，很快就让你生不如死，欢快地把你拖进绝望深渊。”于是他决定不再抑制自己对美味的渴望，前提是遵循对身体有益的饮食方式。他在书中介绍了一些将高级烹饪与营养学相结合的菜谱，从此读者可以毫无负罪感地享受吃的快乐。作者解释：“我想为瘦身塑形写一首欢快的节日大餐圆圈舞，当中穿插的新鲜沙拉如同孩童的笑声，闪闪发光的鱼散发出强烈的童年游戏气息，烟熏禽肉和我小时候在草地午餐时吃到的一模一样。”他的梦
295 想是将美味与轻食相结合，创造出“一种属于今天和明天的文明人的新的生活艺术”。[24]

出于营养学的考虑随处可见，吉约认为油脂是多余成分，对身体有害，可以省去：“一条新鲜渔获的鳎鱼，垫着藻类在烧热的石头或烤架上烤熟，或者用草本香料烧水蒸熟，难道比不上榛子黄油香煎鳎鱼吗？在我看来，无油烹制的鳎鱼风味更浓，因为榛子黄油在增味的同时，也会冲淡鱼肉的部分味道。”[25]对“轻盈”的追求同样体现在酱汁构成的演变中。戈和米约希望酱汁“使人神清气爽，腹中轻盈”。[26]若埃尔·罗比雄（Joël Robuchon）认为，酱汁如同花草茶。“要想花草茶的味道好，必须泡得恰到好处。传统酱汁熬煮时间久，味道浓烈。我们必须寻找一个平衡点。小牛肉高汤煮3小时就非常好。”[27]为避免酱汁口感黏稠，新烹饪不允许使用黄油面糊。酱汁可以通过其他方式勾芡。米歇尔·盖拉尔采用低脂乳制品，例如，不含脂肪的酸奶和白奶酪，或者脂肪含量为20%的鲜奶油。高速搅拌机是当时出现的创造性发明，用它制作的蔬菜泥同样能起到稠化效果，给酱汁带来细腻顺滑的口感。另一种增稠途径是收汁，大厨雅克·莱美卢瓦滋（Jacques Lameloise）制作的烩小牛肉白汁就是用的这种方法：

肉煮熟后，取出肉块。用小漏斗过滤高汤，收汁至分量减 296
半。准备一匙奶油、三个蛋黄，搅拌均匀待用。将剩余奶油倒入肉汁，再次收汁至分量减半。取一大汤勺经过收汁的成品，倒在事先准备好的奶油和蛋黄中，全部搅拌均匀后，倒入锅中剩余的酱汁。像制作英式蛋奶酱（crème anglaise）一样加热，切勿煮沸。[28]

乳化酱汁不仅味道细腻，而且口感轻盈，并不总是符合人们对营养酱汁的设想。酱汁给人的轻盈印象往往是种错觉，若埃尔·罗比雄解释，它（口感轻柔的酱汁）“可以是肉汁经过大幅度收汁后，加入黄油或奶油之类的油脂，搅拌至乳化状态。我年轻的时候，制作 1 升酱汁需要 30—40 克面粉和 30—40 克黄油。如今需要 80—100 克黄油，用量非常大”。[29]

大获成功

1973 年 10 月，戈和米约发表文章《法国新烹饪万岁》（*Vive la nouvelle cuisine française*）[30]，为“新烹饪”制定“十诫”。他们用这
种方式定义“新烹饪”的主要特征，以便将其与旧烹饪区分，同时 297
为它带来媒体效应。戈和米约强调，新烹饪运动已经存在，他们只是将它描述出来。它的实际发起人是“新流派的法国厨师们：博古斯、特鲁瓦格罗、哈柏林（Haeberlin）、佩罗（Peyrot）、德尼、盖拉尔、马尼埃（Manière）、米诺（Minot）、沙佩尔等人；除此以

外，吉拉尔（Girard）、桑德朗（Senderens）、奥利弗、明切利（Minchelli）、巴里耶（Barrier）、韦尔热、德拉韦纳（Delaveyne）等人也参与其中”。

“十诫”的部分规定如下：鱼、甲壳类、深色禽肉、烤野味、小牛肉、某些绿色蔬菜和面食的烹煮时间必须缩减。应当提倡“菜市场美食”（cuisine de marché），使用当天早晨挑选或订购的食材，这将使餐厅的菜单选项减少，食物的储存周期缩短。前一个世纪的美食家们钟爱经过腌制工序或者贮藏发酵的肉类，如今它们被新烹饪摒弃。同样，“那些可怕的褐酱或白酱”等浓稠厚重的酱汁也不再被提倡。新时代的厨师应当乐于了解前卫技术，学会使用“搅拌机、冰淇淋机、自动烤肉机、电动削菜机、废料粉碎机”。他们同样应当乐于创造，并且不断证明自己的创造力：他们打破用米饭或土豆搭配鱼肉的陈规，转而采用新配料（青胡椒、罗勒、小茴香、百香果等）；他们发现新的烹调方式，“例如，盖拉尔将鲷鱼裹上海藻，然后再放进烤箱”；他们重拾并改良被人遗忘的传统菜肴，例
298 如，桑德朗的“野兔可内乐”和“羊肉火腿”；他们制作“简单食物”，如鳕鱼、鹅肉、金枪鱼、蔬菜牛肉浓汤、酸模等。

“十诫”勾勒出“新烹饪”的轮廓，由此促进了媒体宣传。在“十诫”的帮助下，“新烹饪”获得成功，走向国际。它从西欧走向日本和美国，在全球范围内广泛传播，其中日本厨师与众多法国大厨之间进行了密切交流。后者远赴日本，从日本同行那里学到短时烹调的重要性，这有利于保留食物中的矿物质和维生素。[31]自那之后，法日两国的烹饪文化在碰撞中催生了更多创新菜品，例如，桑

德朗创作的“过静雄鲑鱼或日本归来”，做法是将鱼肉蒸熟，搭配用黄油打发的酱油。[32]

“新烹饪”顺应当时的个人主义倾向，上菜方式转变为“一客一盘”。这并非完全新创的方式，埃斯科菲耶早就讨论过分餐制。20 世纪 50 年代，费尔南·普安在维埃纳的餐厅似乎也采用过这种办法。[33]这种上菜方式在厨师与食客之间建立直接联系，很快成为行业规范。餐桌装饰不再是和谐摆放的一系列菜肴，而是一只简单的餐盘。烹饪艺术的这一转变自有其平凡实在的优势：上菜更迅速，理论上食物不易放凉。这同时意味着厨房的掌控权超过厅堂：“餐厅领班与服务生的权限减少，相应地，无论是味道还是造型，主厨对他‘出品’的菜肴拥有绝对控制权。”[34]1984 年，克里斯蒂安·米
约写道：“曾经的潮流菜是胡萝卜或萝卜制成的‘小蔬菜泥’、圣 299
雅克扇贝慕斯、奇异果挞；现在的反潮流菜是土豆、牙鳕、婆罗门参。人们终于决定：吃东西只讲究味道好，不讲究新潮。”[35]“新烹饪”的成功反映出法国社会发生的深刻改变，体现了现代人与食物，尤其是与餐桌之间的新型关系。烹饪确实经历了革新：如今的我们遵循着新烹饪的原则。

后 记*

301 法式烹饪现状如何？尽管高级烹饪仍是一种标杆，但它不再占据霸主地位。这是顶级厨师们长期信奉的星级体系所导致的后果吗？一颗星星能增加 20%—30%的客流，[1]但也会提高运营成本，因为餐厅必须雇用训练有素的员工团队，斥资装修出气派堂皇的用餐环境。经营美食餐厅必须做到平衡收支。但是，巴黎斐扬餐厅（Carré des Feuillants）的阿兰·迪图尔尼耶（Alain Dutournier）告诉我们，每道菜的利润只有几欧元。[2]

巴黎卢卡-卡尔东餐厅的主厨桑德朗宣称，他们再也无力承受“两名服务生端上一份餐盘，第三名服务生揭开盖子”的服务规格。2005 年 5 月，他宣布放弃《米其林指南》授予的荣誉。在他之前，阿尔萨斯和普罗旺斯的两位主厨做出了相同决定，他们分别是位于阿梅尔斯克维（Ammerschwihr）的法兰西徽章餐厅（Aux Armes de France）的主厨菲利普·盖特纳（Philippe Gaertner），以及位于博勒科伊（Beaurecueil）的圣维克多驿站餐厅（Relais Sainte-Victoire）的主厨勒内·贝热斯（René Bergès）。[3]“成为米其林星级餐厅后，
302 我们精心打造每道菜，极尽复杂考究之能事，为了呈现完美效果，连服务也不能忽视。工作量太大，需要调动厨房全部人手，因此我

---

* 本篇后记基于笔者对 21 世纪以来法国餐饮业的观察。

们每星期不得不拒绝 30—40 位客人。”[4] 但随着经济压力逐渐增大，星级餐厅的顾客群体购买力下降，人们改变习惯，前往不同层次的餐厅消费。所以是时候削减成本了，但前提是不影响产品质量。例如，桑德朗大胆提议，用沙丁鱼代替大菱鲆。

主厨们与“星级烹饪”决裂，显示出他们和美食指南之间的嫌隙，因为他们并不是总能得到认可。我们仍未忘记，2003 年 2 月，位于索略的金岸餐厅（Côte-d’Or）的主厨贝尔纳·卢瓦索（Bernard Loiseau）结束了自己的生命。事发前夕，《戈-米约指南》（*Le guide Gault-Millau*）给他降了 2 分，同时外界传言他即将失去一颗米其林星星。在那之后，人们联想起膳食总管瓦泰尔的悲惨结局，用“瓦泰尔情结”描述当事人的处境。许多主厨公开表达愤慨，保罗·博古斯通过《世界报》（*Le Monde*）表态：“我们不能一直这样任人摆布，他们给你星星，给你打分，再从你手中拿走。厨师行业将会做出回应，这起事件值得讨论！”[5] 法国高级烹饪工会（Chambre syndicale de la Haute Cuisine français）向成员致信，呼吁他们表达不满：“美食指南或报纸能让才华横溢的人惶惶不可终日，甚至选择自杀，对此我们不能袖手旁观。”[6]

卢瓦索的悲剧性自杀事件展示出主厨们的愤怒，他们越来越不认同现有的餐厅评分制度。圣雅克海岸餐厅（Côte Saint-Jacques）的主厨让-米歇尔·洛兰（Jean-Michel Lorrain）认为：“美食评论 303
不可或缺，它将数以百计的主厨从幕后挖掘出来，推向台前。”[7] 专栏记者如果不喜欢一家餐厅，可以如实表达，但他们没有资格“攻击别人，质疑对方的能力与道德”。[8] 一直以来，美食评论家与厨师之间爱恨交加，但现在这种关系更明显。让·巴尔代·德·图尔（Jean Bardet de Tours）指出，如果不加注意，美食评论终将损害集体利益。[9] 厨师和餐厅的名声和成败都取决于评论家手中的那支笔，德·图尔呼吁评论家们清楚表明个人偏好，在具体语境中考量品尝体验，详细谈论背景情况，说出对一道菜喜爱或厌恶的理由。美食评论是“很主观的事情，取决于感官记忆、味觉素养、个人感受等。[……] 味觉是极为复杂的事情，完全因人而异，受制于大量因素”。[10]

简而言之，法国大厨们的士气变得低落，更糟糕的是，法餐在国外的形象显得陈旧：它在人们的印象中“总是笔挺、僵硬，带有些许傲慢”。2003 年 8 月，《纽约时报》（*New York Times*）发表文章称，法餐被禁锢在“守旧主义当中已有二十年”，[11] 大厨们对此感到不悦。同样令他们不满的是，2005 年 4 月，英国《餐厅杂志》（*Restaurant Magazine*）评出全球顶尖的 50 名大厨，排名最高的法国厨师仅仅位列第 6。

法餐并不是首次遇到危机，但它的霸主地位却是首次遭受质
304 疑。从厨师到专栏记者，法国美食界的各行各业人员都在寻找方案，试图挽回局面，然而收效甚微。近年来，不同的烹饪模式层出不穷，但基本昙花一现；30—50 岁的厨师们效仿 20 世纪 70—80 年代的“新烹饪”，发起“年轻法餐”（Jeune Cuisine française）[12] 运动，但它能否持续更久？人们想褪去高级烹饪的神圣光环，让更多人接触到它，如果将其比喻为衣着过时的老妇人，那么当务之急是让她的着装焕然一新。但这是否足够？

一个行业的持续发展，也要靠知识与技能的传承，以及它为从业者提供的工作条件和生活水平。然而，餐饮行业的吸引力大不如前，面临真正的人才断层。教育系统提供学制越来越长的理论与实践培训，然而矛盾的是，专业人士不太承认年轻人的文凭。要想让我们的烹饪走向现代化，首先要改变法国人的认知，因为法国对“体力”行业不够尊重；其次要改变厨房和餐厅的工作理念，使它们更加符合新生代的预期。

如今提供各国风味的餐厅层出不穷，所谓的“传统”法餐成为庇护所般的存在。[13]面对饮食方式全球同一化的趋势，法国人更加意识到自己的烹饪文化遗产。一部分人回归到“乡土烹饪”或“古法烹饪”。“祖母”菜谱、“失传”菜谱、“柴火”烹饪，这类主题 305
的菜谱书获得前所未有的成功。模仿历史餐食的风潮十分盛行，中世纪宴会尤其受追捧。人们依照中世纪专著介绍的菜谱准备配料，尽管食材不再是当年的味道，装饰的还原程度也不够高，但最重要的是共享一种用餐体验，因为“我们的习俗”植根于此。食客们似乎对这种“虚构过去”（passé-fiction）[14]有怀旧之情，能够从中得到慰藉，找回传统。食品加工业善于迎合顾客的怀旧之情，人们能在商店货架上找到“古早风味”脱水蔬菜泥、盖朗德盐（sel de Guérande）“古法”薯片，以及各地风味的“蓝带芝士鸡肉卷”，如阿尔萨斯风味、巴黎风味、诺曼底风味、萨瓦风味……

致　谢

307　衷心感谢迪迪埃·布沙尔（Didier Bouchard）为本书提供的审慎意见，感谢佩兰出版社（Éditions Perrin）让期待新版的本书重获新生。

译后记

帕特里克·朗堡任职于巴黎西岱大学历史系，担任身份-文化-国土实验室（Laboratoire ICT）研究员，著有多部美食史研究专著。他擅长结合艺术、历史、地域文化等多元视角解读美食学，尤其熟悉法国宫廷和首都巴黎的餐桌，代表作有《艺术与餐桌》（*L'art et la table*）、《美味巴黎史：从中世纪到今天》（*Histoire du Paris gastronomique, du Moyen Âge à nos jours*）、《红酒烩野兔》（*Le civet de lièvre*）等。您手中这本《法兰西美食一千年》从中世纪“古籍”中的菜谱讲起，按照时间脉络介绍了历史上不同阶段、不同阶层的法餐演变：从平民百姓的灶台到贵族乡绅的厨房，从宗教节日的庆典餐食到皇家宫廷的筵席，从资产阶级女厨师到新式餐厅的主厨，作者在相对精简的篇幅中简明扼要地展示了法餐的前世今生。本书是朗堡首部被译为中文的著作，译者很期待看到作者其他作品陆续出现在中国读者的书架上，为大家了解法国文化打开一扇（或许是香气扑鼻的）新窗口。

开始翻译这本书之前，译者以为核心任务在于译好专业术语，事实证明这既对也不对。由于法餐深受许多国家的民众喜爱——当然也包括中国的美食爱好者们——所以最受欢迎的菜品和烹饪方式在中文里已经有了通用的说法，译者要做的只是搜集整理这些约定俗成的表述。然而由于作者是从中世纪讲起，梳理了跨越千年的法餐演变，这便造成了以下两个主要挑战。

首先，书中提到的许多概念只在中世纪的法国常见，这些颇有年代感的术语在现代生活中已经不再活跃，因此不像流传下来的那部分能够轻松找到对应的中文表述，这就需要译者在考古、古玩等领域的研究资料里寻找解释，甚至搜罗拍卖网站的图文介绍，再根据物品的造型和功能来确定如何翻译。其中包括中世纪的特色菜肴、烹饪器具、家居风格、家具及器皿等，而且涉及不少古法语词汇。译者在法国曾选修现代文学专业开设的古法语课程，对于构词法、语法等方面的逻辑有浅显了解，这给翻译过程中查阅古法语字典等参考资料带来了一定程度的便利。但这是译者首次翻译以法国中世纪为背景的文本，难免有理解不透彻之处，恳请精通这一领域的读者朋友不吝赐教。

其次，部分在如今餐饮业仍然常用的术语是数百年前就存在的，但与我们熟知的现代意义并不相同，因此译者要根据年代等条件区分相同表述在书中不同位置出现时的具体内涵。举个典型的例子：读者朋友想必听说过英语中的常用表述“餐厅领班”（maître），其完整形式来自法语中的 maître d’hôtel。这个法语头衔起初指领主老爷宅邸上掌事的膳食总管（或大管家），采买食材是他需要负责的事项之一，府上所有食材必须经过他的检视才能“入库”。此处 hôtel 指私人住宅（如同后来的 hôtel particulier），而非旅馆或酒店，所以这位大管家在那个时代与现代意义的、商业性质的餐厅无关。如今 maître d’hôtel 的这一层意思在“大管家黄油”等食物名称中有所体现，这与此类菜肴或调味品的早期配方来源有关。对于法语读者而言，毕竟写法相同，不需要区分名称；但是对于中文读者而言，在古代宅邸的语境里说领班，或者在现代餐馆的语境里说大管家，都会显得怪异。类似的例子还有上文提到的 hôtel 等词，这些表述在不同的时代背景下意义有所变化，在整本书中并非一词一义逐个对应，需结合语境分辨清晰。

以上便是本书内容的年代跨度带来的两项主要挑战。除此之外，地域之别造成某些食材存在相似叫法以及易混淆的相似品种，译者的首要依据是拉丁学名一致，其次尽量选择中文语境下使用频率最高的俗称，便于读者理解。关于烹饪技法等类型的专业术语，译者参考了得到业界权威认可的高档餐厅（如米其林餐厅）的官方网站中文版，也听取了专业厨师（包括中餐大厨）的意见，在技法共通点上采取中文的既有表述，便于烹饪爱好者理解。如果经验丰富的读者朋友认为有更贴切的技法术语，能够更完美地描述原文表达的烹饪操作，恳请您联系译者提供宝贵意见，以期将来有机会进一步完善译稿。

朗堡认为一道菜肴的味道足以瞬间唤醒一段久远的生活记忆，对我而言，翻译这本书的过程就是一次次时空旅行，每一页出现的食物名称都会把我带回过去的某个时刻：可能是小时候隔着电视屏幕对电影里的勃艮第红酒炖牛肉垂涎遐想，可能是初到法国北部人生地不熟地在街头问路时遇到一对善良的老夫妇请我喝咖啡、吃蛋糕，可能是在南法游玩时吹着夏夜海风独自品尝一大盘马赛鱼汤，可能是去法国朋友家做客时与大家一边聊天一边分享切成小块的蜂蜜山羊奶酪吐司，可能是搭乘夜间大巴到达斯特拉斯堡之后路过凌晨的面包店时看到店主正在精心摆放刚刚烤好的面包，可能是住在巴黎“鱼商街”大学生公寓期间跟着手机菜谱捣鼓做饭的每一个午后。起初，我出于对美食史的好奇接下这本书的翻译工作，没想到在翻译过程中重拾了许多快乐的个人记忆：美食不仅能承载整个民族的文化和历史，也与我们每个人独一无二的生命体验紧密相连。朗堡在书中所说的“美食的情感性”便是这个意思。

《法兰西美食一千年》从选题到出版，离不开社会科学文献出版社各位编辑的关心和帮助，尤其是最初提出选题、联系译者的甘欢欢编辑，以及后来负责跟进项目的张金勇、赵梦寒两位编辑。我想借此机会诚挚感谢各位编辑的长期支持，感谢社会科学文献出版社愿意将这部作品带到中国读者面前。南京大学法语系的各位师友、我的法国朋友们、我的意大利语伴玛蒂娜参与了对书中部分内容的探讨，为我提供了宝贵的参考意见。我还要郑重感谢“傅雷”青年翻译人才发展计划项目对于本书翻译工作的支持。衷心感谢中国翻译协会的赵状业老师，项目评审专家刘和平、宫结实、王琨等前辈学者，以及协助承办该项目的上海市浦东新区文化体育和旅游局、上海市浦东新区周浦镇人民政府、上海浦东傅雷文化发展专项基金、《中国翻译》杂志和上海傅雷图书馆等单位。在中国翻译协会和中国翻译研究院举办的中法文化翻译青年研修活动中，来自五湖四海的青年译者齐聚北京，在国家图书馆的报告厅认真聆听了翻译前辈们的专题讲座。我们不但从各位专家的讲演内容中获益匪浅，也借由“傅雷”青年翻译人才发展计划项目搭建的宝贵平台彼此结识。相信在将来翻译研究与实践的道路上，会有更多的青年译者加入进来，共同传承傅雷精神，为促进中法人文交流互鉴尽一份力量。

注 释

※ 前言　从烹饪技艺到美食艺术

1. Antoine Beauvilliers, *L'Art du cuisinier*, Paris, 1814, t.1, p. VII.

2. Brillat-Savarin, *Physiologie du goût*, Paris, Julliard, 1965, p. 184.

3. 法语单词“chère”的最初含义是“面孔”，参见 *Furetière* (1690), *Académie française* (1762), *Le Littré* (1872) 等词典。

4. Marcel Rouff, *La Vie et la passion de Dodin-Bouffant, gourmet*, Paris, Le serpent à plumes édition, 1995, (1re éd. 1924), p. 10.

5. Jean-François Revel, *Un festin en paroles. Histoire littéraire de la sensibilité gastronomique de l'Antiquité à nos jours*, édition revue et augmentée, Paris, Plon, 1995, p. 35.

6. Pascal Ory, *Le Discours gastronomique français des origines à nos jours*, Paris, Gallimard-Julliard, 1998, p. 12.

7. Cité par Gilles Stassart « La cuisine est-elle un art ? », *Beaux Arts magazine* n° 211, 2001, p. 100-103.

8. 同上。

9. Grimod de la Reynière, *Manuel des Amphitryons*, 1808, Paris, Métailié, 1983, p. 47.

10. *Le Littré* (1872), *Académie française* (1762), *Furetière* (1690).

11. *Les curiosités françaises d'Antoine Oudin* (1640), *Furetière* (1690), *La Curne de Sainte-Palaye* (1876).

12. Igor de Garine, « Introduction », *Cuisines : reflets des sociétés*, Marie-Claire Bataille-Benguigui et Françoise Cousin (dir.), Paris, Sépia-Musée de l'Homme, 1996, p. 12.

310 13. 例如，苏比斯亲王（Prince de Soubise）得知一顿晚餐需要采购五十份火腿后，向膳食总管表达了惊讶。参见 Brillat-Savarin, *Physiologie du goût*, *op. cit.*, p. 69。

14. Igor de Garine, *op. cit.*, p. 10.

15. 参见 Claude Lévi-Strauss, *Mythologiques. Le cru et le cuit*, Paris, Plon, 1964, p. 152。然而在法国，牡蛎的食用方法却经历了相反进程，人们放弃烹煮，选择生食牡蛎，放弃"熟制"，选择"天然"。补充阅读：Patrick Rambourg, « Entre le cuit et le cru : la cuisine de l'huître, en France, de la fin du Moyen Âge au XXe siècle », *Les Nourritures de la mer, de la criée à l'assiette*, colloque du Musée maritime de l'île de Tatihou (2-4 octobre 2003), Élisabeth Ridel, Éric Barré, André Zysberg, (dir.), CRHQ, Caen, 2007, p. 211-220。

16. Béatrice Langlet, *L'inscription du site historique de Lyon et des chemins français de Saint-Jacques-de-Compostelle sur la liste du patrimoine mondial en 1998 : l'évolution de la notion de patrimoine et sa protection*. Séminaire « Politiques culturelles : controverses et recompositions », 1999-2000, Institut d'études politiques de Grenoble, sous la direction de Mireille Pongy, p. 23. 相关阅读：Julia Csergo, « La constitution de la spécialité gastronomique comme objet patrimonial en France fin XVIIIe-XXe siècle », *L'Esprit des lieux. Le patrimoine et la cité*, Daniel J. Grange et Dominique Poulot, Grenoble, Presses universitaires de Grenoble, 1997, p. 183-193。

17. Gabriel Martinez, *La Cuisine des insectes à la découverte de*

l'entomophagie, Paris, Jean-Paul Rocher éditeur, 2000, p. 19 et 27.

18. 不要忘了，许多男人也在家做饭。

19. Patrick Rambourg, *Le Civet de lièvre, Un gibier, une histoire, un plat mythique*, Paris, Jean-Paul Rocher éditeur, 2000 et 2003, p. 9 ; Jean-Louis Flandrin, *La Blanquette de veau. Histoire d'un plat bourgeois*, préface de Patrick Rambourg, « De la blanquette "nouvelle cuisine" au bon choix du veau », Paris, Jean-Paul Rocher éditeur, 2002.

20. Dominique Lacout, *Le Livre noir de la cuisine*, Paris, Jean-Paul Rocher éditeur, 2002, p. 10-11.

21. Jean-Robert Pitte, *Gastronomie française. Histoire et géographie d'une passion*, Paris, Fayard, 1991, p. 10.

22. Edmond et Jules de Goncourt, *Journal, mémoires de la vie littéraire*, t. II, Paris, Robert Laffont, 1989, 6 décembre 1870, 31 décembre 1870, 24 novembre 1870, p. 352, 365, 343.

23. Auguste Escoffier, *Le Livre des menus*, Paris, Flammarion, 1912, p. 154.

24. Jean Duvignaud et Chérif Khaznadar, « Introduction », *Cultures,* 311
Nourriture, Paris, Babel, 1997, p. 9.

25. Jean-Robert Pitte, *Gastronomie*, *op. cit.*, p. 23.

26. 1803, 1804, 1805, 1819, 1829, 1876. Préface de Jean-Robert Pitte dans Joseph Berchoux, *La Gastronomie ou l'homme des champs à table*, Grenoble, Glénat, 1989.

27. 1810, 1820, 1825, 1839. Alberto Capatti, « Gastronomie et gastronomes au XIXe siècle », *À table au XIXe siècle*, Paris, Flammarion, 2001, p. 102-113.

28. Brillat-Savarin, *Physiologie du goût*, *op. cit.*, p. 66.

29. Grimod de la Reynière, *Almanach des gourmands*, seconde édition de la troisième année, Paris, 1806, p. 273-274.

第一部分　烹饪传统的诞生

※ 第一章　中世纪末期的烹饪艺术

1. 此手稿由保罗·阿比斯舍（Paul Aebischer）出版，参见 *Vallesia*, VIII, 1953, p. 73-100。

2. 相关阅读：Bruno Laurioux, *Le Règne de Taillevent. Livres et pratiques culinaires à la fin du Moyen Âge*, Paris, Publications de la Sorbonne, 1997 ; *Les Livres de cuisine médiévaux*, Turnhout, Brepols, 1997。关于《食谱全集》的不同版本，参见 Jérôme Pichon et Georges Vicaire, *Le Viandier de Guillaume Tirel, dit Taillevent*, Paris, 1892 ; édition augmentée, Genève, Slatkine, 1967 ; nouvelle édition, Lille, Régis Lehoucq éditeur, 1991 ; Terence Scully, *The* Viandier *of Taillevent. An Edition of all Extant Manuscripts*, University of Ottawa Press, 1988。

3. Édition de Grégoire Lozinski, dans *La Bataille de Caresme et de Charnage*, Paris, Honoré Champion, 1933, p. 181-187.

4. 原文为古法语：Quiconques veut servir en bon ostel, il doit avoir tout cen qui est en cest roulle, escrit en son cuer ou en escrit sus soi. Et qui ne l'a, il ne puet bien servir au grei de son mestre.

5. 手稿收藏于马扎然图书馆（Bibliothèque Mazarine）。

6. Bruno Laurioux, *Les Livres de cuisine médiévaux*, *op. cit.*, p. 39.

7. 包括以下图书馆的馆藏手稿：瓦莱州州立图书馆（手稿编号 ms S. 312 108）、法国国家图书馆（Bibliothèque nationale de France，手稿编号 ms fr. 19791）、马扎然图书馆（手稿编号 ms 3636）、梵蒂冈图书馆（手稿编号 Reg. lat. 776）等。

8. 梵蒂冈图书馆藏手稿、印刷版《食谱全集》的卷首有一份清单，罗列了正文中出现的所有菜肴。

9. Édité par Terence Scully, dans *Vallesia*, XL, 1985, p. 101-231.

10. Édité par Carole Lambert, dans la collection *Le Moyen Français*, n° 20, Montréal, éditions Ceres, 1987.

11. 同上书，第 34 页。

12. *Le Mesnagier de Paris*, édité par Georgina E. Brereton et Janet M. Ferrier, Paris, Livre de poche, coll. « Lettres gothiques », 1994.

13. 同上书，第 23 页。

14. 同上书，第 550 页。

15. Bruno Laurioux, *Manger au Moyen Âge*, Paris, Hachette, 2002, p. 251.

16. *Le Mesnagier de Paris*, *op. cit.*, p. 802.

17. 尽管如此，仍有许多用罐子制作的菜肴不被称为“浓汤”，且不出现在烹饪论著的浓汤章节中。

18. *Le Mesnagier de Paris*, *op. cit.*, p. 545.

19. 参见法国国家图书馆藏手稿（1392）、梵蒂冈图书馆藏手稿（1450—1460）。

20. 参见 *Le Mesnagier de Paris*, *op. cit.*, p. 547。“此外，请注意贵族私厨公认‘苞’和‘膘’有所区别，因为前者采用丁香，后者采用猪膘。”此处引用卡林·乌厄兹驰（Karin Ueltschi）的现代法文译本，译者将两种烹饪技巧混淆，将“膘”（误）译作“用猪膘薄片包裹”。该技巧如今被称为“barder”，是指用一大片肥肉包裹一块肉，避免后者在烹饪过程中直接经受高温。原作中的“膘”是指夹塞猪膘，目的是在烹饪过程中为肉块提供脂肪。

21. 同上书，第 672 页中“将其水煮，夹塞猪膘，接着穿铁扦。惯例便是如此。”

22. 同上书，第 680 页。

23. 同上书，第 684 页。相关阅读：Patrick Rambourg, « L'abbaye de Saint-Amand de Rouen (1551-1552) : de la différenciation sociale des consommateurs, au travers des aliments, à la pratique culinaire », *Production alimentaire et lieux*
313 *de consommation dans les établissements religieux au Moyen Âge et à l'époque moderne*, actes du colloque de Lille, 16-19 octobre 2003, textes recueillis par Benoît Clavel, *Histoire médiévale et archéologie*, vol. 19, 2006, p. 217-229. Benoît Clavel, *L'Animal dans l'alimentation médiévale et moderne en France du nord (XIIe-XVIIe siècles)*, Revue archéologique de Picardie, n^{o} spécial 19 – 2001。

24. 参见 *Le Mesnagier de Paris*, *op. cit.*, p. 608。相关阅读：Patrick Rambourg, « Entre le cuit et le cru : la cuisine de l'huître, en France, de la fin du Moyen Âge au XXe siècle », *op. cit.*。

25. *Le Mesnagier de Paris*, *op. cit.*, p. 670.

26. Patrick Rambourg, *Le Civet de lièvre*, *op. cit.*, p. 41.

27. Liliane Plouvier, *L'Europe à table*, Bruxelles, Labor, 2003, t. 2, p. 29.

28. Terence Scully, *The* Viandier *of Taillevent*, *op. cit.*, p. 230.

29. “杏仁 400 斤，9 苏 / 斤；生姜 20 斤，5 苏 / 斤；肉桂 20 斤，3 苏 / 斤；胡椒 20 斤，4 苏 / 斤；3 块圆锥形糖块，总重 30 斤……；藏红花 3 斤，共 42 苏；丁香 4 斤，共 42 苏；荜澄茄 2 斤，共 40 苏；肉豆蔻假种皮 2 斤，共 28 苏；高良姜 3 斤，共 20 苏；天堂椒 3 斤，共 45 苏；荜拨 4 斤，共 16 苏；普通胡椒 12 斤，共 8 苏；肉豆蔻 1 斤，共 8 苏……” 参见 Jules-Marie Richard, *Une petite-nièce de saint Louis. Mahaut comtesse d'Artois et de Bourgogne (1302-1329)*, Paris, H. Champion, 1887, p. 139。

30. Édition de Jacques André, *Apicius. L'Art culinaire*, Paris, Les Belles Lettres, 2002.

31. 同上。

32. 分别为 17% 和 2%，数据来源：Bruno Laurioux, « De l'usage des épices dans l'alimentation médiévale », *Médiévales* n° 5, novembre 1983, p. 15-31。

33. 参见《养生训》1480 年修订版，其修订者为“在蒙彼利埃执医的精通医术的杰出医生”：*Regimen sanitatis en françoys (édition amendée de 1480)*, Lyon, 1514。

34. *Fêtes gourmandes au Moyen Âge* (dir. Jean-Louis Flandrin, Carole Lambert), Paris, Imprimerie nationale, 1998, p. 20.

35. 引文参见 Jean-Louis Flandrin, *Fêtes gourmandes au Moyen Âge*, *op. cit.*, p. 20。

36. Sauce Jance de gingembre，做法为“取生姜与杏仁，不加其他材料，在酸葡萄汁中搅匀，然后水煮，接着加入白葡萄酒”，参见法国国家图书馆收藏的《食谱全集》：*Viandier* de la BNF (1392)。

37. Sauce Jance au lait de vache，做法为“捣碎生姜与蛋黄，在牛奶中 314
搅匀，然后水煮”，参见法国国家图书馆收藏的《食谱全集》：*Viandier* de la BNF (1392)。

38. Jean-Louis Flandrin, « Les sauces “légères” du Moyen Âge », *L'Histoire* n° 35, juin 1981, p. 87-89.

39. *Le Mesnagier de Paris*, *op. cit.*, p. 688.

40. 同上书，第 594、600、620 页。

41. Karin Becker, in *Eustache Deschamps en son temps*, Jean-Patrice Boudet et Hélène Millet (dir.), Paris, Publications de la Sorbonne, 1997, p. 281-282 et p. 286-291.

42. “但他们的鱼商有不同的切鱼习惯，跟我们横向切成易烹煮的圆形鱼片不同，他们通常沿长边竖切。” 参见 *La nature & la diversité des poissons*, Paris, 1555, p. 272。

43. Jean-Louis Flandrin, « Internationalisme, nationalisme et régionalisme dans la cuisine des XIVe et XVe siècles : le témoignage des livres de cuisine », *Manger et boire au Moyen Âge. Actes du colloque de Nice (15-17 octobre 1982)*, t. II, Paris, Les Belles Lettres, 1984, p. 75-91.

44. Jean-Louis Flandrin, « Brouets, potages et bouillons », *Médiévales* n° 5, novembre 1983, p. 5-14.

45. 同上书，第 10 页。

46. Trude Ehlert, « Les manuscrits culinaires médiévaux témoignent-ils d’un modèle alimentaire allemand ? », *Histoire et identités alimentaires en Europe*, Martin Bruegel et Bruno Laurioux (dir.), Paris, Hachette, p. 121-136.

47. Jean-Louis Flandrin, « Le sucre dans les livres de cuisine français, du XIVe siècle au XVIIIe », *Le sucre et le sel*, Jatba travaux d’ethnobiologie, 35e année, vol. XXV, 1988, p. 215-232.

48. Bruno Laurioux, *Manger au Moyen Âge*, *op. cit.*, p. 44.

49. Alberto Capatti et Massimo Montanari, *La Cuisine italienne, Histoire d’une culture*, Paris, Seuil, 2002, p. 141.

50. Jean-Louis Flandrin, *Fêtes gourmandes au Moyen Âge*, *op. cit.*, p. 12.

※ 第二章　厨房天地：炉灶与餐具，厨师与学徒

1. Odile Redon, Françoise Sabban, Silvano Serventi, *La Gastronomie au Moyen Âge*, Paris, Stock, 1995, p. 32.

2. Monique Levalet, « Quelques observations sur les cuisines en France 315
et en Angleterre au Moyen Âge », *Archéologie médiévale*, t. VIII, 1978, p. 225-243.

3. 参见 « L'archéologie du village déserté », I, *Cahiers des Annales* n° 27, Paris, École pratique des hautes études, 1970, p. 160。该炉灶据说采用“刺猬造型”，14 世纪文献中屡次出现这一表述。

4. Gabrielle Démians d'Archimbaud, *Cent maisons médiévales en France (du XIIe au milieu du XVIe siècle)*, Yves Esquieu et Jean-Marie Pesez (dir.), Paris, CNRS éditions, 1998, p. 228-232.

5. Bruno Laurioux, *Manger au Moyen Âge*, *op. cit.*, p. 255.

6. Monique Levalet, *op. cit.*, p. 226 et 228. 以卡昂城堡的大厅为例：“一楼中间有一座炉灶，这证明 12—13 世纪存在厨房。”

7. Noël Coulet, « La cuisine dans la maison aixoise du XVe siècle (1402-1453) », *Du manuscrit à la table*..., Carole Lambert (dir.), Montréal et Paris, Presses de l'université de Montréal et Champion-Slatkine, 1992, p. 163-172, 作者分析了 60 份财产清单，其中 53 份包含住所内不同房间的统计单。

8. 同上书，第 166 页。

9. Françoise Piponnier, *Cent maisons médiévales en France ...* , *op. cit.*, p. 314.

10. Monique Levalet, *op. cit.*, p. 239.

11. 同上书，第 230 页。

12. 参见 Andrew Coltee Ducarel, *Antiquités anglo-normandes...*, Caen, 1823, p. 108-109。法国国家图书馆同样藏有 1767 年英文版。作者明确表示，他在 1752 年游访诺曼底时，这座厨房刚被摧毁不久。但在那之前，卡昂建筑师诺埃尔先生（M. Noël）已经画出该建筑的图样。

13. 参见 Michel Melot, *L'Abbaye de Fontevrault*, éditions Henri Laurens, 1986, p. 28-37。“建筑师马涅着重凸显屋顶上方的烟囱管，而它们起初并不存在。每个槽室顶部呈半穹隆造型，使得厨房外观更接近小教堂。”参见 Michel Melot, « Les cuisines circulaires de Fontevrault et des abbayes de la Loire », *Actes du 93*^{e} *congrès national des sociétés savantes, section archéologie*, Tour, 1968, p. 341-362。

14. Viollet-le-Duc, *Dictionnaire raisonné de l'architecture française du XI*^{e} *au XVI*^{e} *siècle*, t. IV, Paris, 1859, p. 468.

316 15. Michel Melot, *L'Abbaye de Fontevrault*, *op. cit.*, p. 29.

16. Peigné-Delacourt, *Monasticon Gallicanum*, Paris, Victor Palmé, éditeur, 1871.

17. 包括下列修道院的厨房：蓬勒瓦圣母修道院（Notre-Dame de Pontlevoy）、旺多姆圣三一修道院、沙特尔圣父修道院、卡昂圣艾蒂安本笃会修道院、布尔盖伊圣皮埃尔修道院（Saint-Pierre de Bourgueil）、索米尔圣弗洛朗修道院（Saint-Florent de Saumur）、马尔穆捷修道院。可以通过下面两个特征识别出这些厨房，一是它们的圆形造型，二是文字标注——“古代厨房”（*coquina antiqua* / *culina antiqua*），体现出它们相比于修道院的其他建筑年代更久远。

18. Viollet-le-Duc, *op. cit.*, p. 462-463.

19. Monique Levalet, *op. cit.*, p. 231.

20. Viollet-le-Duc, *op. cit.*, p. 471.

21. 参见 Monique Levalet, *op. cit.*, p. 227。卡米耶·沙里耶（Camille Charier）在书中谈道，这间厨房“过去通过一道有顶的长廊与新堡（Château-Neuf）相连，但是长廊如今已消失”，厨房却保留下来，参见 Camille Charier, *Montreuil-Bellay à travers les âges*, Saumur, 1913, p. 73。

22. “里面有个大开口位于金字塔造型烟囱的中心，收集烟雾并将烟雾通过烟囱管道排到室外。”参见 C. Joubert, « Promenade au départ de Fontevraud », *Fontevraud & l'Anjou*, CNMHS, 1973, p. 17. Viollet-le-Duc, *op. cit.*, p. 477-480。

23. Marie-Claude Pascal, « La construction civile à Dijon au temps des grands ducs », *Dossier de l'art. Le faste des ducs de Bourgogne*, n° 44, décembre 1997–janvier 1998, p. 12-29.

24. M. Rossignol, « Vandalisme à Dijon : restes du palais des ducs de Bourgogne », *Annales archéologiques*, 1851, t. XI, p. 55-57. 人们可以在第戎美术博物馆（Musée des Beaux-Arts de Dijon）参观这些公爵厨房。

25. 参见 Édition de Terence Scully, *op. cit.*, p. 133-134。相关阅读：Bruno Laurioux, *Manger au Moyen Âge*, *op. cit.*, p. 257。

26. 参见 Noël Coulet, « L'équipement de la cuisine à Aix-en-Provence au XVe siècle », *Annales du Midi*, t. CIII, 1991, p. 5-17。相关阅读：Françoise Piponnier, « Équipement et techniques culinaires en Bourgogne au XIVe siècle », dans *Bulletin philologique et historique (jusqu'à 1610)...*, année 1971, 1977, p. 57-80。

27. 考古工作者已发掘大量黏土罐，参见 Fabienne Ravoire, « L'artisanat de la poterie en Île-de-France entre le XIIIe et le XVIIe siècle », *Utilis est lapis in structura, Mélanges offerts à Léon Pressouyre*, Paris, Comités des

travaux historiques et scientifiques, 2000, p. 447-459。

317 28. Danièle Alexandre-Bidon, « Dans les cuisines du Moyen Âge », *Histoire médiévale*, hors-série n° 8, novembre 2004-janvier 2005, p. 42-47 ; « Pots de terre, mode d'emploi », *À la fortune du pot. La cuisine et la table à Lyon et à Vienne, X^{e}-XIXe siècles, d'après les fouilles archéologiques*, Lyon, Musée de la Civilisation Gallo-Romaine, 1990, p. 25-48.

29. Bruno Laurioux, *Le Règne de Taillevent*, *op. cit.*, p. 233.

30. Bruno Laurioux, *Manger au Moyen Âge*, *op. cit.*, p. 244.

31. 参见 *Le Mesnagier de Paris*, *op. cit.*, p. 540。王后与孩子们的宅邸每天收到 300 只家禽、36 只小羊羔、150 对鸽子、36 只小鹅；此外，他们每周收到 80 头绵羊、12 头小牛、12 头公牛、12 头猪，每年收到 120 份猪膘。

32. Bernard Guillemain, *La Cour pontificale d'Avignon (1309-1376). Études d'une société*, Paris, E. de Boccard, 1962, p. 357 et p. 391-395.

33. “大厨房”也负责教皇发放给红衣主教、教堂神甫以及其他人员的实物配给。至于马蹄铁匠部门，它只负责马匹事务，不在此列。

34. 参见 *Mémoires d'Olivier de la Marche, maître d'hôtel et capitaine des gardes de Charles le Téméraire*, éd. H. Beaune et J. d'Arbaumont, Paris, 1888, t. IV, p. 1-94。相关阅读：*Splendeurs de la cour de Bourgogne, récits et chroniques*, Paris, Robert Laffont, coll. « Bouquins », 1995。

35. 肉类及面包采购由监管员和部门主厨负责。每天的鱼类采购必须有监管员、膳食总管、账房文员（负责付款）同时在场。

36. 然而糖由监管员提供。

37. “以及在宴会中用到的所有餐具，无论是银质还是其他材质的餐具。”

※ 第三章 餐桌习俗：从布置到礼仪

1. Françoise Piponnier, « Du feu à la table : archéologie de l'équipement de bouche à la fin du Moyen Âge », *Histoire de l'alimentation*, Jean-Louis 318
Flandrin et Massimo Montanari (dir.), Fayard, 1996, p. 525-536.

2. Bruno Laurioux, *Manger au Moyen Âge*, *op. cit.*, p.215.

3. *Le propriétaire en françoys*, traduit par Jean Corbechon, édition de Lyon, 1491. Sylvain Louis, « Le projet encyclopédique de Barthélemy l'Anglais », *L'Encyclopédisme.* Actes du colloque de Caen, 12-17 janvier 1987, Annie Becq (dir.), Paris, Aux amateurs de livres, 1991, p. 147-151.

4. A. Floquet, « Un grand dîner du chapitre de Rouen à l'hôtel de Lisieux. En 1425, le jour de la saint-Jean », *Anecdotes normandes*, Rouen, 1883, p. 33-45.

5. Bruno Laurioux, *Manger au Moyen Âge*, *op. cit.*, p. 218.

6. Fabienne Ravoire, « Passons à table ! La vaisselle de table du Moyen Âge », *Histoire médiévale*, hors-série n° 8, novembre 2004-janvier 2005, p. 48-55.

7. *Le propriétaire en françoys*, 1491, *op. cit.*

8. *Le Mesnagier de Paris*, *op. cit.*, p. 574-575.

9. 其中几件在里昂的高卢罗马文明博物馆（Musée de la Civilisation gallo-romaine）展出。

10. Stéphane Vandenberghe, *Fêtes gourmandes au Moyen Âge*, *op. cit.*, p. 45. Jules Labarte, *Inventaire du mobilier de Charles V, roi de France*, Paris, Imprimerie nationale, 1879, p. 55-79.

11. "烤肉（适合其他擦手布和橙子）"，"为此需要干净的擦手布或毛巾”，参见 *Le Mesnagier de Paris*, *op. cit.*, p. 570 et 572。

12. *Mémoires d'Olivier de la Marche*, *op. cit.*, 1885, t. III, p. 120. 其中写道，“上述房间的中央摆着一个既高大又贵重的菱形餐具柜。它的下沿被围住，就像被木栅栏围住的城堡，并挂满带有公爵纹章的帷幔装饰；自下而上的每一层阶梯都摆放着餐具，其中最底层的最为粗重，最高层的最为贵重精致；低处摆放着镶金的银质餐具，高处则是数目不少的镶嵌着宝石的金质餐具……”

13. 参见 Delachenal, R., *Les Grandes Chroniques de France. Chronique des règnes de Jean II et de Charles V*, Paris, 1916, t. II, p. 236。相关阅读：Carole Lambert, *Fêtes gourmandes au Moyen Âge*, *op. cit.*, p. 44。

14. Delachenal, R., *Les Grandes Chroniques de France. Chronique des règnes de Jean II et de Charles V*, Paris, 1916, t. II, p. 237.

319 15. Françoise Robin, « Le luxe de la table dans les cours princières (1360-1480) », *Gazette des Beaux-Arts* n° 86, juillet-août 1975, p. 1-16.

16. *Le Mesnagier de Paris*, *op. cit.*, p. 568.

17. 参见 Bruno Laurioux, « Table et hiérarchie sociale à la fin du Moyen Âge », *Du manuscrit à la table*, *op. cit.*, p. 87-108，也见同作品中 Jean-Louis Flandrin, « Structure des menus français et anglais aux XIVe et XVe siècles », p. 173-192。

18. *Le Mesnagier de Paris*, *op. cit.*, à partir de la page 550.

19. “取一些蛋黄，加入面粉、盐、少许葡萄酒，用力搅拌，加入切成薄片的奶酪。将奶酪薄片和面团搅拌均匀，然后将其放入铁锅，加入油脂煎熟，也可使用牛脊髓。”

20. “例如，四旬斋期食用的干果蛋糕（tallis）。取葡萄和杏仁奶，加热。将饼、白面包皮和苹果切成小方块。将奶煮沸，加入藏红花增色，加入食糖。将材料全部下锅，煮沸至稠化，（放凉后）切开。人们在四旬斋期用它代替米饭。”

21. 相关阅读：Agathe Lafortune-Martel, « De l’entremets culinaire aux pièces montées d’un menu de propagande », *Du manuscrit à la table*, *op. cit.*, p. 121-129。

22. Dîner de « monseigneur de Lagny », *Le Mesnagier de Paris*, *op. cit.*, p. 568.

23. Bruno Laurioux, *Manger au Moyen Âge*, *op. cit.*, p. 235 ; Carole Lambert, *Fêtes gourmandes au Moyen Âge*, *op. cit.*, p. 154.

24. *Mémoires d’Olivier de la Marche*, *op. cit.*, t. IV, p. 1-94.

25. Bruno Laurioux, *Le Moyen Âge à table*, Paris, Adam Biro, 1989, p. 139.

26. 据德·拉马尔什所言，所有金银餐具都在酒水部“看箱人”的“手里”。

27. Marie-Geneviève Grossel, « La table comme pierre de touche de la courtoisie : à propos de quelques *chastoiements*, *ensenhamen* et autres *contenances de table* », *Banquets et manières de table au Moyen Âge*, *Senefiance* n° 38, CUERMA, Université de Provence, 1996, p. 181-195.

28. Norbert Elias, *La Civilisation des mœurs*, Paris, Pocket, 2000, p. 91.

29. *Les Contenances de la table* ont été transcrites par Alfred Franklin, *La Vie privée d’autrefois... Les repas*, Paris, 1889, p. 176-180. 相关阅读：S. 320 Glixelli, « Les contenances de table », *Romania*, 1921, t. 47, p. 1-40。

30. 这本《餐桌礼仪》的法文标题为 *La Contenance de la table*，据其编者阿尔弗雷德·富兰克林（Alfred Franklin）所言，这部著作出自“某位谦逊的教育学家”之笔，15 世纪末出现大号哥特式字体的印刷本。

31. *Le Mesnagier de Paris*, *op. cit.*, p. 776.

32. Zeev Gourarier, « La mutation des comportements à table au XVIIe siècle », *Les Français et la table*, Paris, Musée national des arts et traditions populaires, 1985, p. 179-191.

33. 据诺贝尔·埃利亚斯所言，伊拉斯谟在世期间，《论儿童的教养》已经重印三十余次。据统计，这部专著共有 130 个版本，其中 13 个出自 18 世纪。最早的译本是 1532 年的英译版，不久后分别出现德语和捷克语的译本。最早几版法译本的出版时间分别为 1537 年、1559 年、1569 年、1613 年。

34. Érasme, *La Civilité puérile, précédé d'une notice sur les livres de civilité depuis le XVIe siècle*, Paris, Ramsay, 1977.

35. Norbert Elias, *La Civilisation des mœurs*, *op. cit.*, p. 111.

36. 诺贝尔·埃利亚斯在书中谈到餐桌“文明”，参见 Norbert Elias, *La Civilisation des mœurs*, *op. cit.*, p. 150。

※ 第四章　大众饮食，街头餐馆：餐饮空间与模式

1. Patrick Rambourg, « La restauration parisienne à la fin du Moyen Âge », DEA, université Paris VII Denis-Diderot ; « Les fast-foods du Moyen Âge », *L'Histoire* n° 237, novembre 1999, p. 17-18 ; « Cuisine publique et restaurations de rue à la fin du Moyen Âge », *Histoire médiévale*, hors-série n° 8, novembre 2004-janvier 2005, p. 62-67.

2. *Heptaméron*, 26e nouvelle. cité par Frédéric Godefroy, *Dictionnaire de l'ancienne langue française et de tous ses dialectes du IXe au XVe siècle*, Paris, 1902, t. X, p. 561.

3. Édition d'Hercule Géraud, *Paris sous Philippe-le-Bel, d'après des*

documents originaux, et notamment d'après un manuscrit contenant le rôle de la taille imposée sur les habitants de Paris en 1292, Paris, Crapelet, 1837, p. 580-612.

4. 同上书，第 593 页。

5. 参见 Alfred Franklin, *Dictionnaire historique des arts, métiers et professions* 321
exercés dans Paris depuis le XIIIe siècle, Paris, H. Welter, éditeur, 1906, p. 336。《美男子腓力统治下的巴黎》（*Paris sous Philippe-le-Bel*）对这种烤饼（fouace）的定义是“一种埋在余烬里烤熟的面包”，参见 Hercule Géraud, *Paris sous Philippe-le-Bel*, *op. cit.*, p. 511。

6. René de Lespinasse, *Les Métiers et corporations de la ville de Paris, XIVe-XVIIIe siècle, ordonnances générales métiers de l'alimentation*, Paris, Imprimerie nationale, 1886, t. I, p. 366-397.

7. *Le Mesnagier de Paris*, *op. cit.*, p. 792.

8. Édité par René de Lespinasse et François Bonnardot, *Les Métiers et corporations de la ville de Paris, XIIIe siècle*, Paris, Imprimerie nationale, 1879, p. 145-147.

9. René de Lespinasse, *Les Métiers et corporations...*, *op. cit.*, p. 317-341, et p. 352-365.

10.《美男子腓力统治下的巴黎》提到 21 名厨师、3 名“鹅厨”、23 名贵族厨师，参见 Hercule Géraud, *Paris sous Philippe-le-Bel*, *op. cit.*, p. 541-542。

11. Alfred Franklin, *Les Rues et les cris de Paris au XIIIe siècle*, Paris, Les éditions de Paris, 1984, p. 153-164.

12. 根据《职业目录》，当时存在两个倒卖二手食物的小零售商群体：“倒卖面包、食盐、海鱼等各类食品的商贩，但他们不卖淡水鱼和加工过的蜡”；

“在巴黎倒卖水果和酸味蔬菜的商贩”。

13. René de Lespinasse, *Les Métiers et corporations...*, *op. cit.*, p. 366-397.

14. Jean-Patrice Boudet et Hélène Millet (dir.), *Eustache Deschamps en son temps*, *op. cit.*, p. 154.

15. André Bouton, « L’alimentation dans le Maine aux XVe et XVIe siècles », *Bulletin philologique et historique (jusqu’à 1610) du comité des travaux historiques et scientifiques*, année 1968, Paris, Bibliothèque nationale, vol. I, 1971, p. 159-172.

16. “穷人们在街道上用洗衣盆烹煮动物的肝、肺，以及其他下水。”参见 *Le Mesnagier de Paris*, *op. cit.*, p. 646。

17. Le *Viandier* de la Vaticane (1450-1460), chapitre « Oes et oysons en rost ».

18. *La description de la ville de Paris et de l’excellence du royaume de France transcript et extraict de pluseurs aucteurs par Guillebert de Metz, l’an 1434*, dans Le Roux de Lincy et Tisserand, *Paris et ses historiens aux XIVe et XVe siècles*, Paris, Imprimerie impériale, 1867, p. 201.

322 19. René de Lespinasse, *Les Métiers et corporations...*, *op. cit.*, p. 322.

20. 同上书，第 366−397 页。

21. *Dits de Watriquet de Couvin*, publiés par Aug. Scheler, Bruxelles, 1868, p. 381-390.

22. 巴黎教长或许是主教教务会的首席议事司铎。参见 Patrick Rambourg, *Les Repas de la confrérie Saint-Jacques-aux-Pèlerins à Paris, de 1319 à 1407* (mémoire de maîtrise, université Paris VII), 1996, p. 16 et 17。相关阅读：« Les repas de confrérie à la fin du Moyen Âge : l’exemple de la confrérie

parisienne Saint-Jacques-aux-Pèlerins au travers de sa comptabilité (XIVe siècle) », *La Cuisine et la table dans la France de la fin du Moyen Âge. Contenus et contenants du XIVe au XVIe siècle*, colloque du Centre d'étude et de recherche du patrimoine de Sens (Sens, 8-10 janvier 2004), Fabienne Ravoire et Anne Dietrich (dir.), Caen, Publications du CRAHM, 2009, p. 51-78。

23. 同上。1340—1341 年度，1090 人；1341—1342 年度，1283 人；1342—1343 年度，1068 人。

24. *Le Mesnagier de Paris*, *op. cit.*, p. 574.

25. 参见 Alfred Franklin, *Dictionnaire historique...*, *op. cit.*, p. 704。根据《巴黎家政书》的解释，端盖人（porte-chappe）的名称源自那些运送“装在盒子（capa）里面的国王的面包的人，或者源自一种用于擦刮面包以获取面包屑的工具（chape / chaple）。他们负责一切与面包相关的任务。”这些“端盖人”准备面包屑，制作用于摆放肉块的面包片，准备盐瓶等，并将其端上餐桌。参见 *Le Mesnagier de Paris*, *op. cit.*, p. 579。

26. René de Lespinasse, *Les Métiers et corporations...*, *op. cit.*, p. 303-305.

27. *Le Mesnagier de Paris*, *op. cit.*, p. 578. 书中写道，“即一名贵族厨师及其仆从们，需支付 2 法郎佣金，不含其他酬金；但厨师会支付仆从和搬运工的费用，就像人们所说的：碗越多，佣金越贵”。

28. 同上书，第 580 页。

29. 这套锡质餐具包括 10 打汤碗、6 打小盘子、2 打半大盘子、8 只夸脱杯、2 打品脱杯、2 只布施罐（放在餐桌上的容器，每位用餐者从自己碗中抽取部分食物放进去，稍后布施给穷人）。

30. René de Lespinasse, *Les Métiers et corporations...*, *op. cit.*, « Lettres patentes de Louis XII, homologuant les statuts des oyers rôtisseurs en 15

323 articles, mars 1509 », p. 354-355. « Lettres patentes de Louis XII portant confirmation des status des charcutiers, 18 juillet 1513 », p. 324-325.

31. Charles Ouin-Lacroix, *Histoire des anciennes corporations d'arts et métiers et des confréries religieuses de la capitale de la Normandie*, Rouen, 1850, p. 64.

32. Pierre Varin, *Archives législatives de la ville de Reims*, seconde partie, statuts, deuxième volume, Paris, Crapelet, 1847, p. 932. Lettres patentes de 1685.

33. Simone Roux, *Paris au Moyen Âge*, Paris, Hachette, 2003, p. 245.

34. Henry Thomas Riley, *Memorials of London and London life, in the XIII*th*, XIV*th *and XV*th *centuries*, Londres, 1868, p. 438. Bruno Laurioux, *Le Moyen Âge à table*, *op. cit.*, p. 115.

35. *Le Mesnagier de Paris*, *op. cit.*, p. 578 et 582.

36. 同上书，第 620 页。“炖牛肉的材料是午餐剩下的牛后腿冷肉及其肉汁，制作方法如下：首先，取 4—6 枚鸡蛋（包含蛋黄和蛋白），搅拌均匀（否则蛋液会转动），接着加入与蛋液等量的酸葡萄汁，放进肉汁里煮。将肉块切成薄片，取两片放入碗中，将汤汁浇在上面。”

37. 参见 Patrick Rambourg, *Les Repas de la confrérie...*, *op. cit.*, p. 58，圣雅各伯朝圣善会从采购到的活物身上取下牛皮、下水、脂肪等，将这些部分转售出去，这能为他们赚回一大笔钱，从而负担宴会的部分开销。

38. René de Lespinasse, *Les Métiers et corporations...*, *op. cit.*, p. 302.

39. Madeleine Ferrières, *Histoire des peurs alimentaires du Moyen Âge à l'aube du XX*^{e} *siècle*, Paris, Seuil, 2002, p. 220.

40. 参见 *Le Mesnagier de Paris*, *op. cit.*, p. 684，书中写道，“牛肉馅饼：取优质鲜牛肉，去除所有脂肪，将瘦肉切块，煮一锅清汤。将瘦肉、脂肪和牛脊髓拿给糕点商剁碎。”

41. René de Lespinasse, *Les Métiers et corporations...*, *op. cit.*, « Lettres du prévôt de Paris contenant une requête des pâtissiers avec un nouvel article de status », 27 novembre 1522, p. 385-386.

42. 同上书，参见 « Lettres du prévôt de Paris qui homologuent les premiers statuts des charcutiers en dix-sept articles », 17 janvier 1476, p. 319-323。“同样，每位制作熟肉的猪肉商必须用干净清洁的容器烹煮肉类。上述肉类在煮熟之 324
后，用浆洗之后尚未使用过的白布盖住……”

43. M. N. Tommaseo, *Relations des ambassadeurs vénitiens sur les affaires de France au XVIe siècle*, Paris, Imprimerie royale, 1838, t. 2, p. 569 et 603.

44. “一条是东西方向的路，经由后来的老桥（Pont Vieux），通向欧什（Auch）”，另一条是自南边而来的大路。Philippe Wolff, « L'hôtellerie, auxiliaire de la route. Notes sur les hôtelleries toulousaines au Moyen Âge », *Bulletin philologique et historique (jusqu'à 1610) du comité des travaux historiques et scientifiques*, 1960, vol. I, 1961, p. 189-205。

45. 参见 Noël Coulet, « Un gîte d'étape : les auberges à Aix-en-Provence au XVe siècle », *Voyage, quête, pèlerinage dans la littérature et la civilisation médiévales*, Sénéfiance n° 2, Aix-en-Provence, 1976, p. 107-124，诺埃尔·库莱在这篇文章中整理了 1380—1450 年保存下来的艾克斯地区公证人的全部登记簿。相关阅读：Noël Coulet, *Aix-en-Provence. Espace et relations d'une capitale (milieu XIVe siècle–milieu XVe siècle)*, Aix-en-Provence, Université de Provence, 1988, p. 324。

46. Véronique Terrasse, « Le réseau géographique des lieux de sociabilité (auberges, tavernes, étuves) à Paris et son évolution de la fin du XIIIe siècle

au milieu du XVe siècle », *Sources. Travaux historiques* n° 28, 1991-1992, p. 19-29.

47. Simone Roux, *Paris au Moyen Âge*, *op. cit.*, p. 42.

48. Noël Coulet, « Un gîte d'étape : les auberges à Aix-en-Provence au XVe siècle », *op. cit.*, p. 121-122.

49. 同上书，第 111 页。

50. 诺埃尔·库莱研究了旅馆主人的三本账簿，它们是圣索弗尔大教堂（Cathédrale Saint-Sauveur）大主教教务会的藏品。其中只有一本账簿有确切时间（1446 年）。旅馆主人于连·布塔里克（Julien Boutaric）记录了每一位顾客的信息，包括居留时长、车马随从、花费开销等。参见 Noël Coulet, *Aix-en-Provence. Espace et relations d'une capitale...*, *op. cit.*, p. 351。

51. *Ordonnances des roys de France de la troisième race*, Paris, Imprimerie royale, 1734, vol. 4, p. 534 et 593. « Règlement pour les boulangers de la Ville de Provins », février 1364 ; « Lettres en faveur des boulangers de la paroisse de St Liome [Saint-Liesne] de Melun », septembre 1365. René de Lespinasse, *Les Métiers et corporations...*, *op. cit.*, p. 206. « Lettres patentes de Charles VII contenant des règlements pour les boulangers et les meuniers, sur le poids et le prix du pain à Paris », septembre 1439.

325 52. *Ordonnances des rois de France de la troisième race*, Paris, Imprimerie royale, 1750, vol. 8, p. 629, et vol. 9, p. 61. « Confirmation des statuts [des bouchers] de la communauté de la Ville de Pontoise », janvier 1403 ; « Statuts de la communauté des bouchers de la Ville de Meulan », avril 1404.

53. Pierre Varin, *Archives législatives de la ville de Reims*, *op. cit.*, p. 144-162. « Statuts et règlement des boulangers et pâtissiers de la ville de

Reims », le 28 novembre 1561.

54. A. Sachet, *Les Rôtisseurs de Lyon*, Lyon, 1920, p. 71. Le 28 février 1573.

55. René de Lespinasse, *Les Métiers et corporations...*, *op. cit.*, p. 681. « Lettres patentes d'Henri IV du 27 décembre 1601 ».

56. Rabelais, *Pantagruel*, Paris, Le Livre de poche, 1964, p. 99.

57. *Le Mesnagier de Paris*, *op. cit.*, p. 670.

58. 大学生们根据生源地分组。盎格鲁同乡会成员主要来自北欧，如苏格兰、英格兰（人数较少）、德国、列日、匈牙利、捷克等。1367 年更名为盎格鲁 – 日耳曼同乡会，1400 年变成日耳曼同乡会。参见 Émile Chatelain, « Notes sur quelques tavernes fréquentées par l'Université de Paris aux XIVe et XVe siècles », *Bulletin de la Société de l'histoire de Paris et de l'Île-de-France*, t. XXV, 1898, p. 87-109。

59. 参见 *Le Mesnagier de Paris*, *op. cit.*, p. 622，书中写道："如果从小客栈匆忙买来肉汤，想自己做成浓汤，可以加入香料煮沸，再将鸡蛋打进去，即可上菜。"

60. M. N. Tommaseo, *Relations des ambassadeurs vénitiens...*, *op. cit.*, p. 601.

第二部分 成为美食霸主

※ 第五章 从传说到美食意识：文艺复兴时期

1. 芭芭拉·凯查姆·惠顿（Barbara Ketcham Wheaton）对此质疑，参见 326

Barbara Ketcham Wheaton, *L'Office et la bouche. Histoire des mœurs de la table en France 1300-1789*, Paris, Calmann-lévy, 1984, p. 71。

2.《科摩斯的礼物或餐桌之乐》1739 年版的书序中写道："意大利人将文明带给整个欧洲，毋庸置疑，是他们教会我们制作食物。"参见 François Marin, *Suite des Dons de Comus*, 1742, p. XLIII-XLIV。

3. *Encyclopédie ou Dictionnaire raisonné des sciences, des arts et des métiers* (1751-1780).

4. Montaigne, *Essais*, Paris, 1588, chap. LI.

5. Alfred Gottschalk, *Histoire de l'alimentation et de la gastronomie depuis la Préhistoire jusqu'à nos jours*, Paris, éditions Hippocrate, 1948, t. 2, p. 56 ; Georges et Germaine Blond, *Histoire pittoresque de notre alimentation*, Paris, Fayard, 1960, p. 300.

6. Barbara Ketcham Wheaton, *L'Office et la bouche*, *op. cit.* ; Jean-François Revel, *Un festin en paroles*, *op. cit.* ; Jean-Robert Pitte, *Gastronomie française*, *op. cit.,* Alberto Capatti et Massimo Montanari, *La Cuisine italienne*, *op. cit.*

7. Jean-Pierre Babelon, *Châteaux de France au siècle de la Renaissance*, Paris, Flammarion-Picard, 1989, p. 202.

8. André Chastel, *L'Art Français. Temps modernes, 1430-1620*, Paris, Flammarion, 1994, p. 222.

9. 普拉蒂纳著作的法译本后来得以再版，《1505 年普拉蒂纳法语版》于 2003 年问世。参见 *Le Platine en françois d'après l'édition de 1505*, avec une préface de Silvano Serventi et Jean-Louis Flandrin, Orthez, Manucius, 2003。

10. *Le Platine en François*, *op. cit.*, p. II.

11. Françoise Sabban et Silvano Serventi, *La Gastronomie à la Renaissance*, Stock, 1997, p. 33.

12. 同上书，第 46 页。

13. Alberto Capatti et Massimo Montanari, *La Cuisine italienne*, *op. cit.*, p. 152.

14. Don Antonio de Beatis, *Voyage du cardinal d'Aragon en Allemagne, Hollande, Belgique, France et Italie (1517-1518)*, Paris, Perrin, 1913, p. 255.

15. Pierre Belon du Mans, *L'histoire de la nature des oyseaux, avec* 327
leurs descriptions ; & naïfs portraicts, Paris, 1555, p. 62.

16. *Mémoires de la vie de François de Scepeaux, sire de Vieilleville et comte de Duretal, Maréchal de France*, composés par Vincent Carloix, son secrétaire, t. 2, Paris, 1757, p. 112.

17. 参见 Philip et Mary Hyman, « Les livres de cuisine et le commerce des recettes en France aux XVe et XVIe siècles », *Du manuscrit à la table*, *op. cit.*, p. 59-68。相关阅读：Alain Girard, « Du manuscrit à l'imprimé : le livre de cuisine en Europe aux XVe et XVIe siècles », *Pratiques & discours alimentaires à la Renaissance*, actes du colloque de Tours 1979, Jean-Claude Margolin et Robert Sauzet (dir.), Paris, Maisonneuve et Larose, 1982, p. 107-117。

18. Jean-Louis Flandrin, *L'Ordre des mets*, Paris, Odile Jacob, p. 115.

19. Philip et Mary Hyman, « Les livres de cuisine et le commerce... », *op. cit.*, p. 62.

20. *De re cibaria*, traduit par Sigurd Amundsen, Paris, L'intermédiaire des chercheurs et curieux, 1998, p. 60.

21. 同上书，第 335 页。

22. 根据让－路易·弗朗德兰提供的数据，西卡尔作品中相关食谱占比 44%,《食谱全集》中相关食谱占比超过 18%。参见 Jean-Louis Flandrin, « Le sucre dans les livres de cuisine français... », *op. cit*。

23 *Livre fort excellent de cuysine*, Lyon, 1555.

24. Françoise Sabban et Silvano Serventi, *La Gastronomie à la Renaissance*, *op. cit.*, p. 51.

25. 同上。

26. Philip et Mary Hyman, « Les livres de cuisine imprimés en France », *op. cit.*, p. 59. 该著作以 15 世纪末的一部手稿为基础，后者如今保存在勒芒的萨尔特省档案馆（Archives départementales de la Sarthe）。

27. 根据让－路易·弗朗德兰提供的数据,《法国厨师》(1651）中相关食谱占比超过 10%,《烹饪艺术》(1674）中相关食谱占比超过 7%。参见 Jean-Louis Flandrin, « Le sucre dans les livres de cuisine français... », *op. cit*。

28. Gilles Le Bouvier, dit Berry, *Le Livre de la description des pays*, Paris, Ernest Leroux, éditeur, 1908, p. 49.

29. Jean-Louis Flandrin, « Et le beurre conquit la France », *L'Histoire* n° 85, janvier 1986, p. 108-111.

30. *Thresor de la langue françoise tant ancienne que moderne...*, Paris, 1606, au mot « burrier ».

328 31. Jean Bruyerin-Champier, *De re cibaria*, *op. cit.*, p. 439. 相关阅读：Fabienne Ravoire, « Le voyage des pots de beurre », *Fêtes gourmandes au Moyen Âge*, *op. cit.*, p. 140。

32. 相关阅读：Barbara Ketcham Wheaton, *L'Office et la bouche...*, *op. cit.*,p. 111 ; Jean-Louis Flandrin, « Le dindon sur les tables européennes,

16e-18e siècles », *Le dindon. Journée d'étude de la Société d'ethnozootechnie. 4 avril 1992*, Paris, 1992, p. 71-84 ; Liliane Plouvier, « Introduction de la dinde en Europe », *Scientiarium Historia*, 21, 1995, p. 13-34。

33. Jean-Louis Flandrin, « Le dindon... », *op. cit.*

34. L. Cimber et F. Danjou, *Archives curieuses de l'histoire de France*, 1re série, t. 3, Paris, 1835, p. 417-422.

35. Montaigne, *Journal de voyage en Italie par la Suisse et l'Allemagne en 1580 et 1581*, Paris, Société les belles lettres, 1946, p. 207.

36. Noël Du Fail, *Les Baliverneries et les contes d'Eutrapel* (1549), Paris, Alphonse Lemerre, éditeur, 1894, t. 1, p. 47.

37. Pierre Ennès, « Le mobilier », *Musée national de la Renaissance. Château d'Écouen*, Paris, Réunion des Musées nationaux, 2000, p. 60.

38. 同上书，第 55 页。

39. Artus Thomas d'Embry, *Description de l'isle des hermaphrodites, nouvellement découverte... Pour servir de supplément au Journal de Henri III*, Cologne (1re éd. 1605), 1724, p. 98.

40. Pierre Ennès, « XVIe-XVIIIe siècles entre Flandre et l'Italie », *Histoire de la table. Les arts de la table des origines à nos jours*, Paris, Flammion, 1994, p. 65-124.

41. Artus Thomas d'Embry, *Description...*, *op. cit.*, p. 103.

42. *Journal de voyage en Italie*, *op. cit.*, p. 206.

43. Pierre Ennès, « XVIe-XVIIIe siècles... », *op. cit.*, p. 94.

44. *Le Dressoir du Prince. Services d'apparat à la Renaissance*, Paris, Réunion des Musées nationaux 1995, p. 52.

45. Fabienne Ravoire, « Céramique importée et différenciation sociale :

l'exemple de la vaisselle parisienne à la Renaissance (fin du XVe-XVIe siècle) », *Médiéval Europe*, Bâle, 2002, p. 364-373.

46. *Journal de L'Estoile pour le règne de Henri III (1574-1589)*, Paris, Gallimard, 1943, p. 241.

47. *Archéologie du Grand Louvre. Le quartier du Louvre au XVIIe siècle*, Paris, Réunion des musées nationaux, 2001, p. 144.

48. *La Civile honesteté pour les enfants*, Paris, 1560, p. XXIV.

329 49. Thomas Coryate, *Crudities*, 1776, t. I, p. 107. 引文参见Alfred Franklin, *La Vie privée d'autrefois... Les repas*, Paris, Plon, 1889, p. 53-54。

50. *Félix et Thomas Platter à Montpellier 1552-1559 – 1595-1599*, Montpellier, 1892, p. 38.

51. Artus Thomas d'Embry, *Description...*, *op. cit.*, p. 105-107.

52. « Louis le Grand, l'amour et les délices de son peuple – Le dîner du roi à l'hôtel de ville, 1687 », musées de la Ville de Paris.

53. Rapporté par Élie Brackenhoffer, *Voyage de Paris en Italie, 1644-1646*, Paris, Berger-Levrault, 1927, p. 59-60.

※ 第六章　烹饪新纪元

1. *Le Cuisinier françois, enseignant la maniere de bien apprester & assaisonner toutes sortes de Viandes grasses & maigres, Legumes, Patisseries, & autres mets qui se servent tant sur les Tables des Grands que des particuliers*, Paris, 1651.

2. *Le Cuisinier françois*, textes présentés par Jean-Louis Flandrin, Philip et Mary Hyman, Paris, Montalba, 1983, p. 62.

3. Édité dans « L'art de la cuisine française au XVIIe siècle », Paris, Payot & Rivages, 1995, p. 241-437. *Le Cuisinier ou il est traitté de la véritable méthode pour apprester toutes sortes de viandes, Gibbier, Volatiles, Poissons, tant de Mer que d'eau douce : suivant les quatre Saisons de l'Année. Ensemble la manière de faire toutes sortes de Patisseries, tant froides que chaudes, en perfection*, Paris, 1656.

4. Dominique Michel, *Vatel et la naissance de la gastronomie. Recettes du Grand Siècle, adaptées par Patrick Rambourg*, Paris, Fayard, 1999, p. 150.

5. Françoise Sabban et Silvano Serventi, *La Gastronomie au Grand Siècle*, Stock, 1998, p. 34.

6. Édité dans « L'art de la cuisine française au XVIIe siècle », *op. cit.*, p. 19-237. *L'Art de bien traiter. Divisé en trois parties. Ouvrage nouveau, curieux, et fort Galant, utile à toutes personnes, et conditions*, Paris, 1674.

7. L.S.R., *L'Art de bien traiter, op. cit.*, 1674, préface.

8. Françoise Sabban et Silvano Serventi, *La Gastronomie au Grand Siècle, op. cit.*, p. 49.

9. L.S.R., *op. cit.*, préface.

10. *Le Cuisinier françois*, textes présentés par Jean-Louis Flandrin…, 330
op. cit., p. 41-53.

11. Furetière, *Dictionnaire*, 1690.

12. *Le Cuisinier roïal et bourgeois*, Paris, 1691.

13. Philippe Sylvestre Dufour, *Traitez nouveaux & curieux du café, du thé et du chocolate*, Lyon, 1688 (2e édition), p. 306.

14. Gilly Lehmann, *The British Housewife, cookery books, cooking and society in eighteenth-century Britain*, Prospect Books, 2003, p. 174.

15. L.S.R., *op. cit.*, 1674, p. 72.

16. 同上书，第 75 页。

17. 同上书，第 78 页。

18. « Maniere de tirer le jus de champignons », Massialot, *op. cit.*, p. 186.

19. Françoise Sabban et Silvano Serventi, *La Gastronomie au Grand Siècle*, *op. cit.*, p. 69.

20. 参见 L.S.R., *op. cit.*, p. 99，作者介绍了多份精致配菜的菜谱。

21. Dominique Michel, *Vatel et la naissance de la gastronomie*, *op. cit.*, p. 161.

22. Furetière, *Dictionnaire*, 1690.

23. César Pellenc, *Les Plaisirs de la vie*, Aix, 1654 et 1655. 引文见 *Livres en bouche*, *op. cit.*, p. 63 et 129。

24. Liliane Plouvier, *L'Europe à table*, *op. cit.*, t. 2, p. 77.

25. Nicolas de Bonnefons, *Les Délices de la campagne, suitte du Jardinier françois, ou est enseigné à préparer pour l'usage de la vie, tout ce qui croît sur Terre & dans les Eaux*, [Amsterdam], seconde édition, 1655, p. 208-216.

26. Nicolas de Bonnefons, *Les Délices de la campagne...*, édition 1679, p. 171.

27. Jean-Louis Flandrin, « Choix alimentaires et art culinaire (XVIe-XVIIIe siècle) », dans *Histoire de l'alimentation*, *op. cit.*, p. 667.

28. *Le Cuisinier roïal et bourgeois*, 1691, *op. cit.*, p. 184.

29. 1696 年 5 月 18 日写给巴黎大主教的一封信，参见 *Correspondance générale de madame de Maintenon*, Paris, 1866, t. IV, p. 98。

30. Nicolas de Bonnefons, *Les Délices de la campagne*, *op. cit.*, p. 220.

31. L.S.R., *op. cit.*, p. 141.

32. 同上书，第 56 页。

33. *Le Cuisinier roïal et bourgeois*, 1691, *op. cit.*, p. 449.

34. L.S.R., *op. cit.*, p. 55. 331

35. L.S.R., *op. cit.*, p. 127.

36. Jean-Louis Flandrin, « Choix alimentaires et art culinaire (XVIe-XVIIIe siècle) », *Histoire de l'alimentation*, *op. cit.*, p. 669.

37. 三种酱汁的做法分别参见 L.S.R. 的“酱汁梭鱼”（Brochet à la sauce）、皮埃尔·德·吕讷的“白黄油鲈鱼”（Perche au beurre blanc）、L.S.R. 的“搭配新鲜三文鱼片的两道酱汁”（Deux sauces pour les darnes de saumon frais）。

38. 参见Pierre de Lune, *Le Cuisinier*, *op. cit.*，也可采用“揉和黄油”（加入面粉揉和的黄油）勾芡，弗朗索瓦·马兰在《科摩斯的礼物：续篇》中反复使用该方法，参见 François Marin, *Suite des Dons de Comus*, Paris, 1742。

39. *Les Dons de Comus, ou les délices de la table*, Paris, 1739, p. 148.

40. Antonin Carême, *L'Art de la cuisine française au XIXe siècle*, Paris, 1847, t. II, p. 188.

41. Anne-Marie Chabbert, « L'évolution historique du goût du champagne », *Papilles* n° 7, octobre 1994, p. 7-12.

※ 第七章 烹饪场所

1. Madeleine Foisil, *Le sire de Gouberville, un gentilhomme au XVIe siècle*, Paris, Champs-Flammarion, 2001, p. 36.

2. 根据菲勒蒂埃编纂的《词典》，动词 ribler 是指“夜晚闲逛之人，行为举止不检点、放荡之人，如同小混混”。参见 Furetière, *Dictionnaire*,

1690。

3. Olivier de Serres, *Le Théâtre d'agriculture et mesnage des champs* (1660), Arles, Actes Sud, 1996, p. 50.

4. 能在多处被干涸水渠环绕的 17 世纪城堡中找到这种设计，例如，弗朗索瓦・芒萨尔设计的巴勒鲁瓦城堡（Château de Balleroy）和拉斐特之家城堡（Château de Maisons）。相关阅读：*François Mansart. Le génie de l'architecture*, Jean-Pierre Babelon et Claude Mignot (dir.), Paris, Gallimard, 1998。

5. Louis Savot, *L'Architecture françoise des bastimens particuliers*, Paris, 1624, p. 39.

6. 参见 Christian Dupavillon, *Éléments d'une architecture gourmande*, Paris, Adam Biro, 2002, p. 113。让－皮埃尔・巴布隆在书中至少提到两处巴黎建筑作为例证：沙隆－卢森堡公馆（Hôtel Chalon-Luxembourg）和阿尔布雷公馆（Hôtel d'Albret），参见 Jean-Pierre Babelon, *Demeures parisiennes sous Henri IV et Louis XIII*, Paris, le temps, 1977, p. 186。

7. Jean-Pierre Babelon, *Demeures parisiennes*, *op. cit.*, p. 235.

332 8. Louis Savot, *L'Architecture françoise des bastimens particuliers*, *op. cit.*, p. 40.

9. *Lettres de la princesse Palatine, 1672-1722*, Paris, Le Temps retrouvé-Mercure de France, 2006, p. 164 (lettre du 16 janvier 1695).

10. Pierre le Muet, *Maniere de bien bastir pour toutes sortes de personnes*, Paris, 1681.

11. Christian Dupavillon, *Éléments d'une architecture gourmande*, *op. cit.*, p. 118.

12. Jacques Levron, *La cour de Versailles aux XVIIe et XVIIIe siècles*,

Paris, Perrin, tempus n° 339, p. 142.

13. 参见 Béatrix Saule, « Tables royales à Versailles 1682-1789 », *Versailles et les tables royales en Europe, XVIIe-XIXe siècles*, Paris, Réunion des musées nationaux, 1993, p. 41-68。国王行宫御膳房（Maison-Bouche）由八个部分组成：七大部门（Sept offices）和小厨房（Petit Commun，1664 年兴建）。小厨房被指定负责宫内大臣（Grand Maître）和宫务大臣（Chambellan）用餐的主桌。七大部门里有国王御膳房（Bouche du roi），另译“国王的嘴”，负责“国王与王室成员的餐桌”；还有大厨房（Offices-commun），负责为“在宫廷用餐”的官员们提供伙食。

14. Jacques Levron, *La cour de Versailles...*, *op. cit.*, p. 143.

15. L. Dussieux, *Le château de Versailles, Histoire et description*, Versailles, 1881, t. 2, p. 152.

16. Béatrix Saule, « Tables royales à Versailles 1682-1789 », *op. cit.*, p. 44.

17. 引文参见 Béatrix Saule, *op. cit.*, p. 58。

18. Henry Racinais, *Un Versailles inconnu. Les Petits appartements des roys Louis XV et Louis XVI au château de Versailles*, Paris, Henri Lefèbvre, éditeur, 1950, p. 27 et 55.

19. 同上书，第 65 页。

20. Louis Savot, *L'Architecture françoise des bastimens particuliers*, *op. cit.*, p. 66.

21. L'*Encyclopédie* de Diderot et d'Alembert (1751-1780).

22. L.S.R., *L'Art de bien traiter*, Paris, 1674, p. 65.

23. 参见章节 « Du lieu propre à faire la cuisine... » , *op. cit.*, p. 65-72。

24. L.S.R. 介绍道，“3 组挂锅铁钩架，相邻间隔约为 2 法尺”。

25. Jean de la Fontaine, *Fables*, Paris, GF-Flammarion, 1966, p. 234.

333 26. *Les Carnets de Léonard de Vinci*, Paris, Gallimard, 2009, t. 2, p. 177.

27. Michel de Montaigne, *Journal de voyage en Italie*, *op. cit.*, p. 105.

28. Louis Savot, *L'Architecture françoise des bastimens particuliers*, *op. cit.*, p. 68.

29. 路易·萨沃补充说明，桌腿最高2法尺，参见Louis Savot, *L'Architecture françoise des bastimens particuliers*, *op. cit.*, p. 67。

30. L.S.R., *op. cit.*

31. 同上书，第383页。

32. 备膳室和厨房有明确区分。关于1691年2月15日沙特尔公爵府的完整菜单，马西阿洛明确写道，第三轮菜是“新鲜水果和果酱等水果制品。这部分由备膳师负责，不属于厨师职责范围，因此不再赘述”。参见*Le Cuisinier roïal et bourgeois*, Paris, 1691, p. 3。

33. Audiger, *La Maison réglée et l'art de diriger la maison d'un grand seigneur tant à la ville qu'à la campagne* (1692), éditée dans *L'Art de la cuisine française au XVIIe siècle*, Paris, Payot & Rivages, 1995, p. 476.

34. Dominique Michel, *Vatel et la naissance de la gastronomie*, *op. cit.*, p. 139.

35. Gabriel-François, Coyer, *Bagatelles morales [...] avec le testament littéraire de M. L'abbé Desfontaines*, Londres, 1755, p. 267.

36. A. L. Millin, *Dictionnaire des Beaux-Arts*, Paris, 1806, t. 1, p. 397.

37. 根据1762年版《法兰西学院词典》，“écuyer de cuisine”是指服务于亲王或领主老爷的厨师长。参见*Dictionnaire de l'Académie française*, 1762。

38. Audiger, *La Maison réglée*, *op. cit.*, p. 480. 他们必须“尤其注意不让任何人靠近陶罐或荤杂烩，防止有人丢进去什么东西，伤害到领主老爷，或者显得主厨失职”。

39. 根据 1762 年版《法兰西学院词典》，“白肉烤肉师出售或提供的肉已经夹塞猪膘，买回去可以直接烤，但他们不售卖已经烤好的肉”。参见 *Dictionnaire de l’Académie française*, 1762。

40. Audiger, *La Maison réglée*, *op. cit.*, p. 518.

41. Patrick Rambourg, « Guerre des sexes au fourneau ! », *L’Histoire* n° 273, février 2003, p. 25-26.

42. Audiger, *La Maison réglée*, *op. cit.*, p. 518.

43. 引文参见 Stephen Mennell, *Français et Anglais à table du Moyen Âge à nos jours*, Paris, Flammarion, 1987, p. 291。

44. 斯蒂芬 • 门内尔（Stephen Mennell）表示，作为一种社会机构，宫廷的 334
起源并非私人或家庭住宅，而是军事机构。参见 Stephen Mennell, *op. cit.*, p. 288。

45. Patrick Rambourg, « Guerre des sexes au fourneau ! », *op. cit.*

※ 第八章 启蒙时代新烹饪

1. Jean-Marie Goulemot, « Quand toute l’Europe parlait français », *L’Histoire* n° 248, novembre 2000, p. 46-49.

2. *Journal de Samuel Pepys*, Paris, Le Temps retrouvé Mercure de France, 2001, p. 43.

3. 第一本专门论述糕点艺术的书，讲解如何用面团制作咸味或甜味食物。

4. *Le Cuisinier françois*, textes présentés par Jean-Louis Flandrin..., *op. cit.*, p. 72.

5. Gilly Lehmann, *The British Housewife*, *op. cit.*, p. 45.

6. Françoise Sabban et Silvano Serventi, *La Gastronomie au Grand

Siècle, *op. cit.*, p. 44-45.

7. 参见 Gilly Lehmann, *The British Housewife*, *op. cit.*, p. 81。然而，作者质疑法国人对英国上层社会的烹饪产生了长远影响这一观点。

8. *Le Cuisinier françois*, édition de 1651, *op. cit.*, « Le libraire au lecteur ».

9. *Le Cuisinier roïal et bourgeois*, 1691, *op. cit.*

10. 引文参见 *Livres en bouche*, *op. cit.*, p. 66。

11. *Journal de Samuel Pepys*, *op. cit.*, p. 61 et 198.

12. Gilly Lehmann, « Les cuisiniers anglais face à la cuisine française », *Dix-huitième siècle* n° 15, 1983, p. 75-85.

13. 引文参见 Stephen Mennell, *Français et Anglais à table...*, *op. cit.*, p. 137。

14. 同上书，第 138 页。

15. Romney Sedgwick, « The Duke of Newcastle's Cook », *History Today*, vol. 5, n° 5, mai 1955, p. 308-316. Barbara Ketcham Wheaton, *L'Office et la bouche*, *op. cit.*, p. 206.

16. 引文参见 Romney Sedgwick, *op. cit.*, p. 308。

17. 他的英国雇员称其为"Hervey"，参见 Romney Sedgwick, *op. cit.*, p. 309。

18. 引文参见 Romney Sedgwick, *op. cit.*, p. 312。

335 19. Casanova, *Histoire de ma vie*, Paris, Robert Laffont, 1999, t. 3, p. 342 et 565.

20. 引文参见 Stephen Mennell, *Français et Anglais à table...*, *op. cit.*, p. 183。

21. Vincent La Chapelle, *Le Cuisinier moderne*, *op. cit.*, édition 1742, p. 1.

22. *Les Dons de Comus, ou les délices de la table*, Paris, 1739.

23. 相关阅读：Silvano Serventi, « Préface », nouvelle édition de la *Suite des Dons de Comus* (éd. 1742), Pau, Manucius, 2001。

24. *Les Dons de Comus*, *op. cit.*, p. III.

25. 参见 *La Science du maître d'hôtel cuisinier, avec des observations sur la connoissance & les propriétés des Alimens*, Paris, éd. de 1789, p. XIX，该作品作者为梅农，序言由艾蒂安・劳雷奥・德・丰塞马尼（Étienne Lauréault de Foncemagne）写就。

26. 相关阅读：Alain Girard, « Le triomphe de "la cuisinière bourgeoise". Livres culinaires, cuisine et société en France aux XVIIe et XVIIIe siècles », *Revue d'histoire moderne et contemporaine*, t.XXIV, octobre-décembre 1977, p. 497-523 ; Jean-Claude Bonnet, « Les Manuels de cuisine », *Dix-huitième siècle* n° 15, 1983, p. 53-63。

27. *Les Dons de Comus*, *op. cit.*, p. XIX.

28. 同上，第 XX 和 XXI 页。

29. 相关阅读：Vanessa Rousseau, *Le Goût du sang*, Paris, Armand Colin, 2005。

30. *La Science du maître d'hôtel cuisinier*, *op. cit.*, p. XIX.

31. 同上书，第 XII 页。

32. *Suite des Dons de Comus*, *op. cit.*, p. XX et XXI.

33. Béatrice Fink, *Les Liaisons savoureuses. Réflexions et pratiques culinaires au XVIIIe siècle*, Saint-Étienne, Publications de l'Université de Saint-Étienne, 1995, (publication 1996), p. 14.

34. *La Science du maître d'hôtel cuisinier*, *op. cit.*, p. IX.

35. *Les Dons de Comus*, *op. cit.*, p. XXVI.

36. Béatrice Fink, *Les Liaisons savoureuses*, *op. cit.*, p. 25.

37. 长久以来，人们认为该文本的作者是阿勒尔伯爵（Comte des Alleurs），然而实际作者似乎是德斯封丹神甫（Abbé des Fontaines）。参见 *Livres en bouche*, *op. cit.*, p. 206。

38. 参见 *Lettre d'un pâtissier anglois au nouveau cuisinier françois avec un extrait du Craftsman*, [1739]，这篇文本也被斯蒂芬·门内尔收入他编著的文集，参见 Stephen Mennell (éd. par), *Lettre d'un pâtissier anglois et autres contributions à une polémique gastronomique du XVIIIe siècle*, University of Exeter, 1981。

336 39. Barbara Ketcham Wheaton, *L'Office et la bouche*, *op. cit.*, p. 246.

40. *Lettre d'un pâtissier anglois*, *op. cit.*, p. 3 et 4.

41. *Apologie des modernes ou réponse du cuisinier françois auteur des Dons de Comus, à un pâtissier anglois*, 1740.

42. 同上。

43. *Les Dons de Comus*, *op. cit.*, p. XXVIII.

44. *Suite des Dons de Comus*, *op. cit.*, t. 1, p. 14.

45. Norbert Elias, *La Civilisation des mœurs*, *op. cit.*, p. 53.

46. 在同时代的词典中，中产阶级首先是指城市居民。根据菲勒蒂埃1690年的《词典》，该词也指代“第三阶级的成员，区别于贵族和教士”。1762年的《法兰西学院词典》补充说明，“工人们谈到他们的雇主时，习惯称其为中产阶级，也就是雇佣工人者”。参见 Furetière, *Dictionnaire*, 1690；*Dictionnaire de l'Académie française*, 1762。

47. *Suite des Dons de Comus*, *op. cit.*, t. 3, p. 543.

48. Alain Girard, « Le triomphe de “la cuisinière bourgeoise” », *op. cit.*, p. 515.

49. *Suite des Dons de Comus*, *op. cit.*, t. 3, p. 597.

50. *La Cuisinière bourgeoise, suivie de l'office à l'usage de tous ceux qui se mêlent de dépenses de Maisons*, Paris, 1746.

51. Alice Peeters, postface, *La Cuisinière bourgeoise*, Bruxelles, 1774, rééditée en 1981, Temps actuels, p. 484.

52. *La Cuisinière bourgeoise*, Paris, 1752, t. 2, *Avertissement.*

※ 第九章　从穷人饮食到土豆

1. Lise Andries, « Cuisine et littérature populaire », *Dix-huitième siècle* n° 15, 1983, p. 33-48.

2. 参见 Rétif de La Bretonne, *La Vie de mon père*, Paris, 1969, p. 171。引文参见 Lise Andries, *op. cit.*。

3. 四本小册子的标题与年份如下：*Victus ratio scholasticis pauperibus, paratu facilis et salubris*, 1542 ; *Regime de sante pour les pauvres, facile à tenir*, 1544 ; *Remedes certains et bien epprouvés contre la peste*, 1544 ; *Conseil tres utile contre la Famine : & remedes d'icelle*, 1546。相关阅读：Jean Dupèbe, « La diététique et l'alimentation des pauvres selon Sylvius », *Pratiques & discours alimentaires à la Renaissance, op. cit.*, p. 41-56。

4. Lise Andries, *op. cit.* 337

5. Vincent La Chapelle, *Le Cuisinier moderne, qui apprend à donner toutes sortes de repas...*, La Haye, 1742, t. 1, p. 65.

6. 同上书，第 66–68 页。

7. 参见 *La Cuisine des pauvres, ou collection des meilleurs Mémoires qui ont parus depuis peu, soit pour remédier aux accidens imprévus de la disette des Grains, soit pour indiquer des moyens aux Personnes peu aisées,*

de vivre à bon marché dans tous les tems, Dijon, 1772。该论文集由一名勃艮第三级会议前官员献给该三级会议。

8. *Avis contenant la maniere de se nourrir bien & à bon marché, malgré la cherté des Vivres* ; *Mémoire contenant une Méthode sure pour faire du Pain de Pommes de terre, bon & agréable au goût.*

9. *Mémoire contenant une Méthode sure pour faire du Pain de Pommes de terre...*, *op. cit.*, p. 14.

10. 同上书，第 16 页。

11. *Mémoire sur les pommes de terre et sur le pain économique*, p. 47-48.

12. *Maniere d'aprêter le riz économique, op. cit.*, p. 26-27.

13. 同上书，第 28 页。

14. *Mémoire sur les pommes de terre et sur le pain économique*, 1767, p. 43.

15. 同上。

16. *Lettre d'un citoyen à ses compatriotes, au sujet de la Culture des Pommes de terre*, p. 55.

17. Antoine-Augustin Parmentier, *Examen chymique des pommes de terre. Dans lequel on traite des Parties constituantes du Bled*, Paris, 1773, p. 5.

18. A.-A. Cadet-de-Vaux, *L'ami de l'économie aux amis de l'humanité, sur les pains divers*. « Dans la composition desquels entre la Pomme-de-Terre, ainsi que sur les nouvelles appropriations d'un de ses produits, le *Parenchyme*, dont la conversion en Pain offre la solution du plus important problème de l'économie alimentaire des classes indigentes ; observations communiquées à la société royale et centrale d'agriculture », Paris, 1816, p. 9.

19. Steven L. Kaplan, *Le meilleur pain du monde. Les boulangers de Paris au XVIIIe siècle*, Paris, Fayard, 1996, p. 47.

20. Béatrice Fink, « L'avènement de la pomme de terre », *Dix-huitième siècle* n° 15, 1983, p. 19-27.

21. Antoine-Augustin Parmentier, *Examen chymique des pommes de terre…*, *op. cit.*, p. 199-200.

22. 同上书，第 225–226 页。 338

23. Béatrice Fink, « L'avènement de la pomme de terre », *op. cit.*, p. 22.

24. 参见 Le Grand D'Aussy, *Histoire de la vie privée des Français depuis l'origine de la nation jusqu'à nos jours* (1782), Chilly-Mazarin, Sens éditions, 1999, p. 105。但在这句后面，作者接着写道："然而这一时的追捧，土豆并不配拥有，于是热度很快消减。土豆口感绵软，天然无味，不算健康食品，含有大量未发酵的淀粉，食用后肠胃易胀气，且难以消化。因此它被讲究的人家扫地出门，被重新打回平民的世界，毕竟穷人的味觉更粗野，肠胃没那么脆弱，任何能充饥的东西都能让他们满足。"

25. 参见 *Les Soupers de la cour, ou l'art de travailler toutes sortes d'alimens, pour servir les meilleures Tables, suivant les quatre Saisons*, Paris, 1755, t. IV, p. 150。在很长时间里，人们将菊芋和土豆混为一谈，二者都来自新世界。梅农明确区分这两种块茎："土豆和菊芋的烹煮方法（与水煮婆罗门参）一样，即沥干，去皮，接着放入辣味白酱或芥末酱。"

26. 参见 *La Cuisinière républicaine, qui enseigne la manière simple d'accomoder les Pommes de terre ; avec quelques avis sur les soins nécessaires pour les conserver*, Paris, l'An III de la République，人们向来认为该书作者是出版商梅里戈（Mérigot）的妻子。

27. *La Cuisine renversée, ou le nouveau ménage. Par la Famille du Professeur d'architecture rurale*, Lyon, An 4, p. 11.

28. A. Viard, *Le Cuisinier impérial, ou l'art de faire la cuisine et la*

patisserie pour toutes les fortunes ; avec différentes Recettes d'Office et de Fruit confits, et la manière de servir une Table depuis vingt jusqu'à soixante Couverts, Paris, 1806, p. 384-387.

29. Antoine Beauvilliers, *L'Art du cuisinier*, *op. cit.*, t. II, p. 211-213.

30. Philip et Mary Hyman, dans le dossier consacré aux pommes de terre, dans *Slow* n° 1, mai-juillet 1999, p. 76.

31. 相关阅读：Patrick Rambourg, « Steak en sauce : ou comment les sauces françaises contribuèrent au succès du steak anglais aux 18e et 20e siècles », *Papilles* n° 25, novembre 2004, p. 29-43。

※ 第十章　餐桌艺术的形成

339 1. Louis Savot, *L'Architecture françoise des bastimens particuliers*, *op. cit.*, p. 76.

2. Jean-Pierre Babelon, *Demeures parisiennes*, *op. cit.*, p. 196.

3. 同上。

4. 参见 Pierre Le Muet, *Manière de bien bastir pour toutes sortes de personnes*, seconde partie, *Augmentations de nouveaux bastimens faits en France*, Paris, 1647。相关阅读：la notice 101 dans *Livres en bouche*, *op. cit.*, p. 132。

5. Robert W. Berger, *Antoine Le Pautre. A French Architect of the Era of Louis XIV*, New York, New York University Press, 1969.

6. 参见 Dominique Michel, *Vatel et la naissance de la gastronomie*, *op. cit.*, p. 196。书中写道："晚上，餐厅被 2 盏水晶吊灯照亮，设有 31 把木椅，宴客围桌而坐，人多时可以分桌。"

7. L.S.R., *L'Art de bien traiter*, 1674, *op. cit.*, p. 19.

8. 一间冬季餐厅位于三楼，另外一间夏季餐厅“长期位于上方露台层”，参见 Béatrix Saule, « Tables royales à Versailles 1682-1789 », *Versailles et les tables royales en Europe..., op. cit.*, p. 58. Daniel Alcouffe, « La naissance de la table à manger au XVIIIe siècle », *Rencontres de l'École du Louvre. La table et le partage*, Paris, La Documentation française, 1986, p. 57-65。

9. 参见 Béatrix Saule, *op. cit.*, p. 58。相关阅读：Roy Strong, *Feast. A History of Grand Eating*, Londres, Jonathan Cape, 2002, p. 213。

10. 在施瓦西（Choisy），路易十五用餐时不再需要侍从，因为他让人安放了一张“活动”餐桌，它的中间部分可以移动，用于摆放盘子和蜡烛。相关阅读：Béatrix Saule, *op. cit.*, p. 60。

11. 同上书，第 58 页。该画作现藏于尚蒂伊城堡（Château de Chantilly）的孔代博物馆（Musée Condé）内。

12. Marie-Laure Crosnier Leconte, « Salle à manger privée », *À table au XIXe siècle*, Paris, Flammarion, 2001, p. 148-168.

13. Daniel Alcouffe, « La naissance de la table à manger au XVIIIe siècle », *op. cit.*, p. 58.

14. 同上书，第 60 页。

15. 圆餐桌并非 18 世纪的新创造：从 17 世纪开始，膳食官员写下的文本中经常提及这种造型的餐桌。

16. Jean-Louis Flandrin, « Les repas en France et dans les autres pays 340
d'Europe du XVIe au XIXe siècle », *op. cit.*, p. 217.

17. 我要感谢研究巴黎私人公馆的专家迪迪埃·布沙尔，在他的指引之下，我才开始关注这些建筑中的奢华餐厅。

18. L.S.R., *L'Art de bien traiter*, *op. cit.*, p. 20.

19. *L'École parfaite des officiers de bouche, qui enseigne les devoirs, du*

Maître-d'hôtel & du Sommelier ; la maniere de faire les Confitures sèches & liquides, les Liqueurs, les Eaux, les Pommades & les Parfums ; la Cuisine ; à découper les Viandes & à faire la Pâtisserie, neuvième édition, Paris, 1729, p. 56.

20. L.S.R., *L'Art de bien traiter*, *op. cit.*, p. 31-32.

21. 同上书，第 24 页。

22. *Les Délices de la campagne*, *op. cit.*, p. 373.

23.《完美膳食官学校》1662 年版、1729 年版均未提及餐叉摆放位置。但是 1662 年版解释道，如果桌上有餐具盒，人们会在上面摆放一支餐刀、一支汤匙和一支餐叉。参见 *L'École parfaite des officiers de bouche*, *op. cit.*, éditions 1662 & 1729。

24. *L'École parfaite des officiers de bouche*, 1729, *op. cit.*, p. 57.

25. 参见 *L'Escole parfaite des officiers de Bouche ; contenant Le vray Maistre-d'Hostel, Le grand Escuyer-Tranchant, Le Sommelier Royal, Le Confiturier Royal, Le Cuisinier Royal, et le Patissier Royal*, Paris, 1662, p. 94-108。相关阅读：Dominique Michel, *Vatel et la naissance de la gastronomie*, *op. cit.*, p. 202。

26. Silvano Serventi, « La table dressée », *Livres en bouche*, *op. cit.*, p. 167-177.

27. Gilliers, *Le Cannamelistes français, ou nouvelle instruction pour ceux qui désirent d'apprendre l'office*, Nancy et Paris, 1768, p. 75 et 227.

28. 关于中央摆件的更多例证，参见 *Versailles et les tables royales en Europe*, *op. cit.*, p. 280, 304-305, 313-314。

29.《现代厨师》第一册开篇谈论"膳食总管的职责"，马西阿洛的《从宫廷御膳到中产阶级饮食》同样如此。这两部著作十分相像，而且它们与奥迪热的《有序之宅》也很相近。参见 *Le Cuisinier moderne*, (1742) *op. cit.*,

p. 2-8 ; Massialot, *Le Nouveau cuisinier royal et bourgeois*, 1739, p. 2-10 ; Audiger, *La Maison réglée*, 1692。

30. 备膳室是准备最后一轮菜肴的场所，如水果和甜点，但也用于制作沙拉和冷菜等。

31. Massialot, *Le Nouveau cuisinier royal et bourgeois*, *op. cit.*, p. 4.

32. Vincent La Chapelle, *Le Cuisinier moderne*, *op. cit.*, p. 4. 341

33. Massialot et La Chapelle, *op. cit.*

34. Audiger, *La Maison réglée*, *op. cit.*, p. 466.

35. Dominique Michel, *Vatel et la naissance de la gastronomie*, *op. cit.*, p. 126.

36. *L'Escole parfaite des officiers de Bouche*, 1662, *op. cit.*, p. 3-4.

37. Jean-Louis Flandrin, *L'Ordre des mets*, *op. cit.*, p. 130.

38. L.S.R., *L'Art de bien traiter*, *op. cit.*, p. 343.

39. Dominique Michel, *Vatel et la naissance de la gastronomie*, *op. cit.*, p. 211.

40. *L'École parfaite des officiers de bouche*, 1729, *op. cit.*, p. 495-499.

41. Jean-Louis Flandrin, *L'Ordre des mets*, *op. cit.*, p. 119 ; *Livres en bouche*, *op. cit.*, p. 105.

42. *L'École parfaite des officiers de bouche*, 1729, *op. cit.*, p. 294.

43. 许多著作谈到“规矩用餐”，例如《完美膳食官学校》，参见 *L'École parfaite des officiers de bouche*, 1729, *op. cit.*, p. 290 et 495。

44. L.S.R., *L'Art de bien traiter*, *op. cit.*, p. 301.

45. Vincent La Chapelle, *Le Cuisinier moderne*, *op. cit.*, p. 1.

46. Massialot, *Le Nouveau cuisinier royal et bourgeois*, *op. cit.*, p. 9.

47. 引文参见 Dominique Michel, *Vatel et la naissance de la gastronomie*,

op. cit., p. 210。

48. Massialot, *Le Nouveau cuisinier royal et bourgeois*, *op. cit.*, p. 8.

49. Silvano Serventi, « La table dressée », *Livres en bouche*, *op. cit.*, p. 173. Edmond Neirinck et Jean-Pierre Poulain, *Histoire de la cuisine et des cuisiniers*, Paris, Jacques Lanore, 1995, p. 42.

50. 相关阅读：Claudine Marenco, *Manières de table, modèles de mœurs, 17e-20e siècle*, Cachan, E.N.S., 1992。

第三部分　巴黎餐饮业的繁荣

※ 第十一章　餐馆：从出现到成功

1. René de Lespinasse, *Les Métiers et corporations...*, *op. cit.*, « Statuts
342 des maîtres queux, cuisiniers, porte-chappes et traiteurs de la ville de Paris, en 45 articles, avec lettres patentes de Louis XIV confirmatives », p. 306-314.

2. 同上书，第 310-311 页。

3. 参见 René de Lespinasse, *Les Métiers et corporations...*, *op. cit.*, p. 689, dans une ordonnance du 29 novembre 1680。在此之后，该条款反复被更新。1647 年 8 月颁布了《路易十四国王诏书——葡萄酒商、旅馆经营者、小饭馆经营者 40 项管理条例》，其中第 24 项已经明确规定："区分某人是旅馆或小饭馆经营者，还是葡萄酒批发零售商的标准在于，旅馆或小饭馆经营者必须在铺有桌布的餐桌上摆放盛肉的餐盘，否则不能如此称呼。"

4. *Recueil d'arrêts, ordonnances, statuts et reglemens, concernant la communauté des maîtres queulx cuisiniers-traiteurs de la ville, faubourg*

et banlieue de Paris ; fait en octobre 1761, par les soins, la diligence & pendant la Comptabilité du Sieur Marcille, & des Sieurs Rouard, Lepretre & Coquin, Jurés en Charge, Paris, 1761, p. 65-69.

5. *Recueil d'arrêts, ordonnances, statuts et reglemens*, *op. cit.*, « Arrêt du Parlement du 30 juin 1735, en forme de règlement, rendu entre la communauté des maîtres cuisiniers-traiteurs et celle des maîtres chaircuitiers », p. 202.

6. *Recueil d'arrêts, ordonnances, statuts et reglemens*, *op. cit.*, « Arrest du conseil d'État du roi » du 20 mars 1764, p. 243.

7. 参见 *Essai sur l'Almanach général d'indication d'adresse personnelle et domicile fixe, des six corps, arts et métiers*, Paris, 1769。根据国王批准的出版授权，其作者为罗泽·德·尚图瓦索（Roze de Chantoiseau）。

8. *Supplément aux tablettes royales de renommée, et d'indication des négocians, artistes célèbres et fabricans des six corps, arts et métiers de la ville de Paris et autres villes du royaume*, [Paris, 1775 ?], p. 39-40.

9. Louis Sébastien Mercier, *Tableau de Paris. Nouvelle édition, corrigée & augmentée*, Amsterdam, 1783, t. 5, p. 11-14.

10. 令人惊讶的是，仍有作家对法国大革命之前已存在类似“餐馆”的场所感到意外，参见 Bruno Girveau, « Le Restaurant pour tous », *À table au XIXe siècle*, *op. cit.*, p. 182。然而近几十年来，研究者们早已正视并接受这一观点，参见 Barbara Ketcham Wheaton, *L'Office et la bouche*, *op. cit.*, p. 105 ; Stephen Mennell, *Français et Anglais à table*, *op. cit.*, p. 197 ; Jean-Robert Pitte, *Gastronomie française*, *op. cit.*, p. 157 et « Naissance et expansion des restaurants », *Histoire de l'Alimentation*, *op.* cit., p. 767-778 ; Rebecca L. Spang, *The Invention of the Restaurant*, Cambridge, Massachusetts, Londres, Harvard University Press, 2001。 343

11. Louis Sébastien Mercier, *Tableau de Paris*, *op. cit.*, t. 1, p. 115-213.

12. [Mayeur de Saint-Paul], *Tableau du nouveau Palais-Royal*, Londres et Paris, 1788, p. 66.

13. Denis Diderot, *Œuvre complètes*, Paris, Le club français du livre, 1970, t. 7, p. 590.

14. *L'Avantcoureur feuille hebdomadaire, où sont annoncés les objets particuliers des sciences, de la littérature, des arts, des métiers, de l'industrie, des spectacles, & les nouveautés en tout genre*, Paris, 1767, lundi 9 mars, p. 151-153.

15. *L'Avantcoureur*, *op. cit.*, lundi 6 juillet, p. 422-424.

16. *Le Cuisinier*, éd. 1995, *op. cit.*, p. 250.

17. *L'Avantcoureur*, lundi 6 juillet, *op. cit.*

18. *L'Avantcoureur*, lundi 9 mars, *op. cit.*

19. Le Grand d'Aussy, *Histoire de la vie privée des Français...*, Paris, éd. 1782, t. 2, p. 213-214.

20. *Causes célèbres, curieuses et intéressantes, de toutes les cours souveraines du royaume, avec les jugemens qui les ont décidées*, Paris, 1786, t. 143, p. 184. Par un arrêt du 28 juin 1786.

21. 同上书，第 156–157 页。

22. 同上书，第 159–160 页。

23. *Tableau du nouveau Palais-Royal*, *op. cit.*, p. 49.

24. 同上书，第 31 页。

25. 同上书，第 63–64 页。

26. 同上书，第 73 页。

27. [Blagdon, Francis William], *Paris as it was and as it is ; or a Sketch of the French Capital, illustrative of the effects of the Revolution*, Londres, t.

1, 1803, p. 437-460.

28. 美食餐厅版图同样在 19 世纪逐步形成。参见 Jean-Robert Pitte, *Gastronomie française*, *op. cit.*, p. 166. *Atlas historique de la gastronomie française*, Anthony Rowley (dir.), Paris, Hachette, p. 88-89。

29. *Almanach des gourmands*, première année, troisième édition, Paris, 1804, p. 173-174.

30. Reichard, *Guide des voyageurs en France*, Weimar, 1810, p. 95.

31. *Almanach de l'étranger à Paris*, Paris, 1867, p. 230-231.

32. 参见 Antoine Caillot, *Mémoires pour servir à l'histoire des mœurs* 344
et usages des Français, Paris, 1827, t. 1, p. 357。相关阅读：Jean-Paul Aron, *Essai sur la sensibilité alimentaire à Paris au XIX*e *siècle*, Paris, Armand Colin, 1967, p. 18。

33. Eugène Briffault, *Paris à table*, Paris, 1846, p. 149.

34. Bruno Girveau, « Le Restaurant pour tous », *À table au XIX*e *siècle*, *op. cit.*, p. 182. 相关阅读：Jean-Paul Aron, *Le Mangeur du XIX*e *siècle*, Paris, Payot, 1989 ; Karin Becker, « "Gula punit gulax : Faire de la morale aux estomacs", le discours alimentaire dans *Les Misérables* », *Actualité[s] de Victor Hugo*, Actes du colloque de Luxembourg-Vianden 8-11 novembre 2002, Paris, Maisonneuve & Larose, 2004, p. 69-89 ; « The French Novel and Luxury Eating in the Nineteenth Century », *Eating Out in Europe. Picnics, Gourmet Dining and Snacks since the Late Eighteenth Century*, Marc Jacobs et Peter Scholliers (dir.), Oxford et New York, Berg, 2003, p. 199-214 ; *Der Gourmand, der Bourgeois und der Romancier. Die französische Eßkultur in Literatur und Gesellschaft des bürgerlichen Zeitalters*, Frankfort, Klostermann, 2000。

35. Honoré de Balzac, *Illusions perdues*, Pocket 1999, p. 192-193.

36. 同上书，第 219 页。

37. Eugène Briffault, *Paris à table*, *op. cit.*, p. 157.

38. 同上书，第 162 页。

39. *Almanach de l'étranger à Paris*, *op. cit.*, p. 232.

40. 同上书，第 239 页。

41. Eugène Chavette, *Restaurateurs et restaurés*, Paris, 1867, p. 79-81.

42. 同年，《巴黎外国人年鉴》介绍了如下地址："总店位于皇家宫殿街区（Quartier du Palais-Royal）的孟德斯鸠街 6 号（Rue Montesquieu, n° 6）；其余门店分别位于大道街区（Quartier des boulevards）的圣马丁大道 13 号（Boulevard Saint-Martin, n° 13），中央街区（Quartier du centre）的塞瓦斯托波尔大道141号（Boulevard Sébastopol, n° 141）、里沃利街47号（Rue de Rivoli, n° 47），大道街区的蒙马特街 143 号（Rue Montmartre, n° 143）、圣托马修女街 7号（Rue des filles Saint-Thomas, n° 7），皇家宫殿街区的铸币街 21 号（Rue de la Monnaie, n° 21）、萨尔蒂纳街 10 号（Rue Sartine, n° 10），大道街区的博勒加尔街 2 号（Rue Beauregard, n° 2）。"

43. 参见 Julien Turgan, « Les établissements Duval », *Les Grandes usines, études industrielles en France et à l'étranger*, Paris, Calmann-Lévy, t. 14, 1882, p. 1-32，书中展示了杜瓦尔平价食堂孟德斯鸠街分店。

44. 同上书，第 28 页。

345 45. Bruno Girveau, « Restaurants parisiens et décoration (1800-1914), l'œil et le palais », *Les Décors des boutiques parisiennes*, Paris, Délégation à l'action artistique de la ville de Paris, 1987, p. 102-128.

46. Julien Turgan, « Les établissements Duval », *op. cit.*, p. 29.

47. Antoine Caillot, *Mémoires pour servir à l'histoire des mœurs et usages des Français*, *op. cit.*, p. 361.

※ 第十二章 美食学著作登场

1. Stephen Mennell, *Français et Anglais à table*, *op. cit.*, p. 205-206.

2. “美食家庭审”出自《美食家年鉴》第二年第二版的卷首插图标题，参见 *Almanach des gourmands*, deuxième année, seconde édition, Paris, 1805。

3. Pascal Ory, *Le Discours gastronomique français*, *op. cit.*, p. 12.

4. 相关阅读：Gustave Desnoiresterres, *Grimod de La Reynière et son groupe*, Paris, 1877 ; Jean-Claude Bonnet, « L'Écriture gourmande de Grimod de La Reynière », *L'Histoire* n° 85, 1986, p. 83-86, et « L'Éclosion de la littérature gastronomique », *Livres en bouche*, *op. cit.*, p. 223-230.

5. *Almanach des gourmands*, troisième année, seconde édition, Paris, 1806, p. 161.

6. *Almanach des gourmands*, première année, troisième édition, Paris, 1804, p. IX.

7. Pascal Ory, *Le Discours gastronomique français*, *op. cit.*, p. 60-61.

8. *Almanach des gourmands*, première année, troisième édition, *op. cit.*, p. XIII.

9. 同上书，第 XV 页。

10. *Almanach des gourmands*, seconde année, seconde édition, Paris, 1805, p. XIX-XX.

11. Julia Abramson, « Legitimacy and Nationalism in the *Almanach des Gourmands* (1803-1812) », *Journal for early modern cultural studies*, vol. 3, n° 2, hiver 2003, p. 101-135.

12. *Almanach des gourmands*, cinquième année, Paris, 1807, p. 84. 346

13. Lettre du 5 mars 1823, cité par Gustave Desnoiresterres, *Grimod de*

La Reynière et son groupe, *op. cit.*, p. 304.

14. Antonin Carême, *Le Cuisinier parisien*, Paris, 1828, p. 30.

15. Grimod de la Reynière, *Manuel des Amphitryons*, 1808, Paris, Métailié, 1983, p. XXXV.

16. 同上书，第 3 页。

17. 同上书，第 106 页。

18. 同上书，第 202 页。

19. 同上书，第 204 页。

20. 同上书，第 217 页。

21. Antonin Carême, *Le Cuisinier parisien*, *op. cit.*, p. 30.

22. *Manuel des Amphitryons*, *op. cit.*, p. 262.

23. Jean Anthelme Brillat-Savarin, *Physiologie du goût*, éd. 1965, *op. cit.*, p. 35.

24. 同上书，第 66–67 页。

25. 同上书，第 54 页。

26. 同上书，第 177 页。

27. 同上书，第 180 页。

28. Julia Csergo, « La Modernité alimentaire au XIXe siècle », *À table au XIXe siècle*, *op. cit.*, p. 47.

29. Priscilla Parkhurst Ferguson, *Accounting for Taste. The Triumph of French Cuisine*, Chicago et Londres, The University of Chicago Press, 2004, p. 92.

※ 第十三章　烹饪艺术，艺术烹饪

1. Jules Gouffé, *Le Livre de cuisine*, 1867, Paris, Parangon, 2001, p. 6.

2. Urbain Dubois, *Cuisine artistique, études de l'école moderne*, 2 vol., Paris, 1882.

3. 相关阅读：Béatrice Fink, « Lecture iconographique des livres de cuisine français des Lumières », *Papilles* n° 10-11, mars 1996, p. 91-101。

4. Antonin Carême, *Le Pâtissier pittoresque*, Paris, 1828 (troisième édition), p. 7.

5. Joseph Favre, *Dictionnaire universel de cuisine et d'hygiène* 347
alimentaire, Paris, 1891, t. 2, p. 746.

6. Antonin Carême, *Le Cuisinier parisien*, *op. cit.*, p. 125-126.

7. Joseph Favre, *Dictionnaire universel de cuisine pratique*, Paris, 1905, t. 3, p. 1079.

8. Antonin Carême, *Le Cuisinier parisien*, *op. cit.*, p. 139.

9. 一种以面粉、食糖、蛋白、黄芪胶和水制成的面团。它应当呈白色，质地结实。参见 *Le Pâtissier pittoresque*, Paris, 1828, p. 8。

10. Antonin Carême, *Le Cuisinier parisien*, *op. cit.*, p. 156.

11. Joseph Favre, *Dictionnaire universel de cuisine*, seconde édition, *op. cit.*, t. 1, p. 183.

12. Antonin Carême, *Le Cuisinier parisien*, *op. cit.*, p. 147.

13. 不过，路易 – 厄斯塔什 · 奥多的著作，《乡村与城市的女厨师》在后来的新版本（1825 年，第四版）中使用了一幅展示两道沙拉的彩色版画，参见 Louis-Eustache Audot, *La Cuisinière de la campagne et de la ville*, 4e édition, 1825。相关阅读：Gérard Oberlé, *Les Fastes de Bacchus et de Comus*, Paris, Belfond, 1989, p. 118-119。

14. Jules Gouffé, *Le Livre de cuisine*, *op. cit.*, p. 9.

15. 同上书，第 10 页。

16. Antonin Carême, *L'Art de la cuisine française au dix-neuvième siècle*, Paris, 1847, t. I, p. LVII.

17. Jules Gouffé, *Le Livre de cuisine*, *op. cit.*, p. 5.

18. 同上书，第 32 页。

19. 同上书，第 150 页。

20. Antonin Carême, *Le Maître d'hôtel français, traité des menus à servir à Paris, à Saint-Pétersbourg, à Londres et à Vienne*, Paris, 1842, t. 1, p. 37.

21. Jules Gouffé, *Le Livre de cuisine*, *op. cit.*, p. 257.

22. 同上书，第 258 页。

23. 同上。

24. Antonin Carême, *L'Art de la cuisine française au dix-neuvième siècle*, *op. cit.*, t. II, p. 188.

25. 同上书，卷一，第 51 页。

26. 根据作者的计算。

27. Priscilla Parkhurst Ferguson, *Accounting for Taste*, *op. cit.*, p. 71.

28. 相关阅读：Hervé This, *Les Secrets de la casserole*, Paris, Belin, 1997, p. 68-72。

29. Brillat-Savarin, *Physiologie du goût*, *op. cit.*, p. 79.

348 30. Antonin Carême, *L'Art de la cuisine française au dix-neuvième siècle*, *op. cit.*, t. I, p. 3. 相关阅读：Edmond Neirinck et Jean-Pierre Poulain, *Histoire de la cuisine et des cuisiniers*, *op. cit.*, p. 74。

31. 参见 Patrick Rambourg, « Steak en sauce : ou comment les sauces françaises contribuèrent au succès du steak anglais aux 18e et 20e siècles », *op. cit.*。

32. Antonin Carême, *L'Art de la cuisine française au dix-neuvième*

siècle, *op. cit.*, t. 3, p. 3.

33. 同上书，第 117 页。

34. Auguste Escoffier, avec la collaboration de MM. Philéas Gilbert, E. Fétu, A. Suzanne, B. Reboul, Ch. Dietrich, A. Caillat, *Le Guide culinaire*, Paris, 1903, p. 125.

※ 第十四章　烹饪空间：意料之中的改革

1. Urbain Dubois, *Cuisine artistique, études de l'école moderne*, *op. cit.*, t. 1, p. 2.

2. Jules Gouffé, *Le Livre de cuisine*, *op. cit.*, p. 260.

3. Urbain Dubois, *Cuisine artistique*, *op. cit.*, t. 1, p. 3.

4. Antonin Carême, *L'Art de la cuisine française au dix-neuvième siècle*, *op. cit.*, t. II, p. XX.

5. Gustave Garlin, *Le Cuisinier moderne ou les Secrets de l'art culinaire*, Paris, 1889, t. 1, p. XXXVIII-XXXIX.

6. Alain Drouard, *Histoire des cuisiniers en France XIXe-XXe siècle*, Paris, CNRS éditions, 2004, p. 39.

7. Stephen Mennell, *Français et Anglais à table, du Moyen Âge à nos jours*, *op. cit.*, p. 242.

8. « Éditorial », *L'Art culinaire* n° 1, 1883.

9. Marie-Noël de Gary et Gilles Plum, *Les Cuisines de l'hôtel Camondo*, Paris, Union centrale des arts décoratifs, 1999, p. 13. 如今能在尼辛德卡蒙多博物馆（Musée Nissim de Camondo）参观这些经过精心修复的厨房。

10. 同上书，第 13 页。

11. Jules Gouffé, *Le Livre de cuisine*, *op. cit.*, p. 18.

12. 同上书，第 18 页。

13. Julia Csergo, « La modernité alimentaire au XIXe siècle », *À table au XIXe siècle*, *op. cit.*, p. 42-69.

349 14. Jules Gouffé, *Le Livre de cuisine*, *op. cit.*, p. 17-18.

15. A. Cadet-de-Vaux, *Fourneau-potager économique, consommant, pour la préparation du dîner d'une famille, de 8 à 10 centimes en bois, ou de 12 à 15 centimes en charbon*, Paris, 1807, p. 10.

16. 同上书，第 10 页。

17. 阿雷尔也改良了卡代－德－沃炉灶，包括烤架位置（起初是水平放在炉灶上）。

18. A. Cadet-de-Vaux, *Fourneau-potager économique*, *op. cit.*, p. 71.

19. Jules Gouffé, *Le Livre de cuisine*, *op. cit.*, p. 29.

20. Armand Lebault, *La Table et le repas à travers les siècles*, Paris, Lucien Laveur, éditeur, 1910, p. 674.

21. Marie-Noël de Gary et Gilles Plum, *Les Cuisines de l'hôtel Camondo*, *op. cit.*, p. 17.

22. 参见 Louis Girard, *La Deuxième République et le Second Empire 1848-1870*, Paris, Nouvelle histoire de Paris, 1981, p. 192-199。书中写道："1829 年圣西尔韦斯特雷节（Saint-Sylvestre），和平街（Rue de la Paix）被煤气灯照亮，自那之后，这种新照明方式普及。1847 年，巴黎街头总计有 2600 盏煤油路灯、8600 盏煤气路灯。"

23. Jules Gouffé, *Le Livre de cuisine*, *op. cit.*, p. 30.

24. Urbain Dubois, *Cuisine artistique, études de l'école moderne*, *op. cit.*, p. 3-4.

25. Jules Gouffé, *Le Livre de cuisine*, *op. cit.*, p. 30.

26. Gustave Garlin, *Le Cuisinier moderne ou les Secrets de l'art culinaire*, *op. cit.*, p. XXXVIII.

27. 同上书，第 XXXIX 页。

28. Jules Gouffé, *Le Livre de cuisine*, *op. cit.*, p. 353.

29. Gustave Garlin, *Le Cuisinier moderne ou les Secrets de l'art culinaire*, *op. cit.*, p. XL.

30. “熬成糖浆状”（faire tomber la glace）是指在任意汁水的收汁过程中逐渐把火盖住的收汁技巧。参见 Jules Gouffé, *Le Livre de cuisine*, *op. cit.*, p. 15。

31. Patrick Rambourg, « Steak en sauce : ou comment les sauces françaises contribuèrent au succès du steak anglais aux 18e et 20e siècles », *op. cit.*, p. 29-43.

32. 洋菇剁碎，加入切碎的分葱，用黄油焖。

33. Gustave Garlin, *Le Cuisinier moderne ou les Secrets de l'art culinaire*, *op. cit.*, p. XLI.

34. *Larousse gastronomique*, Paris, 1938, p. 1027.

35. Gustave Garlin, *Le Cuisinier moderne ou les Secrets de l'art* 350 *culinaire*, *op. cit.*, p. XLII.

36. 同上书，第 XLIII 页。

37. 助理要在厨房各部门轮岗，学会处理不同食材，为将来成为部门厨师或主厨做准备。

38. 参见 Gustave Garlin, *Le Cuisinier moderne ou les Secrets de l'art culinaire*, *op. cit.*, p. XLIII。但在成为部门厨师之前，助理可能先成为杂务工：此人通常是厨房里最为活跃的助理，熟悉工作内容，受到主厨

赏识。

39. 同上书，第 XLIV 页。

第四部分　烹饪艺术的现代性

※ 第十五章　迈向烹饪进步

1. Urbain Dubois, *Cuisine artistique*, *op. cit.*, t. 1, p. V.

2. Auguste Escoffier, *Le Guide culinaire*, introduction de la deuxième édition, 1907, Paris, Flammarion, 2001.

3. 同上。

4. 同上书，第一版，1903。

5. 同上书，第二版，1907。

6. 同上书，第一版，1903。

7. 同上书，第二版，1907。

8. 同上书，1921 年版，第 620 页。

9. Dominique Escribe, « La Clientèle des Palaces avant 1930 », *La Cuisine de Palace*, actes du Colloque de la Fondation Auguste Escoffier (5-6 décembre 1997), Villeneuve-Loubet, 1998, p. 12-16.

10. 卢贝新城（Villeneuve-Loubet）拥有一座埃斯科菲耶烹饪艺术博物馆（Musée Escoffier de l'art culinaire）；此外，还有一个以他名字命名的基金会 (www.fondation-escoffier.org)。

11. Eugène Herbodeau et Paul Thalamas, *Georges Auguste Escoffier*, London, Practical Press, 1955, p. 47.

12. 参见 Fanny Deschamps, *Croque-en-bouche*, Paris, Albin Michel, 1976, p. 194-195。引文参见 Jean-Robert Pitte, *Gastronomie française*, *op. cit.*, p. 176。

13. Eugène Herbodeau et Paul Thalamas, *op. cit.*, p. 78. 351

14. Émile Litschgy, « L'organisation des Palaces à la Belle Époque », *La Cuisine de Palace*, *op. cit.*, p. 4-9 ; *La Vie des palaces : hôtels de séjour d'autrefois*, Spéracèdes, éditions Tac Motifs, 1997.

15. 同上。

16. Auguste Escoffier, *Le Livre des menus*, Paris, Flammarion, 1912, p. 161.

17. 同上。

18. Eugène Herbodeau et Paul Thalamas, *op. cit.*, p. 79.

19. 起初是"促进烹饪艺术发展万国联盟巴黎分部"（Section générale de Paris de l'Union universelle pour le progrès de l'Art culinaire）。

20. Stephen Mennell, *Français et Anglais à table*, *op. cit.*, p. 243.

21. *L'Art culinaire*, Paris, 1883, 1re année, p. 1.

22. 同上。

23. *Le Guide culinaire*, seconde édition, 1907.

24. 同上书，第二版，1907。

25. 同上书，1921 年版。

26. 同上书，第 5 页。

27. 相关阅读：Edmond Neirinck et Jean-Pierre Poulain, *Histoire de la cuisine et des cuisiniers*, *op. cit.*, p. 96。

28. 关于酱汁成分，参见 Th. Gringoire et L. Saulnier, *Le Répertoire de la cuisine*, 1914, Paris, Flammarion, 1986。

29. Auguste Escoffier, *Le Guide culinaire*, édition 1921, *op. cit.*, p. 68.

30. Edmond Neirinck et Jean-Pierre Poulain, *Histoire de la cuisine et*

des cuisiniers, *op. cit.*, p. 97.

31. Patrick Rambourg, « L'Appellation "à la provençale" dans les traités culinaires français du XVIIe au XXe siècle », *Provence Historique*, t. LIV – fascicule n° 218, octobre-décembre 2004, p. 473-483.

32. Th. Gringoire et L. Saulnier, *Le Répertoire de la cuisine*, *op. cit.*, p. X-XI.

※ 第十六章　地方美食收获认可与成功

1. Gilles Mandroux, « Le Terroir à toutes les sauces », *60 millions de consommateurs* n° 319, juillet-août 1998, p. 20-22.

352 2. Nadine Lemoine, « Quelle restauration demain ? », *L'Hôtellerie*, 13 janvier 2000, p. 12-16. 提问内容："以下几种烹饪类型中，您认为哪一项将在二十年后发展得最好？" 收集到的回答：63% 的主厨选择地方烹饪，52% 选择快速且经济型烹饪，37% 选择营养烹饪，30% 选择美食烹饪，14% 选择外国烹饪。

3. Jean-Louis Flandrin, « Problèmes, sources et méthodes d'une histoire des pratiques et des goûts régionaux avant le XIXe siècle », *Alimentation et Régions*, Jean Peltre et Claude Thouvenot (études réunies par), Nancy, Presses Universitaires de Nancy, 1989, p. 347-361.

4.《百科全书》对它的解释是"集合名词，常用于表示居住在一定面积土地上的数量可观的民众，拥有确切边界，服从于同一个政府"。

5. Olivier Assouly, *Les Nourritures nostalgiques, essai sur le mythe du terroir*, Arles, Actes Sud, 2004, p. 16.

6. *Larousse Ménager*, Paris, 1926, p. 463.

7. Gilbert Garrier, « Splendeurs et misères de la cuisine régionale », *L'Histoire* n° 176, avril 1994, p. 64-66.

8. *Larousse Ménager*, *op. cit.*, p. 427.

9. Ariane Bruneton-Governatori, « La Civilisation de la châtaigne », *L'Histoire* n° 85, janvier 1986, p. 116-120.

10. Claude Fischler, *L'Homnivore*, Paris, Odile Jacob, 2001, p. 19.

11. Alberto Capatti et Massimo Montanari, *La Cuisine italienne, histoire d'une culture*, *op. cit.*, p. 17.

12. *Le Mesnagier de Paris*, *op. cit.*

13. 参见 *L'Histoire de la nature des oyseaux*, Paris, 1555, p. 244。奥利维耶·德·塞尔在其著作中也曾提到勒芒肥阉鸡的美名，参见 Olivier de Serres, *Le Théâtre d'agriculture et mesnage des champs* (1660), *op. cit.*。

14. 相关阅读：Julia Csergo, « L'Émergence des cuisines régionales », *Histoire de l'alimentation*, *op. cit.*, p. 823-841。

15. Patrick Rambourg, « L'Appellation "à la provençale" dans les traités culinaires français du XVIIe au XXe siècle », *op. cit.*

16. Julia Csergo, « L'Émergence des cuisines régionales », *op. cit.*, p. 829.

17. Patrick Rambourg, *Le Civet de lièvre, Un gibier, une histoire, un plat mythique*, *op. cit.*, p. 54.

18. 参见 *Larousse gastronomique*, Paris, 1938, p. 297。书中写道，"某些美食家并不承认，他们认为只有一种什锦砂锅，它来自卡斯泰尔诺达里"。

19. 参见《拉鲁斯美食词典》。

20. Julia Csergo, *op. cit.*, p. 830.

21. Catherine Bertho-Lavenir, « La Géographie symbolique des

provinces. De la monarchie de juillet à l'entre-deux-guerres », *Éthnologie française*, 1988-3, p. 276-282.

22. *L'Art du Bien manger en Alsace*, édité par les Chemins de Fer d'Alsace & de Lorraine, 1929.

23. Austin de Croze, *Les Plats régionaux de France*, Paris, éditions Montaigne, 1928, p. 7.

24. Préface de Curnonsky dans Maurice Béguin, *La Cuisine en Poitou*, 1932, p. III.

25. *Livret d'or de la gastronomie française. Salon d'automne 1924*, Paris.

26. Austin de Croze, *La Psychologie de la Table...*, Paris, 1928, p. 83.

27. « Association des Gastronomes Régionalistes », Bulletin n° 2, février 1928, p. 2.

28. *Livret d'or de la gastronomie française*, *op. cit.*

29. 同上。

30. Patrick Rambourg, « Guerre des sexes au fourneau ! », *L'Histoire*, *op. cit.*

31. Mathieu Varille, *La Cuisine lyonnaise*, Lyon, 1928, p. 22-23.

32. 同上书，第 24 页。

33. 引文参见 Jean-François Mesplède, *Eugénie Brazier, un héritage gourmand*, Lyon, page d'écriture, 2001, p. 22。

34. Roger Moreau, *Les Secrets de la mère Brazier*, Paris, Solar, 1992, p. 16.

35. 同上书，见保罗·博古斯所写序。

36. 同上书，第 40 页。

37. Curnonsky et Austin de Croze, *Le Trésor gastronomique de France*,

Paris, Delagrave, 1933, p. 9.

38. Gaston Derys, *Où déjeunerons-nous ? Indicateur des bons restaurants de France 4000 adresses*, Paris, Albin Michel, 1932, p. X.

39. 不过，茱莉亚·塞尔戈在《地方烹饪的兴起》这篇文章中指出，《蓝色旅游指南——萨瓦》（*Guide bleu Savoie*）1922 年已经增设“菜肴”版块，参见 Julia Csergo, « L'Émergence des cuisines régionales », *op. cit.*, p. 835。

40. *Le Guide Rouge 2000*, p. 8.

41. Herbert Lottman, *Michelin 100 ans d'aventures*, Paris, Flammarion, 1998, p. 203.

42. *Guide du pneu Michelin*, 1936.

43. Pascal Ory, *Le Discours gastronomique français...*, *op. cit.*, p. 128. 354

44. 蒙哈榭葡萄酒风味鳟鱼和螯虾。

45. 卢卡 - 卡尔东餐厅、巴黎咖啡馆（Café de Paris）、拉吕餐厅（Larue）、银塔餐厅（Tour d'Argent）、富瓦约餐厅（Foyot）、拉彼鲁兹餐厅（Lapérouse）、红驴餐厅（Ane Rouge）。

46. 该地图并非首创，因为卡代·德·伽西科尔的著作《美食课程》（第二版，1809）当中已经包含一张美食地图，参见 Cadet de Gassicourt, *Cours gastronomique*, seconde édition, 1809。

※ 第十七章 “新浪潮”

1. *Gault et Millau se mettent à table*, avec la collaboration de Gilles Lambert, Paris, Stock, 1976, p. 148.

2. André Guillot, *La Grande Cuisine bourgeoise : souvenirs, secrets, recettes*, Paris, Flammarion, 1976, p. 64.

3. 参见Raymond Oliver, *Adieu fourneaux*, écrit par Étienne de Montpezat, Paris, Robert Laffont, 1984, p. 170。相关阅读：Bénédict Beaugé, *Aventures de la cuisine française*, Paris, Nil éditions, 1999, p. 37-48。

4. Raymond Oliver, *Art et magie de la cuisine*, Paris, del Duca, 1955, préface.

5. 但他指出，1934 年起，一群纯粹主义者已经开始提倡唯一主菜，参见上书前言。

6. Raymond Oliver, *Adieu fourneaux*, *op. cit.*, p. 295-296.

7. *Gault et Millau se mettent à table*, *op. cit.*, p. 19-20.

8. 同上书，第 27 页。

9. 同上书，第 13、15、23 页。

10. *Le Nouveau guide Gault-Millau* n° 47, mars 1973, p. 48-54.

11. *Connaissance des voyages, le nouveau guide Gault-Millau* n° 55, novembre 1973, p. 72-76.

12. *Gault et Millau se mettent à table*, *op. cit.*, p. 95-96.

13. *Connaissance des voyages, le nouveau guide Gault-Millau* n° 55, *op. cit.*

14. *Gault et Millau se mettent à table*, *op. cit.*, p. 41-42.

15. 同上书，第 119 页。

16. 同上书，第 60 页。

17. 同上书，第 164 页。

355 18. André Fermigier, *Chroniques d'humeur*, Paris, Gallimard, 1991, p. 140.

19. 参见 Jean-Paul Aron, « De la glaciation dans la culture en général et dans

la cuisine en particulier », postface de Jean-Pierre Poulain, *Cultures, nourriture, op. cit.*, p. 36。1987年4月，让-保罗·阿龙应邀前往图卢兹第二大学（Université de Toulouse-le-Mirail）进行讲座，这是该讲座的发言稿。

20. *Gault et Millau se mettent à table*, *op. cit.*, p. 141.

21. Pascal Ory, *Le Discours gastronomique français*, *op. cit.*, p. 152.

22. Paul Bocuse, *La Cuisine du marché*, Paris, Flammarion, 1976, éd. 1987, p. 6.

23. André Guillot, *La Vraie Cuisine légère*, Paris, Flammarion, 1981, éd. 1993, p. 5.

24. Michel Guérard, *La Grande Cuisine minceur*, Paris, Robert Laffont, 1976, p. 11-13.

25. André Guillot, *La Vraie Cuisine légère*, *op. cit.*, p. 6.

26. *Le Nouveau guide Gault-Millau* n° 54, octobre 1973, p. 66-69.

27. 引文参见 Edmond Neirinck et Jean-Pierre Poulain, *Histoire de la Cuisine et des Cuisiniers*, *op. cit.*, p. 109。

28. Jacques Lameloise, *La Cuisine fraîcheur*, Paris, Stock, 1988, p. 159-160.

29. 引文参见 Edmond Neirinck et Jean-Pierre Poulain, *Histoire de la Cuisine et des Cuisiniers*, *op. cit.*, p. 111。

30. *Le Nouveau guide Gault-Millau* n° 54, octobre 1973, p. 66-69.

31. *Atlas historique de la gastronomie française*, Anthony Rowley (dir.), *op. cit.*, p. 180-181.

32. Alain Senderens, *Le Vin et la Table*, Éditions de la Revue du vin de France, 1999, p. 99.

33. Paul Bocuse, *La Cuisine du marché*, *op. cit.*, p. 6.

34. Bénédict Beaugé, *Aventures de la cuisine française*, *op. cit.*, p. 93.

35. *Gault Millau. Le nouveau guide – Connaissance des voyages* n° 183, juillet 1984, p. 7.

※ 后 记

356 1. Marie-France Etchegoin, « Les Hussards de la table », *Le Nouvel observateur*, 11-15 août 2005, p. 6-11.

2. Vincent Noce, « Des chefs sous le choc. La profession entre tristesse et colère », *Libération*, mercredi 26 février 2003, p. 20-21.

3. 参见 Maguy Day, « Guide Michelin : pourquoi ils rendent leurs macarons. Trois chefs au-delà des étoiles », *Le Monde 2*, 3 septembre 2005, p. 28-29。相关阅读：Luc Dubanchet, « Bibendum fait ses cartons à la Madeleine », *Omnivore* n° 18, juin 2005, p. 5。

4. Maguy Day, « Guide Michelin: pourquoi ils rendent leurs macarons... », *op. cit.*

5. J.B., « La Disparition tragique du chef Bernard Loiseau », *Le Monde*, mercredi 26 février 2003, p. 25.

6. Lettre de Jacques Pourcel, président de la Chambre syndicale de la haute cuisine française, *L'Hôtellerie* n° 2811, 6 mars 2003, p. 28.

7. *L'Hôtellerie* n° 2812, 13 mars 2003, p. 4-5.

8. Jean Bardet, « Le Goût faisandé du dénigrement », *Le Monde*, dimanche 1er–lundi 2 février 2004, p. 13.

9. 同上。

10. Bénédict Beaugé, « Le Trou noir de la cuisine française », *Omnivore* n° 14, février 2005, p. 2.

11. Marie-France Etchegoin, « Les Hussards de la table », *op. cit.*

12. 推荐阅读：*Omnivore*。

13. *Omnivore* n° 18, juin 2005, « Entretien avec Pascal Ory », p. 4.

14. Odile Redon, « La Vogue des banquets médiévaux », *Histoire médiévale*, hors série n° 8, *op. cit.*, p. 68-73.

附　录

附录 1　书中援引的主要烹饪著作

一、中世纪与文艺复兴时期

(1) Le manuscrit de Sion, début XIVe siècle. 该手稿记载了《食谱全集》的早期版本。

(2) *Les Enseignemenz qui enseingnent a apareillier toutes manieres de viandes*, début XIVe siècle.

(3) Le *Viandier*, attribué à Guillaume Tirel, dit Taillevent. 该书的手抄本数量众多，其中一份 1392 年手稿现藏于法国国家图书馆。最早的印刷本约 1486 年问世。

(4) *Le Mesnagier de Paris*, vers 1393.

(5) Maître Chiquart, *Du Fait de cuisine*, 1420.

(6) Le « Recueil de Riom », vers 1466.

(7) Bartolomeo Sacchi, dit Platine, *Platine en françoys tresutile et necessaire pour le corps humain qui traicte de honneste volupté et de toutes viandes et choses que lomme menge, quelles vertus ont, et en*

quoy nuysent ou prouffitent au corps humain et comment se doyvent apprester ou appareiller et de faire a chascune dicelles viandes soit chair ou poysson sa propre saulce, et des propriétés et vertus que ont lesdites viandes... 1505.

(8) *Petit traicté auquel verrez la maniere de faire cuisine & comment on doibt abiller toutes sortes de viandes fort utile a ung chascun*, vers 1536–1538.

(9) *Livre de cuysine tres utille & prouffitable contenant en soy la maniere d'habiller toutes viandes*... vers 1540.

358 (10) *Livre fort excellent de cuysine tres utille & proffitable contenant en soy la maniere d'abiller toutes viandes. Avec la maniere de servir es banquetz et festins. Le tout veu & corrigé oultre la premiere impression par le grant escuyer de Cuysine du Roy*, 1555.

二、17—18 世纪

(1) François Pierre, dit La Varenne, *Le Cuisinier françois, enseignant la maniere de bien apprester & assaisonner toutes sortes de viandes grasses & maigres, legumes, patisseries, & autres mets qui se servent tant sur les tables des grands que des particuliers*, 1651.

(2) Pierre de Lune, *Le Cuisinier ou il est traitté de la véritable methode pour apprester toutes sortes de viandes, gibbier, volatiles, poissons, tant*

de mer que d'eau douce : suivant les quatre saisons de l'année... 1656.

(3) L. S. R. , *L'Art de bien traiter. Divisé en trois parties. Ouvrage nouveau, curieux, et fort galant, utile à toutes personnes, et conditions*, 1674.

(4) François Massialot, *Le Cuisinier roïal et bourgeois, qui apprend à ordonner toute sorte de repas, & la meilleure maniere des ragoûts les plus à la mode & les plus exquis*, 1691.

(5) Vincent La Chapelle, *Le Cuisinier moderne, qui apprend à donner toutes sortes de repas, en gras & en maigre, d'une manière plus délicate que ce qui en a été écrit jusqu'à présent*, 1735.

(6) François Marin, *Les Dons de Comus, ou les délices de la table. Ouvrage non-seulement utile aux Officiers de Bouche pour ce qui concerne leur art, mais principalement à l'usage des personnes qui sont curieuses de sçavoir donner à manger, & d'être servies délicatement, tant en gras qu'en maigre, suivant les saisons, & dans le goût le plus nouveau*, 1739.

(7) François Marin, *Suite des Dons de Comus, ou l'art de la cuisine, réduit en pratique*, 1742.

(8) Menon, *La Cuisinière bourgeoise, suivie de l'office, à l'usage de tous* 359
ceux qui se mêlent de dépenses de maisons, 1746.

(9) Menon, *La Science du maître d'hôtel cuisinier, avec des observations sur la connoissance & proprietés des alimens*, 1749.

(10) Menon, *Les Soupers de la cour, ou l'art de travailler toutes sortes d'alimens, pour servir les meilleures tables, suivant les quatre saisons*, 1755.

(11) *La Cuisinière républicaine, qui enseigne la maniere simple d'accommoder les pommes de terre ; avec quelques avis sur les soins nécessaires pour les conserver*, l'an III.

三、19—20 世纪

(1) A. Viard, *Le Cuisinier impérial, ou l'art de faire la cuisine et la patisserie pour toutes les fortunes...* 1806.

(2) Antonin Carême, *Le Pâtissier pittoresque*, 1815.

(3) Antoine Beauvilliers, *L'Art du cuisinier*, 1814–1816.

(4) *La Cuisinière de la campagne et de la ville ou la nouvelle cuisine économique*, 1818.

(5) Antonin Carême, *Le Cuisinier Parisien, ou l'art de la cuisine française au dix-neuvième siècle, traité élémentaire et pratique des entrées froides, des socles et de l'entremets de sucre, suivi d'observations utiles aux progrès de ces deux parties de la cuisine moderne*, 1828 (seconde édition).

(6) Antonin Carême, *L'Art de la cuisine française au dix-neuvième siècle*, 1833.

(7) Jules Gouffé, *Le Livre de cuisine*, 1867.

(8) Urbain Dubois, *Cuisine artistique, études de l'école moderne*, 1882 (seconde édition).

(9) Gustave Garlin, *Le Cuisinier moderne ou les secrets de l'art culinaire*,

1887–1889.

(10) Joseph Favre, *Dictionnaire universel de cuisine pratique*, vers 1905 (seconde édition).

(11) Auguste Escoffier, *Le Guide culinaire aide-mémoire de cuisine pratique*, 1903.

(12) Th. Gringoire et L. Saulnier, *Le Répertoire de la cuisine*, 1914.

(13) Raymond Oliver, *Art et magie de la cuisine*, 1955. 360

(14) André Guillot, *La Grande Cuisine bourgeoise, souvenirs, secrets, recettes*, 1976.

(15) Paul Bocuse, *La Cuisine du marché*, 1976.

(16) Michel Guérard, *La Grande Cuisine minceur*, 1976.

(17) André Guillot, *La Vraie Cuisine légère*, 1981.

附录 2 诗歌中的厨具

(1) 厄斯塔什·德尚（约 1346—1406）在克拉普莱出版社（éd. Crapelet）出版的《婚姻之镜》（*Le Miroir de mariage*, 1832）中写道：

> 至于厨房，
> 必须有砂锅、平锅、小锅、
> 奶油碗、烤肉架、香肠锅、
> 铁扦、木扦、

研钵、大蒜、洋葱、
滤布、带孔洞的锅、
多用于制作韭葱汤；
大勺、小勺、
接油盘摆在烤肉底下，
用长铲伸进烤炉取放。
如果条件允许，
建议准备
用于炖浓汤的陶土罐；
按照惯例还应当备有
几把大刀供厨师使用。

（2）吉勒·克罗泽（Gilles Corrozet）在《家族纹章》（*Blasons Domestiques*, 1539）中写道：

361 井井有条的厨房，
必须有一座炉膛：
炉火旺盛，柴架在旁，
锅架烤架，整洁亮堂。
大铲一把，夹钳若干，
拨弄柴火，使其更旺。
正中一排，挂锅铁钩，
大锅小锅，满目琳琅。

厨房宜配备：
长凳一条，旧桌一张，
锡器铜器，餐柜摆放。
金器银器，藏于衣橱，
避免落到，窃贼手上。
厨房里到处瓶瓶罐罐，
锅碗瓢盆，数不胜数：
诸如大平盘、碗盆、餐盘，
随处可见桌布、餐巾、擦手布、抹布，
平锅与水盆用于处理猪、阉鸡、仔鸡。
还有剁肉和切割的刀具，
对付肥羊完全不在话下。
牛肉也好，小牛肉也罢，
不是穿上铁扦，
便是下锅煮汤［……］
炉火前面摆放砂锅和炖锅：
根据季节时令和不同习俗，
全靠它们制作出多种浓汤。
那里还有各种粉末与香料，
血肠、火腿、熏肠、红肠。
开胃辣汁、烤炉、美味馅饼［……］
噢！应有尽有，夫复何求？正可谓：
珍馐佳肴千万种，美味厨房显神通。

附录 3 原汁清汤与高汤

362 （1）拉瓦雷纳 1651 年出版的《法国厨师》向读者介绍了“如何制作原汁清汤，用于各种炖菜，包括浓汤、前菜、甜食等”。

> 准备一些牛胫肉、少许羊肉、几只肉禽。肉量的选择取决于您希望煮多少清汤。加入一捆香料束、少量丁香，开火炖煮。随时往锅里添热水，维持水量。煮完过滤备用。烤肉沥干汁水之后下锅，加一捆香料束，煮完过滤，用于制作前菜或褐色浓汤。

（2）高汤是法式烹饪的典型特征之一。奥古斯特·埃斯科菲耶在其著作《烹饪指南》（1921）当中写道：

> 本书面向广大厨师。但在开篇之际，笔者认为有必要谈一谈高汤，它在我们的工作中举足轻重。
>
> 诚然，高汤是不可或缺的基础，正经菜肴完全离不开它。高汤的重要性就在于此，这也是为什么每位想出色完成工作的厨师都执着于烹制出一锅优质高汤。
>
> 高汤是一切美味的源头，也是所有厨师的永恒课题。有心还不足够，甚至有才也不足够。制作高汤需要相应的条件。必须为厨师提供这些条件，准备好他需要的一切，包括

品质上乘的食材。

铺张浪费固然不对，过度节约也不可取：它会限制才能 363
发挥，打击厨师认真工作的积极性，直接导致其失败。

巧妇难为无米之炊。如果条件不完善，或者材料不充足，即便请来全世界最厉害的厨师，也绝不可能强求他达到烹饪艺术的全部要求。

高汤的关键在于，为厨师提供他所需要的一切，保质保量。

我们知道每家条件不尽相同，烹饪工作受到服务对象影响，操作方式自然取决于最终需达成的效果。

一切都是相对的。但有一个正确的、不可偏离的中间地带，它主要与高汤有关。如果在这个问题上锱铢必较，极端奉行节俭，乃至与烹饪出上乘的美食产生冲突，店主会在掌勺厨师面前失去发言权。即便开口，他也清楚自己的点评有失公允。他心知肚明，让厨师在条件简陋或材料不足的情况下做出美味佳肴，其荒谬程度不亚于指望瓶中的劣等酒摇身一变，成为上等葡萄酒。

但如果厨师拥有所需的一切，他的精力理应倾注在高汤
上。他必须专心监督高汤的制备，确保它们无可指摘。随着 364
烹饪工作有条不紊地进行，厨师应当尤其关注高汤。他的操作必须符合烹饪规范，而这完全取决于他的专心细致。

附录 4 酱汁

（1）卡梅林酱是中世纪最受青睐的酱汁之一，《巴黎家政书》（1393）给出如下配方：

> 卡梅林酱。注意，图尔奈人制作卡梅林酱的方法是，捣碎生姜、肉桂、藏红花、半颗肉豆蔻，加葡萄酒和匀，将所有食材倒出研钵。接着取一些不含硬壳的白面包芯，用冷水浸湿，研钵捣碎，加葡萄酒和匀，滤除残渣。接着将以上所有食材全部煮沸，加入粗红糖，冬季卡梅林酱就此完成。春季同理，但不煮沸。说实话，就我个人口味而言，冬季卡梅林酱不错，但下述做法同样美味：将少许生姜和大量肉桂捣碎后取出研钵，加入浸湿的面包，或者加入大量经醋浸湿并过滤后的面包糠。

（2）L. S. R. 在其著作《烹饪艺术》（1674）当中记载了 17 世纪搭配厚切新鲜三文鱼的两种黄油酱汁：

> 第一种是白黄油酱，配料为新鲜黄油、酸葡萄汁、柠檬、橙子、胡椒、细盐、一条搅打碎的鳀鱼。将配料全部混合，加入一匙芡汁，或者小龙虾汁（如有），趁热浇在三文鱼上。

第二种是橙红黄油酱，做法是将新鲜黄油融化，当它变为橙红色时，加入切碎的欧芹、两三条鳀鱼、少许鱼肉清汤或者不加香草的土豆泥、少许肉汁或芡汁、鲤鱼、食盐、香料、一匙酸葡萄汁、半匙醋。将混合得到的酱汁放到火上收汁，使其增稠，立即浇在三文鱼上，趁热享用。由于这类酱汁在加热后很容易析出油脂，恳请您留意，无论搭配哪种鱼，通常只有等到即将食用时才能准备酱汁。除非是需要提前很久准备的炖菜，它在烹制过程中已经与鱼肉融为一体，所以变得浓厚黏稠，更易保存和维持状态。 365

（3）启蒙时代，牡蛎深受人们喜爱。弗朗索瓦·马兰在其著作《科摩斯的礼物：续篇》（1742）当中推荐下述酱汁搭配牡蛎和松露：

选取上好的松露若干，削净切片。其中一半切碎，加入欧芹、葱、小洋葱头、盐和胡椒，全部切碎，加两块黄油面包揉匀。取少量黄油擦拭铁锅，将松露切片摆在上面。再放少许黄油，然后摆上您的绿牡蛎，或其他品种牡蛎：须预先去除牡蛎的“胡须”（学名“外套膜”）和硬壳，再用牡蛎自身的汁水烫煮。最后再加一层黄油和松露，淋上少许食用油。盖好铁锅，放在热炭灰上，煸一刻钟。接着拿走松露和牡蛎。往锅里倒半杯香槟和少量小牛肉汁，加热煮沸，撇除油脂。出锅前加柠檬汁。

这款酱汁可以自由搭配您认为合适的菜肴。

您甚至可以撒上油炸面包粒，将它作为一道甜品。

366 （4）朱尔·古费在《烹饪之书》（1867）中提到19世纪的“至尊酱”（另译苏伯汉姆酱）：

至尊酱的制作方法因人而异：一些厨师认为只能用禽肉；另一些用鸡蛋勾芡，并且加入欧芹。在我看来，鸡蛋勾芡的至尊酱分明就是阿勒曼德酱，或者布雷特酱（poulette）。

如果只用禽肉，不加一定比例的小牛肉作为辅助，这道美妙的酱汁就会淡而无味，口感黏稠，缺少厚度，如同一团糨糊。

接下来要讲的制作步骤并非我的发明。这份菜谱（连同本书中若干例子）都来自前文提到的各位厨艺大师，大家可以放心听取他们的指导，例如，杜南（Dunant）、德鲁阿（Drouhat）、卡蒂（Catu）、蒙米莱（Montmirel），以及其他很多我认识并且叫得上名字的厨师精英。

长期的高水平经验让这些杰出厨师明白，必须在禽肉里加入一定量的小牛肉。这非但不会让味道变得不自然，反而会增强风味，提高酱汁的价值：小牛肉带来丝滑细腻的口感，仿佛油脂或天鹅绒掠过舌尖，“至尊”之名当之无愧，难怪这款酱汁能成为法餐中最优秀的代表作之一。

此外，如果还有人不相信我所推崇的制作方法，我可以给出更有力的证明。仅需将两组酱汁比较：第一组，单纯的禽肉汁和野味肉汁，不添加任何牲畜肉类；第二组，禽肉汁里加些天鹅绒酱的高汤，野味肉汁里加些褐酱。请比较，第二组是不是无论香气和口味都远胜于第一组。

至尊酱制作方法（一） 367

取 4 分升禽肉汁、12 分升天鹅绒酱和 1 分升蘑菇汁，倒入锅中煮沸。放在灶台角落，保持微沸状态一刻钟。除净浮沫，倒入制作肉冻的平底锅，搅拌至酱汁挂勺。用滤布过滤，水浴加热。最后在酱汁表面薄薄地淋一层禽肉清汤。

至尊酱制作方法（二）

制作至尊酱时，如果没有现成的天鹅绒酱，您可以换成以下步骤。将 1 公斤小牛后腿肉放进平底锅，加几只剔除鸡脯肉的完整鸡架，倒入 4 升原汁清汤。煮沸，去除浮沫。加入一捆香料束、2 只洋葱（其中一只扎上 2 枚丁香花蕾）、5 克食盐、一撮肉豆蔻粉。放在灶台角落，保持微沸，直至小牛肉全熟，用餐巾过滤。取澄清黄油和面粉各 200 克，搅匀得到黄油面糊，加入刚才过滤好的汤汁。用汤勺搅拌直至微沸，然后放在灶台角落，除净泡沫，倒入制作肉冻的平底锅，加热收汁，直至挂勺。滤布过滤，水浴加热，表面淋一匙禽肉清汤。上桌之前煮沸，再加 30 克黄油和 3 匙甜杏仁奶，起到勾芡作用。

(5) 圣昂热夫人(Madame Saint-Ange)的《拿手好菜》(*La Bonne cuisine*, 1927)介绍了波尔多酱汁的制作方法:

> 它的特色当然就在于波尔多葡萄酒浸泡过的小洋葱头。古费以及与他同时代的作者们推荐使用索泰尔讷(Sauternes)或格拉沃(Grave)出产的白葡萄酒,现如今的
> 368 主流做法是用波尔多红酒浸泡。家常烹饪中还需加入褐酱(小牛肉汁是它不可或缺的配料)。寻常的原汁清汤味道不够醇厚,不足以让酱汁足够鲜美。这种情况下必须添加肉冻,但要注意避免清汤太咸,因为酱汁在使用前还需收汁,再去掉一半水分。
>
> 如果只需要少量酱汁,例如搭配牛扒,可将褐酱换成收汁处理过的鲜美肉汁,再加入同样经过收汁的小洋葱头葡萄酒汁,利用木薯粉勾芡。离开灶火之后再加入最后的黄油,而且分量要给足。
>
> 波尔多酱汁最常见的搭档是牛骨髓:有时切成小圆片,摆在需要淋酱的菜肴上;有时切成丁,上菜前加在波尔多酱汁里,将其混匀。

附录 5 历史上的菜单

(1) 中世纪晚餐:1393 年《巴黎家政书》记载了一份荤日菜单,共计四轮。

第一轮

牛骨髓碎切牛肉馅饼，酒汁炖兔肉，大肉块，兔肉白羹，阉鸡及鹿肉配汤，韭葱白汤，芜菁，腌咸骨，猪脊肉。

第二轮

上等烤肉等，[芦荟]玫瑰红酒，法式奶冻，野猪尾配热酱汁，肥阉鸡煲，油炸小鱼，鳕鱼肝馅饼。

第三轮 369

去壳小麦牛奶粥，鹿肉（多种方式刷蛋液），肥阉鸡配多地纳酱，奶油小圆馅饼配香甜炸牛奶，热肉卷，阉鸡肉冻，兔肉，仔鸡，仔兔，猪肉。

第四轮

以希波克拉斯甜药酒（香料红酒）和华夫饼干作为结束。

（2）“伟大世纪”的菜单：马西阿洛 1691 年出版的《从宫廷御膳到中产阶级饮食》记载了 1691 年 2 月 15 日沙特尔公爵府上的宴客菜单。

第一轮

浓汤与前菜

两道浓汤：比斯开鸽汤，块根蔬菜阉鸡汤。

两道前菜：热山鹑肝酱，肥小母鸡嵌松露搭配火烤小牛肉嵌猪膘。

以上四种均以中盘盛放。

主前菜

两块烤牛肉搭配油炸腌小牛排骨，盛放在餐桌中央盆里。

冷盘

一份炖鸽肉①，

一盘文火煨鹌鹑，

一盘填馅童子鸡配蘑菇酱，

一盘山鹑配褐酱。

370

第二轮

烤肉

一只小火鸡，搭配山鹑、仔鸡、山鹬、肥云雀；

1/4 只羔羊，配菜同上。

以上两种烤肉分别用中盘盛放。

甜食

一块奶油圆馅饼，搭配千层酥、花叶饰、牛奶炸糕，摆在餐桌中央盆里。

一块火腿面包搭配小烤肉和柠檬面包，火腿及其他咸肉。这两道菜分别用中盘盛放。

冷盘

法式奶冻，鹅肝酱，芦笋沙拉，蔬菜高汤炖松露。

---

① 含有小牛肉、牛骨髓、培根、鸡蛋等。——译者注

第三轮

新鲜水果和果酱等水果制品。

这部分由备膳师负责，不属于厨师职责范围，因此不再赘述。

（3）格里莫·德·拉雷尼埃的菜单：拉雷尼埃1808年出版的《宴客之道》当中记载了一套25人份的春季菜单。

浓汤两种 371

通心粉浓汤

春令时蔬汤

前菜十二样

奶油白酒炖鸡

蔬菜炖鸽子

酸模羊鞍肉

笋尖小牛腿肉

热鳗鱼肉酱

白酱小肉饼

香煎三文鱼片

香煎龙利鱼排

松露烤羔羊胸

油炸禽肉丸子

蒜香欧芹黄油鲈鱼

奶酪焗牙鳕鱼排

替换菜两种

奶油酱汁鲜鳕鱼

马德拉葡萄酒风味臀腰肉盖牛排

大肉两块

巴约讷火腿

奶汁白斑狗鱼

烤肉四种

小野兔	鸡雏
鳟鱼	胡瓜鱼

甜食十种

泡芙塔	萨瓦蛋糕
干酪蛋糕	橙子果冻
芦笋	胡萝卜泥
菱饼	酸樱桃酒
四季豆	松露炒蛋

372 （4）爱丽舍宫晚宴菜单：奥古斯特·埃斯科菲耶的《菜单全书》（*Le Livre des menus*，1912）记载了法利埃总统（Président Fallières）于 1908 年 5 月 27 日设宴接待挪威国王夫妇的菜单内容。

冰镇哈密瓜

狄奥多拉鸡肉清汤

古法禽肉奶油汤

莱茵葡萄酒鲑鳟鱼

巴黎风味谷饲鸡

滨海盐沼羊鞍肉佐森林酱

雪莉酒风味新鲜肥鹅肝

香橙格兰尼塔

库梅尔酒雪芭

填馅烤小火鸡

香槟风味约克火腿

高卢沙拉

阿让特伊芦笋佐奶油酱汁

克拉桑梨

糖果

甜点

索　引

（索引页码为原书页码，即本书边码）

图书在版编目(CIP)数据

法兰西美食一千年 / (法) 帕特里克·朗堡 (Patrick Rambourg) 著; 范加慧译. -- 北京: 社会科学文献出版社, 2025. 4. -- ISBN 978-7-5228-5003-0

Ⅰ. TS971. 205. 65

中国国家版本馆 CIP 数据核字第 2025CB9605 号

法兰西美食一千年

著　　者 / [法] 帕特里克·朗堡 (Patrick Rambourg)
译　　者 / 范加慧

出 版 人 / 冀祥德
责任编辑 / 沈　艺
文稿编辑 / 赵梦寒
责任印制 / 岳　阳

出　　版 / 社会科学文献出版社·甲骨文工作室 (分社) (010) 59366527
地址: 北京市北三环中路甲 29 号院华龙大厦　邮编: 100029
网址: www. ssap. com. cn
发　　行 / 社会科学文献出版社 (010) 59367028
印　　装 / 南京爱德印刷有限公司

规　　格 / 开 本: 889mm × 1194mm　1/32
印 张: 10. 5　字 数: 231 千字
版　　次 / 2025 年 4 月第 1 版　2025 年 4 月第 1 次印刷
书　　号 / ISBN 978-7-5228-5003-0
著作权合同登记号 / 图字 01-2025-1404 号
定　　价 / 69. 00 元

读者服务电话: 4008918866